TABLEAUX SYNOPTIQUES

DES

LÉPIDOPTÈRES D'EUROPE.

Paris. — Imprimerie de PLASSAN, rue de Vaugirard, n° 11

TABLEAUX SYNOPTIQUES

DES

LÉPIDOPTÈRES D'EUROPE,

CONTENANT

LA DESCRIPTION DE TOUS LES LÉPIDOPTÈRES

CONNUS JUSQU'A CE JOUR,

AVEC LEURS VARIÉTÉS, LEURS MŒURS, LEURS ÉPOQUES D'APPARITION, LES LOCALITÉS OU ON LES TROUVE, LA DESCRIPTION DE LEURS CHENILLES ET LEUR NOURRITURE, LA MANIÈRE DE SE LES PROCURER, LA SYNONYMIE TIRÉE DES AUTEURS LES PLUS SUIVIS, ET DE NOMBREUSES OBSERVATIONS;

PAR MM. DE VILLIERS ET GUENÉE,

MEMBRES DE LA SOCIÉTÉ ENTOMOLOGIQUE DE FRANCE.

. . . . . . Nullum esse librum tam malum ut non ex aliqua parte prodesset.

PLINE l'ancien

TOME PREMIER.

DIURNES.

PARIS.

MÉQUIGNON-MARVIS PÈRE ET FILS, LIBRAIRES,

RUE DU JARDINET, N° 13.

A LONDRES. — CHEZ J.-B. BAILLIÈRE, 219 REGENT-STREET.

1835.

PRÉFACE.

Mettre l'Entomologie à la portée de toutes les bourses et de toutes les intelligences, tel est le but de cet ouvrage. Le plan n'est pas neuf, mais l'exécution est encore à trouver.

Quant à la forme de ce *species*, nous renonçons volontiers au mérite de la priorité. Peut-être cependant pourrions-nous la revendiquer avec quelque fondement, puisque l'un de nous s'occupait d'une œuvre à peu près semblable à celle-ci, et avait déjà presque terminé la famille des Diurnes à l'époque où M. Godart entreprit son *Histoire naturelle des Lépidoptères,* et que ce fut l'amitié qui l'unissait à ce naturaliste recommandable qui l'engagea à discontinuer son travail ; mais notre prétention a moins été de faire un ouvrage neuf qu'un ouvrage utile. Analyser ce que les auteurs tant anciens que modernes ont écrit sur cette matière, offrir aux jeunes entomologistes un tableau exact et complet du nombre, de l'habitat et des mœurs des Lépidoptères d'Europe sous leurs trois états, avec une description qui, sans être trop courte, n'exige qu'un coup d'œil pour faire reconnaître l'objet ; suppléer d'une manière commode et élégante aux catalogues manuscrits qui font perdre tant de temps, et surtout remplacer pour les amateurs peu fortunés les traités si dispendieux d'Histoire naturelle, telle a été notre pensée en écrivant.

Cependant les entomologistes exercés qui voudront bien jeter un coup d'œil sur ces tableaux s'apercevront facilement qu'ils ne méritent point le nom de compilation. — Outre que nos descriptions ont été (à bien peu d'exceptions près) faites sur la nature, et que par conséquent le fond nous en appartient, qu'en un mot nous n'avons fait que nous aider des auteurs qui nous ont précédés, sans pour cela les copier, nous avons encore ajouté nos propres observations à celles déjà faites avant nous. Voilà la partie complétement neuve de notre ouvrage, et celle dont nous sommes spécialement comptables à nos lecteurs. Passons donc rapidement en revue les changements que nous avons cru devoir faire tant aux méthodes de MM. Latreille, Ochsenheimer, Duponchel et Boisduval qu'à la description et à la fixation des espèces.

Nous le répétons, rendre la science plus facile et moins coûteuse à acquérir, tel est notre unique but. Pour y parvenir nous avons dû chercher à en simplifier les éléments ; c'est en élaguant des coupes générales tous les caractères surabondants ou peu visibles (1), et en réduisant le nombre des espèces que nous avons tâché d'y parvenir. Mais comme il est juste que le lecteur soit mis à portée d'apprécier tous les systèmes, nous avons conservé comme subdivisions et variétés les genres et espèces que nous avons retranchés ; nous avons donc décrit avec soin les variétés souvent même peu tranchées et peu répandues, pourvu qu'elles aient reçu un nom de quelque auteur, mais nous avons donné plus d'extension à la description de ces variétés à mesure qu'elles deviennent plus intéressantes et qu'elles nous ont paru plus susceptibles de former un jour des espèces distinctes quand la découverte de la chenille sera venue lever toute difficulté. Au contraire nous avons restreint les articles qui concernent celles qui nous semblent presque accidentelles ; il en est même que nous avons complétement omises, parce qu'elles ne présentent que de ces différences qui se rencontrent très-rarement, une seule fois peut-être, et que leur histoire ne servirait qu'à encombrer nos colonnes sans utilité. Mais il est une dernière classe de variétés que nous n'avons pas décrites ; ce sont celles que tous nos soins et recherches n'ont pu parvenir à nous procurer, soit en nature, soit figurées, et qui sont cependant citées comme dignes d'attention dans les auteurs les plus respectables. Quoique leur nombre soit peu considérable, nous n'avons pas cru devoir priver les amateurs au moins de leur nom et de leur place, et nous avons laissé celle-ci en blanc, afin qu'elles soient décrites à leur rang par ceux de nos lecteurs qui seront assez heureux pour se les procurer.

C'est encore dans le but de rendre la classification plus intelligible que nous avons ajouté aux caractères principaux tirés de la forme des insectes *sous leurs trois états* (réunion commandée par l'état de la science) des caractères secondaires, plus variables sans doute, mais plus visibles pour des yeux peu exercés.

Cette distribution de caractères génériques dont plusieurs n'avaient pas été observés avant nous, la suppression de quelques genres

(1) Aujourd'hui qu'on multiplie presque à l'infini les coupes génériques, cette simplicité paraîtra peut-être peu en rapport avec l'état de la science, mais on sait que, plus un genre est étendu, moins ses caractères sont nombreux ; on ne s'étonnera donc pas de la brièveté de ceux-ci, qui ne peut, s'ils sont bons et suffisants, qu'être avantageuse.

Quant aux genres nouveaux qu'on fabrique tous les jours, ils ont certainement leur côté utile, en réunissant dans de petits groupes assez naturels les espèces analogues ; mais, en diminuant la difficulté pour les caractères spécifiques, ils l'augmentent pour les caractères génériques, et nous croyons que l'élève ne saurait gagner au change. D'ailleurs cette multiplicité de genres n'a souvent d'autre mérite que de *donner des noms* à des divisions déjà fort bien établies par tous les auteurs, et d'autre cause que l'amour-propre des créateurs ; amour-propre qui, sagement ménagé, est le plus puissant auxiliaire de la science, mais qui, s'il n'est pas réprimé, en devient bientôt le plus redoutable ennemi. Sans prétendre ici blâmer personne, nous citerons un exemple entre vingt de l'inconvénient que présente, à notre avis du moins, cette marche trop suivie aujourd'hui.

Le genre *Harpya* d'Ochsenheimer, qui ne contenait que six espèces, fut partagé en deux par la création du genre *Dicranura.* Il ne restait plus dès lors dans les véritables *Harpya* que trois espèces, *Fagi, Ulmi* et *Milhauseri ;* la seconde vient d'être érigée en genre sous le nom d'*Uropus.* Nous n'avons donc plus d'*Harpya* que deux espèces, qui sont assez dissemblables sous leurs trois états pour nécessiter la formation d'un nouveau genre avec l'une d'elles ; et, si l'on veut être rigoureusement conséquent dans cet esprit d'analyse, il y aura bien peu de genres, si peu nombreux qu'ils soient, qui ne semblent devoir éprouver le même démembrement. L'entomologie sera alors inabordable pour les commençants.

trop peu caractérisés, et la création d'une nouvelle sous-tribu à laquelle il ne manquait pour ainsi dire qu'un nom, tant elle est naturelle (1); voilà, pour ce premier volume, tout ce qui nous appartient dans la méthode. C'est aux entomologistes instruits à juger si nous n'avons rien retranché d'utile, rien ajouté de superflu.

Quant aux espèces, tout le monde sent aujourd'hui le besoin d'arrêter ce débordement de créations dont on noie la science; cependant, comme le nombre des découvertes réelles a prodigieusement augmenté depuis peu d'années, nous ne saurions en revenir à la simplicité de Linné et des premiers auteurs. D'un autre côté, cet accroissement augmente l'incertitude des caractères spécifiques, car on rencontre chaque jour des espèces qui font transition entre deux autres déjà connues, et qui, possédant plus ou moins de caractères de l'une ou de l'autre, rendent leurs descriptions fautives ou incomplètes. Il ne faut donc pas se dissimuler que la science, même abstraction faite de la cupidité des marchands et de l'amour-propre des amateurs, devient plus difficile de jour en jour, et que c'est plutôt par une espèce d'instinct qu'avec les descriptions ou les figures que les entomologistes parviennent à distinguer entre elles certaines espèces. Pour pouvoir se retrouver dans ce dédale, il faudrait, autant que possible, suivre des principes constants, tracer des limites bien déterminées pour l'établissement des espèces; voici notre système à cet égard.

Une espèce n'est suffisamment caractérisée que par des différences sensibles, constantes ou analogues dans des localités différentes, de l'insecte *sous ses trois états* (ou du moins sous les deux extrêmes) d'avec les espèces voisines. Ce n'est que quand ces conditions sont réunies que tout doute est levé et qu'une espèce devient bien authentique (2). Il serait donc bien à désirer que l'état de la science permît d'appliquer rigoureusement ce principe. Dans les Nocturnes proprement dits, dont presque toutes les chenilles sont connues (nous ne parlons pas des Tinéites, Tortricines, etc.), nous espérons en faire une application exacte; mais dans une partie des Diurnes et des Crépusculaires (Lat.), elle devient tout-à-fait impossible : combien d'espèces en effet, surtout dans les genres *Satyrus, Hesperia, Polyommatus, Sesia*, dont on ignore et dont on ignorera encore bien long-temps les premiers états! Nous sentons qu'il nous est impossible d'ajourner la fixation d'une espèce à l'époque de la découverte de sa chenille, quoique, nous le répétons, elle n'ait pas acquis pour nous avant ce jour son caractère d'authenticité. Placés entre notre conviction à cet égard et la nécessité de décrire fidèlement des espèces très-distinctes dont les premiers états sont inconnus, nous tâcherons de suivre un parti tempéré, et nous prendrons en considération, pour fixer les espèces de Diurnes, leurs différences bien sensibles, l'invariabilité de ces différences, l'époque d'apparition, les mœurs, l'avis des auteurs les plus suivis, etc. Seulement, inclinant toujours vers le système que nous venons d'exposer, nous serons très-scrupuleux sur l'admission des espèces. Toutefois, comme nous voulons toujours mettre le lecteur en état de décider lui-même la question, nous ne supprimerons jamais une espèce déjà nommée, nous la joindrons seulement en la décrivant dans une accolade avec celle dont elle se rapprochera le plus, et si par la suite il devient certain qu'elle constitue une espèce particulière, rien ne sera plus aisé que de l'isoler en considérant l'accolade comme nulle. En un mot nous laisserons au temps et aux observateurs le soin de décider la question dans la colonne que nous laissons en blanc à cet effet. De cette manière nous épargnerons à la mémoire des fatigues continuelles, et aux boîtes des collecteurs des vides considérables.

Quant au nombre des espèces que nous donnerons, il se présente une autre difficulté. Tous les iconographes qui ont décrit les papillons européens ont été fort embarrassés pour connaître la patrie de certaines espèces limitrophes. Il est assez facile, en effet, d'isoler les espèces des côtés du nord et de l'ouest où notre continent est bordé par des mers; mais, dans quelques parties du sud et dans l'est tout entier, la tâche devient très-épineuse. Comment acquérir la certitude que telle espèce qui vole au sommet de l'Oural ou aux environs de Constantinople n'y est pas arrivée accidentellement d'Orembourg ou de Scutari? Certains auteurs ont mis la plus grande réserve à admettre ces espèces voyageuses, d'autres au contraire semblent avoir pris à tâche de décrire non-seulement les papillons qui habitent nos pays, mais encore ceux qui pourront y débarquer un jour. Sans prétendre blâmer aucun de ces deux partis, nous tâcherons de compléter nos tableaux sans toutefois y admettre des espèces trop disparates et d'un *facies* tout-à-fait exotique, surtout parmi les espèces nouvellement découvertes, les autres existant déjà dans la majeure partie des collections. On ne s'étonnera donc pas que, tout en décrivant les Col. *Aurora*, Satyr. *Anthelea*, etc, nous nous abstenions de donner non-seulement les Argyn. *Niphe*, Poly. *Echion*, Satyr. *Clytus*, qui sont maintenant bien reconnus exotiques, mais encore les Pap. *Xuthus*, Danais *Chrysippus*, *Alcippus*, etc., qui n'ont aucun rapport avec les espèces du même genre ou avec les autres genres européens et dont la patrie est réellement étrangère, quoiqu'ils aient pu être trouvés accidentellement sur notre territoire. Au reste pour qu'on ne puisse nous reprocher d'être incomplets, nous décrirons à la fin du volume, dans un petit supplément et avec un numéro d'ordre, toutes ces espèces dont l'*habitat* est plus que douteux.

Voici maintenant quelques avis sur la manière de faire usage de nos tableaux :

(1) Voyez à ce sujet la note qui se trouve au bas de la tribu des Lycænides.

(2) On a quelquefois objecté à ce système de fixation des espèces par les chenilles, la différence des chenilles elles-mêmes dans une seule espèce. Mais, loin de détruire notre système, il nous semble que cet argument conclut au contraire en sa faveur. En effet, nous ne regardons pas comme des espèces de chenilles différentes les variétés constantes qu'on observe chez celles des *Chel. Fuliginosa*, *Phlog. Adulatrix*, *Catoc. Nupta*, *Lasioc. Quercifolia*, etc., par la raison qu'elles produisent indistinctement le même papillon. Pourquoi donc regarderions-nous comme espèces séparées les *Cleopatra* et *Rhamni*, *Napi* et *Bryoniæ*, *Ilia* et *Clytie*, *Paphia* et *Valesina*, puisqu'elles proviennent indistinctement de la même chenille? Ces raisonnements, sur l'un desquels tout le monde est d'accord, nous semblent se prouver l'un par l'autre. Personne au contraire n'aura l'idée de réunir deux espèces comme *Triplasia* et *Urticæ*, *Dictæa* et *Dictæoides*, etc., quoique très-semblables, par la raison que la même chenille donne toujours le même papillon, et que le même papillon donne toujours naissance par la ponte à la même chenille.

1°. Pour pouvoir reconnaître aisément un papillon sur nos descriptions, nous engageons les jeunes amateurs à avoir sous les yeux, non-seulement les caractères de l'espèce, mais encore ceux des différents groupes et divisions dont elle fait partie ; c'est quelquefois dans ces derniers qu'ils trouveront les renseignements les plus positifs, la description spécifique étant surtout destinée à différencier entre elles les espèces les plus voisines. De même, quand un groupe présente beaucoup d'espèces analogues, tous nos efforts tendent à exposer les différences de l'une à l'autre plutôt qu'à donner une idée complète de l'individu, et nous négligeons quelquefois les points de ressemblance les plus saillants. Ainsi, dans les Satyres blancs (*Arge*, Bdv.), nous ne parlons point des yeux qu'on remarque au bord marginal des ailes inférieures en dessous, et dont les deux antérieurs sont isolés, etc., parce que ce caractère est commun à tout le groupe. De même dans les Polyommates Azurins (*Cyaniris*, Dalm.), nous ne parlons que légèrement des points ocellés quand ils n'offrent pas de caractère spécifique, quoiqu'ils existent chez presque toutes les espèces de cette section.

2°. Nous donnons en tête de chaque description l'envergure de l'espèce exprimée en millimètres, mais nous faisons observer que cette envergure n'est que très-approximative. En effet, non-seulement on rencontre dans une même espèce des individus beaucoup plus petits, soit à cause du climat, soit à cause de la nourriture plus ou moins abondante des chenilles, mais encore le même papillon étalé de deux manières peut offrir des envergures toutes différentes. Celles que nous donnons serviront donc moins comme mesure exacte de la taille d'une espèce, que comme point de comparaison avec d'autres. — M. Ochsenheimer dans son excellent ouvrage suit un autre système : c'est celui de citer en tête d'une description une autre espèce de la même taille, ce qui lui donne encore l'avantage de décrire d'un seul mot le *port* de l'espèce ; mais celles qu'il cite comme point de comparaison étant souvent elles-mêmes inconnues aux amateurs inexpérimentés, nous avons dû, à notre grand regret, renoncer à ce moyen. Cependant nous l'emploierons dans les Nocturnes, concurremment avec les envergures chiffrées.

3°. Nous aurions pu donner beaucoup plus d'extension à la synonymie, mais nous aurions ainsi augmenté de beaucoup les difficultés typographiques, et par conséquent le prix de l'ouvrage, et de fort peu son utilité. Nous avons donc seulement cité les auteurs les plus universellement suivis, ceux dont les ouvrages sont les plus complets, et qui ont donné les meilleures figures. Hubner, qui au second titre et quelquefois au troisième, a l'avantage sur tous les iconographes, a été l'objet de nos attentions minutieuses. Nous avons toujours eu soin de citer les numéros de ses figures que nous avons auparavant scrupuleusement vérifiées. Au reste, aucun des auteurs que nous avons cité ne l'a été légèrement, et ce n'est qu'après avoir lu attentivement sa description et consulté la figure qui y correspond, que nous le mentionnons à la partie synonymique.

4°. Pour faciliter aux jeunes amateurs la recherche toujours difficile des caractères généraux, nous avons disposé ces derniers d'après une méthode analytique, comme on l'a fait dans ces derniers temps pour les plantes, de telle sorte que, sans que l'ordre des divisions soit dérangé, l'élève n'ait le choix qu'entre deux diagnoses opposées, et puisse ainsi descendre des plus grandes tribus aux plus petites sections sans risquer de se tromper.

5°. Toutes nos descriptions sont faites sur des mâles, à moins que la femelle seule ne soit connue. A la fin de la description du mâle se trouve celle de la femelle, qui est comparative avec la première, c'est-à-dire que nous indiquons seulement en quoi elle diffère du mâle, les autres caractères de la description lui étant communs.

6°. Enfin chaque fois que dans le courant de la description nous n'indiquons pas de quelle surface des ailes nous entendons parler, on peut être assuré que c'est de la supérieure ou du dessus de l'insecte ; quand nous parlons du dessous nous avons toujours soin de le mentionner.

Pour rendre à chacun ce qui lui appartient, nous devons dire ici que nous avons puisé plusieurs bons renseignements dans les beaux ouvrages de MM. Treitschke, Godart, Duponchel et Boisduval. L'Iconographie des chenilles des deux derniers auteurs nous a surtout fourni une foule de documents précieux.

Enfin nous ne terminerons pas sans adresser ici nos remercîments :

A M. Alexandre Lefebvre, entomologiste bien connu, qui a eu l'extrême complaisance de nous confier, malgré l'éloignement et les dangers du transport, les espèces qui nous manquaient;

A notre compatriote, M. Marchand, qui a bien voulu nous laisser consulter sa riche bibliothèque et sa magnifique collection ;

Et à M. Bugnion, de Lausanne, qui nous a fourni de nombreux renseignements sur les mœurs des espèces suisses, et en particulier sur celles des Satyres nègres.

A. GUENÉE ET F. DE VILLIERS.

LISTE

DES AUTEURS CITÉS DANS LE COURANT DE CE VOLUME.

Bdv. BOISDUVAL. *Europ. Lepid. Index methodicus.* Paris, 1829.
— *Icones des Lépidoptères d'Europe connus ou peu connus.* Paris, 1832.
— *Collection iconographique et historique des Chenilles d'Europe.* Paris, 1832.

Bon. BONELLI. *Descrizione de novi Insetti Lepidotteri,* etc. Mémoires de l'Académie des Sciences de Turin.

Bork. BORKAUSEN. *Naturgeschichte der Europæischen Schmetterlinge,* etc. Francfurt à Mein, 1789.

Curt. CURTIS. *British Entomology.* London, 1824.

Dalm. DALMAN. *Forsok till systematisk Uppstallning af sveriges Fjarillar* (Kongl. veteuskaps academieus Handling for ar 1816).

Dup. DUPONCHEL. *Supplément à l'Histoire naturelle des Lépidoptères de France.* Paris, 1832.
— *Complément à l'Histoire naturelle des Lépidoptères de France* (Chenilles).

Engr. ENGRAMELLE. *Papillons d'Europe,* peints par Ernst et décrits par Engramelle. Paris, in-4°.

Esp. ESPER. *Die Schmetterlinge in Abbildungen nach der natur.* Erlangen, 1777.

Fab. FABRICIUS. Plusieurs ouvrages.

Fisch. FISCHER. *Entomographie de la Russie.* Moscow, 1821.

Geoff. GEOFFROY. *Histoire abrégée des Insectes des environs de Paris.* Paris, 1762.

God. GODART. *Histoire naturelle des Lépidoptères ou Papillons de France.* Paris, 1820.
—*Encyclopédie méthodique,* Insectes, tom. IX. Paris, 1819.

Hub. HUBNER. *Sammlung Europæischer Schmetterlinge.* Augsburg, 1805.
—*Geschichte Europæischer Schmetterlinge gesammelt von J. Hubner* (Chenilles).

Lat. LATREILLE. Plusieurs ouvrages.

Lef. LEFEBVRE. Divers mémoires.

Lin. LINNÉ. *Systema Naturæ.* Lipsiæ, 1788, tom. I, pars V.

Ochs. OCHSENHEIMER. *Die Schmetterlinge von Europa,* tom. I, II, 1807-1808, et tom. IV, 1816.

Treit. TREITSCHKE. Continuateur de l'ouvrage précédent.

TABLEAUX SYNOPTIQUES

DES LÉPIDOPTÈRES D'EUROPE.

L'ordre des Lépidoptères se divise en

DEUX GRANDES FAMILLES *.

Caractères principaux. — Chenilles à 16 pattes.—Chrysalides presque toujours nues et suspendues en plein air. — Antennes renflées à leur extrémité, point de crin à la naissance des secondes ailes pour retenir les premières.—Ailes relevées dans le repos.
Caractères secondaires.—Insecte parfait volant pendant le jour; corps peu velu, petit et grêle relativement aux ailes. Femelles différant peu des mâles par la taille. DIURNI.

Caractères principaux. — Chenilles à 16, 14, 12 ou 10 pattes.—Mode de transformation extrêmement varié. — Chrysalides presque toujours renfermées dans une coque. — Antennes de forme variable, mais ne se terminant jamais en bouton; presque toujours un crin à la naissance des secondes ailes pour retenir les premières. — Ailes rarement relevées dans le repos.
Caractères secondaires.—Insecte parfait volant le jour, le soir ou la nuit; corps généralement gros et velu. Femelles différant souvent beaucoup des mâles par la taille. NOCTURNI.

Famille I. DIURNI (DIURNES).

(Lat. — *Papilio.* Lin. — *Rhopalocères.* Duméril. Bdv.)

Caractères principaux. — *Chenilles à 16 pattes. — Chrysalides presque toujours nues et suspendues en plein air. — Antennes renflées à leur extrémité, point de crin à la naissance des secondes ailes pour retenir les premières. — Ailes relevées dans le repos.*
Caractères secondaires. — *Insecte parfait volant pendant le jour; corps peu velu, petit et grêle relativement aux ailes. Femelles différant peu des mâles par la taille.*

DEUX GRANDES SECTIONS.

Jambes postérieures n'ayant qu'une seule paire d'épines; les quatre ailes élevées parallèlement dans le repos. . . (1)
Jambes postérieures ayant deux paires d'épines. Ailes non parallèles dans le repos (les inférieures presque horizontales, les supérieures inclinées). . . . . HESPERIDI.

(1) *Jambes postérieures n'ayant qu'une seule paire d'épines, les quatre ailes élevées parallèlement dans le repos.* . . . . . (2)

(2) Chrysalides attachées par la queue et par un lien transversal au milieu du corps, presque toujours la tête en haut. . . . . PAPILIONIDI. (3)
Chrysalides attachées par la queue seulement, la tête en bas.. . . . . NYMPHALIDI. (72)

* Nous partageons l'avis de M. Boisduval, qui pense que les *Crépusculaires* de Latreille doivent être réunis aux *Nocturnes*, et que leur séparation n'est pas fondée sur des caractères suffisants. Nous avions d'abord eu l'intention de ne donner sous le premier nom que les espèces dont les antennes ne décroissent point de la base au sommet, et par conséquent d'en retrancher les *Procris* pour les grouper avec les *Emydia*; mais un peu d'attention nous a démontré l'impossibilité de cette marche. Bien plus, nous avons vu que le genre *Procris* lui-même appartient, sous le rapport des antennes, aux deux familles; ainsi la *P. Statices* a les antennes renflées au sommet, tandis que les mâles des *P. Globulariæ, Pruni*, etc., les ont au contraire presque semblables à celles des *Emydia*; d'ailleurs comment isoler les *Procris* des *Zygæna*, avec lesquelles elles se lient si bien par les *Syntomis* et les *Psichotoe?* Nous adoptons donc la division des Lépidoptères en deux familles. Toutefois nous ferons observer que cette division est encore très-artificielle, puisque les Diurnes se lient insensiblement aux Nocturnes par les *Hesperia, Castnia, Coronis, Agarista, Ægocera* et *Hecathesia*. La famille des Diurnes ou Rhopalocères est donc loin de reposer sur des bases stables, et ne peut se caractériser comparativement à l'immense famille des Nocturnes que par des diagnoses exceptionnelles et dont elle partage toujours l'une ou l'autre avec quelque tribu de ces derniers (Les antennes en massue avec les *Zygæna*, l'absence du crin des deuxièmes ailes avec les *Hépiales* et certains *Bombycites*, les ailes élevées dans le repos avec plusieurs *Phalénites*, les métamorphoses et la forme des chenilles avec une foule de *Geometra, Noctua*, etc., etc.); c'est ce qu'exprime d'ailleurs évidemment le nom d'*Hétérocères*, imposé à ceux-ci. Il serait donc peut-être plus rationnel de ne former de tous les Lépidoptères qu'une seule série en les divisant seulement par tribus; c'est ce que, après des études plus approfondies sur les exotiques, nous ferons peut-être dans la seconde édition, si le public veut bien épuiser celle-ci.
Quant aux dénominations de *Diurnes, Crépusculaires* et *Nocturnes*, sans doute elles sont et ne peuvent être qu'inexactes dans leur signification rigoureuse; mais un nom est de si peu d'importance quand il s'agit de détruire des travaux si anciens, que nous croyons devoir conserver ceux de *Diurnes* et *Nocturnes*, le nom de *Rhopalocères* d'ailleurs (qui convient également à beaucoup d'*Hétérocères*), s'il est moins impropre, n'étant pas plus exclusif.

(3) Tribu I. PAPILIONIDI (PAPILLONIDES).

(Lat. God. — *Succincti*. Bdv.)

Chrysalides attachées par la queue et par un lien transversal au milieu du corps, presque toujours la tête en haut. . . . . (4)

(4) *Caractères principaux.* — Chenilles cylindriques ou de forme ordinaire. — Chrysalides presque toujours anguleuses (à un genre près). — Crochets des tarses très-apparents. — Toutes les pattes propres à la marche. — Cellule discoïdale des secondes ailes fermée.
Caractères secondaires. — Taille grande ou moyenne. — Fond des ailes ordinairement jaune ou blanc, jamais bleu *.
PAPILIONIDI (*propriè dicti*) . . . . (5)
Caractères principaux. — Chenilles ovales, courtes et en forme de cloportes. — Chrysalides ramassées, arrondies. — Cellule discoïdale des secondes ailes ouverte. — Crochets des tarses petits et à peine saillants.
Caractères secondaires. — Taille petite ou du moins au-dessous de la moyenne. — Ailes supérieures entières; les quatre ayant le fond bleu, fauve ou brun, toujours très-vif en couleur. . . . . LYCÆNIDI. (30)

(5) Sous-tribu I. PAPILIONIDI (*propriè dicti*).

Caractères principaux. — *Chenilles cylindriques ou de forme ordinaire. — Chrysalides presque toujours anguleuses. — Crochets des tarses très-apparents. — Toutes les pattes propres à la marche. — Cellule discoïdale des secondes ailes fermée.*
Caractères secondaires. — *Taille grande ou moyenne. — Fond des ailes ordinairement jaune ou blanc, jamais bleu.* . . . . (6)

(6) Chenilles portant sur le cou un tentacule en forme d'Y **. — Bord abdominal des ailes inférieures échancré et formant à peine un léger repli. . . . . (7)
Chenilles sans tentacules. — Bord abdominal des ailes inférieures formant une gouttière qui embrasse plus ou moins le dessous de l'abdomen. . . . . (18)

(7) *Chenilles portant sur le cou un tentacule en forme d'Y. — Bord abdominal des ailes inférieures échancré et formant à peine un léger repli.* (8)

(8) Genres *Papilio*. . . . . . (9)
Thais. . . . . . (10)
Parnassius. . . . . (14)

(9) Genre I. PAPILIO (PAPILLON).

(Lat. Ochs. Bdv. — *Amaryssus*. Dalman.)

Caractères principaux. — *Chenille rase. — Chrysalide anguleuse à tête bifurquée. — Massue des antennes allongée. — Palpes très-courts, le dernier article point ou peu distinct. — Tête et yeux gros et saillants.*
Caractères secondaires. — *Taille grande. — Ailes à fond jaune avec des bandes noires, les supérieures entières, les inférieures largement dentées, avec deux queues très longues et une tache ocellée à l'angle anal.*

PODALIRIUS. Lin. Fab. Bdv. Hub. 388-389. *Pap. Podalire.* God. pl. 1. fig. 1. Le *Flambé*. Engr.	Envergure, 75 mill. — Ailes d'un jaune pâle avec le bord terminal et des bandes noires, celles-ci plus larges au sommet; inférieures ayant en dessous une ligne fauve et en dessus un rang de quatre lunules anté-terminales bleues, et à l'angle anal un œil noir pupillé de bleu et *surmonté* d'une tache fauve. ♀ Semblable.	Dans toute l'Europe. Jardins, prés, lisières des bois en avril, mai, juillet et août. Chenille renflée antérieurement, d'un jaune d'ocre, avec une ligne dorsale plus claire et marquée sur les côtés de points rougeâtres et noirs. Dans le jeune âge, elle est verte, avec des traits jaunâtres obliques sur les côtés. Se	Il est commun dans la France centrale. Il aime à se poser sur les fleurs du lilas, plane en volant, et n'est pas difficile à saisir quand on ne l'effarouche pas. La chenille n'est pas très-commune. Nous avons pris dans le midi et aux environs de Neuf-Brisach beaucoup d'individus un tiers plus grands que ceux qu'on	

* Ces *caractères secondaires* ne sont applicables qu'aux espèces européennes
** Pour voir ce tentacule il faut inquieter la chenille, car dans l'état de repos il est caché sous le premier anneau, d'où elle le fait sortir à volonté.

		trouve en juin et septembre sur le prunellier, le pêcher, l'amandier. Chrysalide d'un jaune d'ocre, avec des rangs longitudinaux de points grisâtres, la partie antérieure plus foncée et le dos fortement relevé en pointe. Accrochée aux branches et aux murs.	trouve aux environs de Paris.
FEISTHAMELII. Dup. *Suppl.* pl. 1. fig. 1. *Podalirius.* var. God. *Encycl.*	Ordinairement un peu plus grand, quelquefois plus petit; les ailes sont d'un jaune plus pâle avec la côte et le bord marginal *d'un jaune bien plus foncé;* les inférieures ont le bord plus largement noir, les queues un peu plus longues et la tache anale plus régulière, plus vive en couleur et *plus ocellée.*	Espagne. La chenille, dont M. Duponchel a bien voulu nous communiquer la description, est d'un beau vert, avec des points ferrugineux, une ligne dorsale jaune et d'autres lignes obliques latérales de la même couleur.	Nous n'osons faire une espèce séparée de ce Papillon, par la raison que la description de sa chenille se rapporte assez bien aux jeunes individus du *Podalirius.* Cependant, il serait possible qu'elle en fût réellement différente; c'est ce que des observations plus suivies nous apprendront. Le papillon vole, dit-on, sans se confondre avec *Podalirius.*
ALEXANOR. Esp. Bdv. Hub. 787-788. God. pl. 1. fig. 1.	Envergure, 75 mill. — Ailes d'un beau jaune avec le bord terminal; quatre bandes sur les supérieures, dont les deux discoïdales très courtes, et une sur les inférieures, noirs; bord abdominal longé par une autre bande de la même couleur; bord externe marqué de taches anté-terminales jaunes, surmontées de quelques lunules bleues; angle anal ayant un œil noir, pupillé de bleu *au-dessous* duquel est une tache fauve. ♀ Semblable.	Dalmatie, Morée, Provence, environs de Digne. Dans les montagnes, en juin et juillet. Chenille d'un vert pâle, avec les incisions noires et ayant sur chaque anneau, excepté le premier, des taches de même couleur entrecoupées de jaune. Se trouve en juillet, sur le *Seseli dioicus.* Chrysalide grisâtre. S'accroche à même les rochers.	Il aime les gorges des montagnes, où on le prend, posé sur des chardons dans la plus grande chaleur. Il ne paraît qu'une fois par an. Les individus de Dalmatie et de Morée sont plus grands que ceux de nos pays.
MACHAON. Lin. Fab. Hub. 390-391. God. pl. 1. fig. 2. Le *grand Porte-Queue.* Engr.	Envergure, 80 mill. — Ailes jaunes à nervures noires, les supérieures avec trois bandes courtes et noires à la côte, et un rang de taches lunulées de la couleur du fond au bord externe. Inférieures ayant au même bord un rang de taches bleues, et à l'angle anal un œil noir *renfermant* une tache fauve et un arc bleu. ♀ Semblable.	Dans toute l'Europe. Prés, bois, jardins, champs. En mai, juillet, août et septembre. Chenille rase, verte, avec les incisions d'un noir velouté, et sur chaque anneau, une bande transverse de même couleur, marquée de points orangés. On la trouve en mai et septembre sur le fenouil, la carotte sauvage et celle des jardins. Chrysalide verte ou brunâtre, avec deux bandes jaunâtres ou noirâtres sur le dos.	Cette espèce, qui est commune, a le vol rapide, et est assez farouche quand elle a été manquée; on la prend plus aisément l'après-midi. Sa chenille est commune. Il est impossible de confondre ces trois espèces quand on se rappelle que la tache fauve anale est au-dessous de l'œil dans *l'Alexanor,* au-dessus dans le *Podalirius,* et renfermée par lui dans le *Machaon.*

SPHYRUS. Hub. 775-776.	Ordinairement un peu plus petit et ayant plus de taches ferrugineuses sous les ailes inférieures.		Nous avons vu cette prétendue espèce envoyée d'Allemagne, et nous l'avons prise nous-même aux environs de Paris. Nous ne saurions la considérer même comme une variété. Germar figure (fasc. IV, tab. 15) une variété accidentelle fort remarquable.
Var. A. God. *Encycl.*	Ailes d'un jaune très-foncé ; taille plus grande, et œil anal un peu oblitéré.		Nous avons pris plusieurs fois cette variété aux environs de Valenciennes.

(10) Genre II. THAIS (THAÏS).

(Fab. Latr. God. — *Zerynthia.* Ochs.)

Caractères principaux. — *Chenille chargée d'épines, charnue et velue. — Chrysalide effilée, terminée antérieurement par une seule pointe.—Massue des antennes en cône ovale, allongé et un peu courbe.—Palpes de trois articles distincts dépassant le chaperon.*

Caractères secondaires. — *Taille moyenne.—Les quatre ailes dentelées, à fond jaune avec de nombreuses taches noires et rouges, les inférieures ayant quelquefois plusieurs petites queues.—Dessous presque luisant.* . . . . (11)

(11) { Ailes inférieures ayant plusieurs appendices en forme de queue. . . . . . (12)
Ailes inférieures sans queues. . . . . (13) }

(12) *Ailes inférieures ayant plusieurs appendices en forme de queue.*

CERISYI. God. Hubn. Bdv. *Icon.* pl. 2. fig. 1-3. Dup. *Suppl.* pl. 2. fig. 1-2.	Envergure, 58 mill. — Ailes d'un jaune pâle, supérieures avec de nombreuses taches noires dont la plupart partent de la côte et s'arrêtent à la nervure médiane. Inférieures *à peine tachées de noir* et ayant un rang anté-marginal de taches rouges dont la costale isolée et sous lesquelles on aperçoit une ligne anté-terminale noire *interrompue.* ♀ Plus tachée de noir et ayant la ligne anté-terminale des inférieures continue, plus épaisse et marquée de petits atômes bleus au-dessous de chaque tache rouge.	Grèce. En janvier, février et juin.	Elle est encore rare dans les collections. Son apparition en juin (époque à laquelle elle a été prise par M. A. Lefebvre) semblerait indiquer qu'elle paraît deux fois, tandis que ses congénères n'ont qu'une génération par an. Elle est très-commune aux environs de Smyrne. On la distingue toujours facilement des autres *Thais* par les queues de ses ailes inférieures.

(13) *Ailes inférieures sans queues.*

HYPSIPYLE. Fab.? Bdv. *Polyxena.* Ochs. Hub. 392-393.	Envergure, 58 mill. — Ailes d'un *jaune serin clair* avec une ligne terminale *très-profondément festonnée*, la base, les nervures et des taches noires. Supérieures ayant, avant la ligne festonnée, une bande noire atteignant les deux bords et précédée elle-même d'une autre bande courte, partant de la côte où elle est souvent marquée d'un point rouge ; cellule contenant quatre grosses taches dont celle de l'extrémité *n'atteignant jamais* la côte et ordinairement traversée par une petite ligne jaune ; bord interne offrant deux bandes dont	Italie, Espagne, Autriche, Morée, etc. Chenille d'un jaune citron, avec une bande dorsale brune les épines fauves, ciliées de noir, et une rangée latérale de points noirs disposés triangulairement. Vit solitaire sur l'aristoloche à feuilles rondes. On la trouve en août. Chrysalide anguleuse	Cette espèce et la suivante ont long-temps été considérées comme identiques. N'ayant point élevé nous-même leurs chenilles, nous ne pouvons assurer qu'elles soient *constamment* différentes, nous devons même dire que l'extrême ressemblance des insectes parfaits nous laisse beaucoup de doutes à cet

	l'extérieure *étroite, en zigzag*, et ne se liant pas ordinairement à la quatrième tache de la cellule. Inférieures ayant, au-dessus de la ligne festonnée, un espace noir marqué de cinq points bleus surmontés d'autant de taches rouges, et à la côte un trait rouge placé entre deux autres noirs et plusieurs taches noires assez petites sur le disque. Abdomen marqué de quatre lignes rouges longitudinales. ♀ Plus grande et un peu plus marquée de noir.	d'un brun jaunâtre pâle.	égard, néanmoins nous avons dû nous en rapporter aux figures d'Hubner et à l'opinion de M. Boisduval jusqu'à ce que des expériences positives soient venues démentir leurs observations.
CASSANDRA. Hub. 910-913. Bdv. *Icon.* pl. 3. fig. 1-2. *Hypsipyle?* God. pl. 3. c. fig. 1-2. *La Diane?* Engr. 109. A. B.	Envergure, 52 mill. — Ailes d'un jaune pâle mais moins pur que celui de l'*Hypsipyle*, avec les mêmes lignes et les mêmes taches, mais où le noir domine davantage; deuxième tache de la cellule des supérieures très-étranglée au milieu, et tache du bout de la cellule atteignant ordinairement la côte; deuxième bande du bord interne des mêmes ailes *large, un peu lunulée et se liant supérieurement à la tache du bout de la cellule;* taches du disque des inférieures *plus marquées*; points bleus plus petits. Espace rouge du bord interne appuyé inférieurement sur un trait blanc. ♀ Plus grande.	Midi de la France, Environs d'Hyères, etc. En mars et avril. Chenille différant de la précédente en ce que le fond est brunâtre, avec les jointures plus claires et que la série latérale de points est remplacée par une ligne plus foncée. Vit sur la même plante. Chrysalide plus sombre.	Voyez la note d'*Hypsipyle*.
DENNOSIA. Dahl.	Elle ne diffère sensiblement de *Cassandra* qu'en ce qu'elle est encore plus marquée de noir.	Italie.	Nous avons vu cette Thaïs dans la collection de M. Marchand, qui l'a reçu de Dahl. Elle est à peine variété de *Cassandra*. Nous possédons une variété analogue, mais plus remarquable en ce que les points rouges ont complétement disparu.
MEDESICASTE. Ochs. God. pl. 3. c. fig. 3-4. Hub. 632. et *Rumina*. 394-395. *La Proserpine*. Engr. 109. A. B. C. D *bis*. *Rumina*. var. Bdv.	Envergure, 45 mill. — Ailes *un peu arrondies*, d'un beau jaune *serin*, avec le bord marginal noir divisé par des lunules jaunes et de *nombreuses* taches noires et *rouges sur les quatre ailes*. Une série de deux ou trois taches apicales *blanches* sur les supérieures. Inférieures avec la bordure noire terminale plus espacée et formant deux lignes noires parallèles surmontées d'un rang de taches rouges. Dessous des inférieures d'un blanc un peu nacré avec les dessins du dessus. ♀ Plus grande, avec les taches rouges ordinairement plus délayées.	Midi de la France, Lozère, etc., dans les garigues. En mai et juin. Chenille d'un vert jaunâtre, avec deux bandes dorsales d'un jaune-soufre bordées de deux lignes noires interrompues, et deux points latéraux de même couleur des deux côtés de chaque anneau. Epines orangées à sommité plus claire et ciliées de noir. Tête brune, avec deux taches plus foncées. Pattes écailleuses brunes. Se trouve à la fin de juillet, sur *l'Aristolochia pistolochia*. Chrysalide semblable à celle de l'*Hypsipyle*.	Nous l'avons fréquemment prise à Castelnau près Montpellier. Elle plane à six pouces de terre, et est difficile à apercevoir à cause de sa couleur, qui la fait confondre avec les plantes sur lesquelles elle se pose. Elle est commune dans les collections. Sa chenille vient d'être découverte par M. Duponchel.

RUMINA. Lin. Ochs. God. Bdv. Hub. 633-634. Dup. *Suppl.* pl. 14. fig. 1-2.	Diffère de *Medesicaste* par sa taille, ordinairement beaucoup plus grande, sa couleur jaune plus intense, les taches noires plus dominantes, ses ailes un peu plus dentées, et le bord terminal des inférieures dont la ligne noire supérieure est beaucoup plus large, au point qu'elle s'avance jusque sur le disque, et par cela même *renferme* les taches rouges au lieu d'en être surmontée ; sa partie inférieure est aussi semée d'atômes bleuâtres. ♀ Semblable.	Espagne, Portugal.	Elle est rare dans les collections comme tous les lépidoptères du pays qu'elle habite. Nous n'en avons vu qu'un seul individu en assez mauvais état.
HONNORATII. Bdv. *Icon.* pl. 3. fig. 3-5. *Th. Honnorat.* Dup. *Suppl.* pl. 2. fig. 3.	Diffère de *Medesicaste* en ce que la plupart des taches noires ont disparu sur les supérieures, où elles sont remplacées, savoir : la deuxième, à partir de la base, par un point noir, et presque toutes les autres par de larges taches d'un rose vif bordées de noir. Les inférieures ont *le disque entier* du même rose, à l'exception d'une tache basilaire, puis d'une médiane jaune.	Environs de Digne.	Elle est très-rare, et ne nous semble qu'une variété *accidentelle* de *Medesicaste*, quoiqu'on en ait trouvé plusieurs individus semblables.

(14) Genre III. PARNASSIUS (PARNASSIEN).

(*Doritis.* Ochs. — *Thais* et *Parnassius.* Lat. God. — *Doritis* et *Parnassius.* Bdv.)

Caractères principaux. *Chenille pubescente. — Chrysalide arrondie, renfermée dans un léger réseau. — Antennes courtes, à massue grosse et ovoïde. — Palpes très-velus.*

Caractères secondaires. — *Taille grande ou au-dessus de la moyenne. — Les quatre ailes entières, arrondies ; les supérieures presque dépourvues d'écailles au bord marginal, dessous luisant. — Abdomen très-velu dans les mâles.* . . . . (15)

(15) { Point de poche cornée sous l'abdomen des femelles, DORITIS, Bdv. . . . . . (16)
Une poche cornée sous l'abdomen des femelles, PARNASSIUS, Bdv. . . . . . . (17)

(16) *Point de poche cornée sous l'abdomen des femelles.*

Genre DORITIS. Bdv.

APOLLINUS. Ochs. Bdv. *Thais Apollina.* God. Dup. *Suppl.* pl. 1. fig. 2. *Thia.* Hub. 635-636. 687 688. *Le petit Apollon.* Engr.	Envergure, 60 mill. — Ailes supérieures presque transparentes, saupoudrées de jaune et de noir et ayant à la côte deux grosses taches de cette dernière couleur; partie marginale transparente bordée d'une ligne jaune ombrée de noir, et peu sensible. Inférieures jaunes, avec le bord interne noirâtre, et sept taches anté-terminales bleues cerclées de noir et surmontées de rouge. ♀ A ailes plus arrondies, les supérieures plus striées de noir, les inférieures sablées de rouge et ayant les taches anté-terminales plus marquées.	Grèce, Morée, Calabre, sur les montagnes. Au commencement du printemps.	Elle est rare dans les collections. Elle vole aussi en abondance aux environs de Smyrne.

(17) *Une poche cornée sous l'abdomen des femelles.*

Genre PARNASSIUS. Bdv. God.

APOLLO. Lin. Fab. Bdv. Hub. 396-397. 730-731.	Envergure, 80 mill. — Ailes blanches, les supérieures avec quatre ou cinq grosses taches noires, dont une vers le milieu du bord interne aussi	Alpes, Pyrénées, Lozère, Suède, Laponie, etc. Sur les montagnes. En juin et juillet.	Quoique ses ailes soient très-entières, elles sont quelquefois tellement plissées qu'elles

God. pl. 2 B. fig. 1. *L'Apollon*. Engr.	prononcée que les autres, et une bande anté-terminale d'atômes noirs atteignant presque le bord interne. Inférieures avec une bande semblable, mais moins prononcée, la base noire jusqu'aux deux tiers du bord interne, et trois à quatre taches, dont deux grandes, rondes, d'un rouge vif, cerclées de noir et pupillées de blanc; les autres petites, réunies ou isolées à l'angle anal. Antennes très-courtes, légèrement annelées de noir et de gris. ♀ Plus grande, avec les taches rouges ordinairement un peu jaunâtres.	Chenille d'un noir velouté semé de points d'un blanc bleuâtre, avec une série latérale de taches orangées. Tentacule de la même couleur. Tête et pattes noirâtres. Se trouve en mai, sur différentes espèces de *Sedum* et de *Saxifraga*. Elle est difficile à élever. Chrysalide arrondie, brune, saupoudrée de gris bleuâtre, et renfermée dans un léger tissu entre des feuilles.	paraissent un peu dentées à cause des nervures qui rentrent en dedans. Il est très-commun sur les montagnes et descend même quelquefois en plaine, mais il n'est pas très-facile à saisir, quoique son vol soit fort lourd, parce qu'il se tient ordinairement sur des endroits escarpés. Il varie prodigieusement.
NOMION. Fisch. Bdv. *Icon*. pl. 4. fig. 3. Dup. *Supp*. pl. 41. fig. 1.	Tache costale externe et tache du bord interne marquées de rouge aux supérieures. Base des inférieures marquée d'une tache rouge; espace noir basilaire remontant fortement dans la cellule, et y formant un crochet; frange mêlée de traits noirs longitudinaux. Antennes plus visiblement annelées. ♀ Plus sablée de noir que le ♂.	Russie orientale; en août.	Cette variété intermédiaire entre *Apollo* et *Phœbus* partage tous ses caractères avec l'une ou l'autre de ces espèces, qui varient tant. Il est donc absolument indispensable de connaître la chenille pour en faire une espèce.
PHŒBUS. Fab. Bdv. God. pl. 2 B. fig. 2. *Delius*. Ochs. *Phœbus*. 567-568. et *Apollo Delius*. 649-652. Hub. Var. *Accid*. 684-865.	Envergure, 62 mill. — ♂ Ailes blanches, les supérieures avec trois taches noires costales dont l'externe divisée en deux, et marquée supérieurement d'un point rouge, et une bande courte anté-marginale d'atômes noirs; point, ou seulement quelques traces de taches au bord interne. Inférieures sans bande anté-marginale, avec la base noire, joignant presque l'angle anal et deux taches petites, rouges, cerclées de noir, et très-rarement pupillées de blanc. Antennes distinctement annelées. ♀ Plus noire, avec les taches plus grosses, dont une bien visible au bord interne, et souvent pupillée de rouge; souvent aussi une tache de cette couleur à la base des supérieures; la bande anté-marginale bien marquée, même aux inférieures, qui ont aussi souvent le bord terminal peu fourni d'écailles, et enfin les deux taches anales comme dans *Apollo*, mais presque toujours marquées de rouge.	Alpes de la Suisse, de la Savoie, etc. En juillet.	La taille est le principal caractère distinctif de cette espèce, qui varie autant qu'*Apollo*. Elle habite les prairies humides des montagnes, et se rencontre ordinairement le long des torrents qui descendent des glaciers. Elle est beaucoup moins répandue qu'*Apollo*, et ne se trouve que dans certaines localités: en Suisse, il faut la chercher dans le voisinage de Bex, de Chamouny, du grand Saint-Bernard, etc. La variété 684-685 d'Hubner est complétement dépourvue de taches rouges en dessus.
HARDWICKII. Hope *Zool. misc.* tab. 4. fig. 1. et 1 a.	La plus externe des taches costales est marquée de trois points rouges ainsi que la tache du bord interne, et le bord marginal des inférieures est longé par une série de taches noires pupillées de blanc.		C'est une variété femelle dont la bande anté-marginale des inférieures est très-prononcée.
MNEMOSYNE. Lin. Fab. Bdv. Hub. 398. God. pl. 2 B. fig. 3. *Le Semi-Apollon*. Engr.	Envergure, 62 mill. — Ailes blanches, avec les nervures noires, supérieures avec deux taches noires dans la cellule, puis un espace noirâtre; bord marginal largement dépourvu d'écailles à sa partie supérieure, où il est ordinairement marqué de quelques taches blanches. Inférieures avec la base et une	Montagnes de la Suisse, Suède, Sicile, etc. En juin et juillet.	Il affectionne les prairies humides des montagnes, et ne descend jamais en plaine. Pour l'avoir frais, il faut le chasser en juin. Les taches noires des inférieures (excepté celle de la

	tache discoïdale noires. Les quatre ailes *sans aucune tache rouge* de part et d'autre. Antennes presque entièrement noires. ♀ Plus obscure, et ayant le plus souvent une bande anté-marginale peu sensible d'atômes noirs sur les inférieures.		base) manquent quelquefois *.	

(18) *Chenilles sans tentacules. — Bord abdominal des ailes inférieures formant une gouttière qui embrasse plus ou moins le dessous de l'abdomen.* . . . . (19)

(19) Genres *Pieris.* . . . . . . (20)
Leucophasia. . . . . (27)
Gonopteryx. . . . . (28)
Colias. . . . . . . (29)

(20) Genre IV. PIERIS (PIÉRIDE).

(Lat., God. — *Pontia*, Fab., Ochs. — *Pieris* et *Anthocharis*, Bdv.)

Caractères principaux. — *Chenille pubescente ou même un peu velue. — Chrysalide terminée antérieurement par une seule pointe, avec le dos renflé et le plus souvent caréné. — Palpes cylindriques peu comprimés, assez longs, droits; massue des antennes ovoïde; cellule discoïdale de forme ordinaire. — Corps de grosseur moyenne. — Abdomen ne dépassant pas les ailes inférieures.*

Caractères secondaires. — *Les quatre ailes entières, arrondies mais non oblongues, blanches ou rarement jaunes, avec des points et des taches noirs; dessous des inférieures toujours plus haut en couleur ou plus chargé de dessins que le dessus; antennes souvent annelées de blanc et de noir.* . . . . (21)

(21)
Chenille velue sur le dos, vivant sur les arbres. — Chrysalide un peu arrondie, terminée antérieurement par une pointe légèrement obtuse. — Ailes légèrement allongées, sèches, peu chargées d'écailles en dessous, blanches avec des nervures noires. — Antennes d'une seule couleur, à massue presque insensible, peu renflée, fusiforme. . . . . (22)
Chenille pubescente, vivant sur les plantes, principalement sur les crucifères. — Chrysalide anguleuse terminée antérieurement par une pointe aiguë. — Ailes peu chargées de dessins, les inférieures rarement veinées de noir en dessous, mais jamais marbrées de vert. — Antennes très-annelées de blanc et de noir, terminées par un bouton aplati. . . . (22 bis)
Chenille pubescente. — Chrysalide terminée par une pointe de forme variable. — Ailes inférieures marbrées de vert en dessous. — Antennes légèrement annelées, terminées par un bouton aplati. . . . . (23)

(22) *Chenille velue sur le dos, vivant sur les arbres. — Chrysalide un peu arrondie, terminée antérieurement par une pointe légèrement obtuse. — Ailes légèrement allongées, sèches, peu chargées d'écailles en dessous, blanches avec des nervures noires. — Antennes d'une seule couleur, à massue presque insensible, peu renflée, fusiforme.*

CRATÆGI. Lin. Fab. Ochs. Bdv. Hub. 399-400. *Piér. de l'aubépine.* God. pl. 2. fig. 3. *Le Gazé.* Engr.	Envergure, 65 mill. — Ailes blanches, avec les nervures noires de part et d'autre, sans dessins ni points; extrémité des nervures noirâtre et peu fournie d'écailles, surtout aux supérieures. ♀ Semblable.	Dans toute l'Europe, champs, prés, jardins. En juin et juillet. Chenille cylindrique, luisante, couverte de poils blanchâtres, avec les côtés d'un gris plombé, et le dos noir, avec deux lignes longitudinales fauves. Vit en société sur l'aubépine (*Cratægus oxyacantha*) et les arbres fruitiers. On la trouve en avril et mai. Chrysalide d'un blanc verdâtre, avec deux lignes latérales jaunes et	La chenille et le papillon sont très-communs. La première fait beaucoup de tort aux arbres fruitiers. Cette espèce a un *facies* tout différent des autres *Piérides* sous ses trois états, et mériterait de former un genre à plus juste titre que beaucoup de *Piérides* qu'on a isolées du genre primitif.	

* Dalman observe qu'il est surprenant que les premiers états de cette espèce soient tout-à-fait ignorés. On peut en dire autant de *Phœbus* et d'une foule d'autres espèces alpines qui sont cependant très-communes. Sans doute la recherche des chenilles présente plus de difficultés dans les montagnes que dans nos pays; mais il est vrai de dire aussi que la plupart des entomologistes négligent beaucoup trop cette chasse. Nous ne saurions trop engager les jeunes amateurs à qui leur position le permet, à s'y livrer avec ardeur. Une foule de découvertes et d'intéressantes captures les dédommagera amplement de leurs peines.

		beaucoup de taches noires, dont un rang sur l'enveloppe des ailes, qui est bordée d'une ligne dentelée de la même couleur.	

(22 bis) *Chenille pubescente, vivant sur les plantes, particulièrement sur les crucifères. — Chrysalide anguleuse, terminée antérieurement par une pointe aiguë. — Ailes peu chargées de dessins; les inférieures rarement veinées de noir en dessous, mais jamais marbrées de vert. — Antennes très-annelées de blanc et de noir, terminées par un bouton aplati.*

BRASSICÆ. Lin. Fab. Ochs. Bdv. Hub. 401-403. *Piér. du chou.* God. pl. 2 *tert.* fig. 1. *Le grand Papillon du chou.* Engr.	*Envergure*, 65 mill. — Ailes blanches, les supérieures avec l'angle apical *largement noir*. Les inférieures avec une tache de la même couleur au bord interne; dessous des supérieures avec deux gros points noirs; dessous des inférieures jaune, sablé de noir. ♀ Femelle ayant les deux points noirs des supérieures apparents en dessus, une tache de cette couleur au bord interne, et les inférieures teintées de jaune aussi en dessus.	Dans toute l'Europe, champs, jardins, prairies. Pendant toute la belle saison. Chenille d'un vert jaunâtre, avec trois raies jaunes longitudinales, séparées par des points noirs tuberculeux, de chacun desquels s'élève un poil. Tête bleue piquée de noir. Vit en société sur le chou, et sur les autres plantes de la famille des crucifères. Elle est très-commune, ainsi que le papillon. Chrysalide d'un blanc sale, marquée irrégulièrement de noir et de jaunâtre.	On rencontre quelquefois des mâles qui sont marqués en dessus de deux points noirs. Hubner donne, comme étant d'Europe, la *Pieris Cheiranthi* (God. Bdv.), qui se trouve ordinairement à Ténériffe; comme les autres auteurs n'en parlent pas, et que rien ne nous autorise à la considérer comme Européenne, nous ne la comprenons pas dans ces tableaux. (Voyez le suplément, à la fin de ce volume.)
RAPÆ. Lin. Fab. Ochs. Bdv. Hub. 404-405. *Piér. du chou.* God. pl. 2. *tert.* fig. 2. *Le petit pap. du chou.* Engr.	*Envergure*, 45 mill. — Ailes blanches, les supérieures ayant l'angle apical *légèrement* noir, le reste comme dans la précédente. ♀ Différant du ♂ par les mêmes caractères que celle de l'espèce précédente.	Dans toute l'Europe, champs, jardins, prairies, etc. Pendant toute la belle saison. Chenille verte, avec trois raies jaunes longitudinales, dont les deux latérales souvent interrompues. Tête verte. Vit solitaire, sur la grosse rave, la capucine, etc. Chrysalide d'un gris sale, pointillée de noir, et ayant souvent des teintes rosées.	Cette espèce est très-commune, et est toujours beaucoup plus petite que la précédente; on rencontre plus souvent que dans celle-là des mâles tachés de noir en dessus. Elle affectionne, ainsi que la précédente, les lieux et les temps un peu humides.
ERGANE. Hub. 904-907.	Beaucoup plus petite, ailes plus arrondies; tache inférieure du disque des premières ailes et tache de la côte des secondes manquant dans les deux sexes; dessous entièrement dépourvu de taches discoïdales noires dans les deux sexes.	Dalmatie.	Elle a été trouvée par Dahl; nous ne l'avons point vue en nature.
NAPI. Lin. Fab. Ochs. Bdv. Hub. 406-407. *Piér. du navet.* God. pl. 2 *quart.* fig. 3. *Le papillon blanc veiné de noir.* Engr. 104. a. b. c. d.	Envergure, 40 mill. — Ailes blanches, les supérieures avec l'angle apical et l'extrémité des nervures noirs; dessous des inférieures d'un jaune pâle, avec des *larges veines d'un noir verdâtre* suivant les nervures, et qu'on aperçoit confusément en dessus. ♀ Différant du ♂ comme dans les précédentes.	Dans toute l'Europe, bois, prairies, jardins. Pendant le printemps et l'été. Chenille d'un vert obscur, plus clair sur les côtés, avec les stigmates roux entourés d'une petite tache jaune, des petites verrues blan-	Cette espèce n'est pas rare, nous l'avons prise dans les environs de Lille, ayant le dessous des ailes inférieures bien plus coloré et plus veiné que dans toute autre localité. Quelquefois la femelle a deux points noirs sur

		ches, des points noirs, et un léger duvet. Vit solitaire sur le navet, le réséda jaune, la tourette glabre, la capucine, etc. Chrysalide très-anguleuse, grisâtre, et pointillée de noir.	les ailes supérieures.
NAPEÆ. Esper? Nobis. Hub. 664-665?	Cette variété est plus grande que l'espèce ordinaire, et n'a que quelques veines noirâtres et courtes sous les ailes inférieures. Ses ailes sont aussi plus épaisses et plus arrondies que dans l'espèce typique, et la ♀ a constamment deux gros points noirs souvent accompagnés d'une liture au bord interne.	Environs de Paris. Août, septembre.	Nous avons souvent pris cette variété aux environs de Chartres, où elle ne se montre que dans l'arrière-saison, et toujours en moins grande quantité que l'espèce principale. Est-il bien certain qu'elle provienne de la même chenille que la *Napi?* En tout cas, elle fait le passage de la *Pieris Rapæ* à l'espèce typique.
BRYONIÆ. God. pl. 5 E. fig. 1. Var. *Napi*. Bdv. God. *Encycl.* Hub. 407. Engr. 104. a *bis*.	Variété ♀ qui diffère de l'espèce en ce qu'elle est d'un gris jaunâtre, saupoudrée d'atomes bruns, et en ce que les nervures y sont très dilatées en dessus.	Alpes, Vosges, Styrie, Laponie, Suède, sur les montagnes.	Après avoir érigé en espèce cette variété, Godart reconnut son erreur dans l'*Encyclopédie*, et la rapporta à la *Napi*, avec laquelle on la trouve souvent accouplée.

(23) *Chenille pubescente. — Chrysalide terminée par une pointe de forme variable. — Ailes inférieures marbrées de vert en dessous. — Antennes légèrement annelées, terminées par un bouton aplati.* . . . . (24)

(24) { Point de tache aurore au sommet des supérieures dans les mâles. . . . . (25)
Une tache aurore au sommet des supérieures dans les mâles, genre ANTHOCHARIS. Bdv. . . . . (26)

(25) *Point de tache aurore au sommet des supérieures dans les mâles.*

CALLIDICE. Ochs. Bdv. Hub. 408-409. God. pl. E V. fig. 2-3.	Envergure, 42 mill. — Ailes blanches, avec une bandelette noire à la côte des supérieures, et leur sommet marqué *de deux rangs de points noirs*; dessous des inférieures d'un vert obscur, avec treize taches *sagittées*, d'un jaune pâle. ♀ A ailes plus arrondies, et ayant au bord terminal, en dessus, une série de taches ovales blanches, sur un fond noir.	Alpes, Pyrénées. En juillet et août. Chenille d'un gris bleuâtre *très-foncé*, pointillé de noir, avec quatre raies blanches, marquées à la jointure de chaque anneau d'une tache citron. Stigmates d'un blanc brunâtre. Tête de la couleur du corps, marquée de chaque côté d'une tache jaune. Pattes écailleuses noires. Vit en août et septembre, sur les crucifères, auprès des neiges permanentes. Chrysalide grisâtre, finement pointillée de noir, avec le dos marqué d'une ligne jaune.	Cette espèce, qui a le vol *très-rapide*, ne se trouve que sur les montagnes, à une grande élévation. M. Boisduval a récemment découvert sa chenille. Ici devrait se placer la *Pieris Raphani* (God. Ochs. Dup.), mais tous ces auteurs ont décrit, et nous avons reçu nous-même sous ce nom l'*Hellica* d'Hubner, qui n'habite pas l'Europe. Cependant, est-il bien certain que la *Raphani* d'Esper, qui, d'après la figure qu'en donne cet auteur, en diffère notablement, puisqu'elle a quelques rapports avec la *L. Sinapis*, ne soit pas une espèce distincte? N'ayant pas vu cette

			dernière espèce en nature, nous ne pourons nous prononcer sur cette question.
DAPLIDICE. Lin. Fab. Bdv. Hub. 414-415. God. pl. 2 *secund.* fig. 3. et 2 *quart.* fig. 2. *Le Papillon blanc marbré de vert.* Engr.	Envergure, 45 mill. — Ailes blanches, angle apical des supérieures noirâtre, taché de blanc, tache costale large, coupée par un trait blanc et *saupoudrée de vert* en dessous; dessous des supérieures jaunâtre à la base, celui des inférieures d'un vert *jaunâtre* piqué de noir, avec des taches blanches dont les marginales disposées en bande maculaire, celles qui les précèdent en bande *non interrompue,* et les autres, au nombre de trois seulement, en triangle. ♀ Ayant les ailes supérieures plus marquées de noir, une tache de cette couleur au bord interne tant en dessus qu'en dessous, et les dessins des inférieures répétés en noir en dessus.	Dans toute l'Europe, dans les champs, les lieux incultes. En mai, juin et juillet. Chenille d'un *cendré bleuâtre*, couverte de petits tubercules noirs avec quatre raies blanches marquées à chaque jointure d'une tache citron. Ventre et pattes blanchâtres, *avec une tache jaune au-dessus de chacune d'elles.* Vit sur plusieurs résédacées et crucifères, en juin et septembre. Chrysalide grisâtre, pointillée de noir, avec quelques raies roussâtres.	Cette espèce, sans être rare, n'est pas très-commune; on est quelquefois plusieurs années sans la revoir dans les lieux où on la prenait auparavant assez abondamment.
BELLIDICE. Brahm. *Belemida.* Hub. 931-934.	Un peu plus petite, angle apical des supérieures marqué de noir moins étendu, moins intense et plus saupoudré de blanc; dessous des inférieures d'un vert plus uni, moins mêlé de jaune, et ayant la bande blanche centrale non-continue mais maculaire, surtout au bord interne; dessous des supérieures ayant la tache noire du bord interne fort peu marquée (dans le mâle) et souvent tout-à-fait oblitérée et n'ayant point de jaune à la base. ♀ Analogue à celle de *Daplidice.*	Suisse, Russie, Hongrie, environs de Chartres.	Nous avons pris une fois cette *Piéride* aux environs de Chartres, avec des *Daplidice.* Nous pensons qu'il y a erreur dans les numéros d'Hubner, et que le nom de ses figures 931, 934, qui se rapportent bien à *Bellidice,* aura été confondu par le graveur avec le n° 929-930, qui serait alors sa *Belemida,* et qui répond à notre *Tagis.* Voyez cette dernière.
CHLORIDICE. Fisch. Bdv. *Icon.* pl. 6. fig. 5-6. Hub. 712-715? Dup. *Suppl.* pl. 4. fig. 3-5? *Daplidice.* var. God. *Encycl.*	Elle est plus petite que *Daplidice;* le sommet des ailes supérieures est plus aigu même dans la femelle; la tache costale n'est point saupoudrée de vert en dessous, et les taches noires du dessus sont plus petites et plus isolées; enfin les parties vertes du dessous des ailes inférieures sont à peu près du même ton que dans *Bellidice*, mais elles sont plus étroites et plus allongées, ainsi que les taches blanches.	Environs de Moscou. En juillet.	Elle est très-rare dans les collections. Nous n'avons vu qu'une femelle, aussi n'osons-nous nous prononcer sur la validité de cette espèce, qui nous a paru une simple variété de *Bellidice.*
BELEMIA. Ochs. God. Hub. 412-413. Dup. *Suppl.* pl. 111. fig. 1-2. Bdv. *Icon.* pl. 6. fig. 1-2.	Envergure, 40 mill. — Ailes blanches, avec le sommet des supérieures noir, traversé par une bande maculaire blanche, tache costale noire, carrée et traversée par une ligne blanchâtre; dessous des supérieures ayant au sommet trois *bandes légèrement nacrées* et bien tranchées sur un fond vert. Dessous des inférieures d'un vert foncé, avec des *bandes légèrement nacrées*, transverses, inégales et nettement coupées. ♀ Semblable.	Espagne et Portugal. En décembre, février et mars.	Elle est rare dans les collections.

GLAUCE. Ochs. God. Hub. 546-547. Dup. *Suppl.* pl. 3. fig. 3-4. Bdv. *Icon.* pl. 6. fig. 3-4.	Envergure, 43 à 45 mill. — Ailes blanches, avec l'angle apical des supérieures noir, traversé par une bande blanche maculaire. Tache costale noire un peu oblongue et traversée par une ligne blanchâtre. Dessous des supérieures ayant au sommet trois *bandes* inégales, peu tranchées, sur un fond vert. Dessous des inférieures d'un vert jaunâtre, piqué de noir, avec des *bandes blanches*, transverses, très-inégales, et moins nettement coupées que dans *Belemia*. ♀ Semblable.	Espagne et Portugal. En février et mars.	Cette espèce est à la *Belemia* ce que l'*Ausonia* est à la *Belia*. C'est dire qu'elle s'en distingue par son fond d'un vert plus jaunâtre et ses bandes moins tranchées. En la regardant d'un peu loin, on aperçoit sous les ailes inférieures une espèce de ligne jaune qui part de la base et se prolonge jusqu'au bord externe. Elle n'est pas moins rare que la précédente. On la trouve aussi en Egypte.
BELIA. Fab. Bdv. Hub. 417 et 418 (la fig. 416 est l'*Ausonia*). God. pl. F 6. fig. 1-2.	Envergure, 40 mill. — Ailes blanches, les supérieures anguleuses, avec le sommet noir et traversé par une bande maculaire blanche; tache costale assez large, marquée en dessous d'un S blanc; côte piquée de noir. Inférieures sans taches en dessus, et ayant le dessous *d'un vert foncé*, avec un grand nombre de taches irrégulières *d'un blanc nacré*. ♀ Ayant le dessus des inférieures un peu jaunâtre.	France méridionale, dans les garigues, les jardins, etc. En mars et avril.	Cette espèce, commune aux environs de Montpellier, vole très-rapidement. Nous l'avons prise, ainsi que M. Marchand, dans les environs de Chartres, mais elle y est plus petite que dans le Midi, et les taches blanches sont à peine nacrées. M. Anjubault nous mande l'avoir prise au Mans.
Var. A. *Nobis.*	Un peu plus grande, tache costale petite et isolée; dessous des secondes ailes et sommet des supérieures d'un vert plus jaunâtre, avec les taches nacrées plus allongées, de sorte qu'elles forment des bandes assez régulières, quoique moins distinctes que dans *Belemia* et *Glauce*.		Cette singulière variété participe à la fois de *Belia*, d'*Ausonia* et de *Belemia*. Nous en possédons deux individus très-frais, mais nous ne pouvons nous rappeler d'où ils nous été envoyés. Peut-être devront-ils par la suite former une espèce distincte, mais pour cela la connaissance de la chenille est indispensable.
TAGIS. Bdv. *Icon.* pl. 5. fig. 1-3. *Bellesina.* Bdv. *Index.* Dup. *Suppl.* pl. 3. fig. 5-6. *Belledice.* Hub. 929-930.	Envergure, 34 mill. — Ailes blanches, supérieures *un peu arrondies*, avec le sommet noir, marqué de trois ou quatre taches blanches, et la tache costale étroite et lunulée, joignant rarement par une liture la côte qui est *piquée de noir*. Dessous des inférieures d'un vert un peu jaunâtre, avec des taches blanches *non nacrées*, et un petit *point noir* discoïdal. ♀ Semblable.	Midi de la France, Provence. En avril et mai. Chenille verte, avec le ventre plus pâle et une bande blanche latérale surmontée d'une ligne d'un rouge vif. Tête et pattes vertes. Vit solitaire, en juin, sur l'*Iberis pinnata*. Chrysalide incarnate, tirant postérieurement sur le rose, avec une ligne dorsale brune et la pointe antérieure très effilée.	Cette espèce est maintenant bien caractérisée par la découverte de sa chenille, due à M. Donzel. C'est la plus petite du genre. Nous croyons, ainsi que nous l'avons dit à l'article *Belledice*, qu'il y a eu interversion de numéros dans les figures d'Hubner. Sa *Belledice* se rapporterait alors fort bien à la nôtre, à l'orthographe près, et sa *Belemida* à notre *Tagis*, à laquelle elle ressemble parfaitement.
TAGIS. Ramb. Hub. 565-566?	Un peu plus grande, tache apicale des ailes supérieures moins marquée de	Corse, Portugal?	C'est à peine une variété de la nôtre; mais

Dup. *Suppl.* pl. 4. fig. 1-2? God.? Ochs.?	blanc; taches blanches du dessous des inférieures moins larges et quelquefois un peu nacrées.		nous la mentionnons ici parce qu'elle pourrait bien être l'espèce typique dont Hubner aurait un peu outré les couleurs.
AUSONIA. Ochs. God. t. 2. pl. 6 E. fig. 3-4. Bdv. *Belia.* Hub. 416.	Envergure, 43 mill. — Ailes blanches, les supérieures avec le sommet aigu, noir, coupé de trois taches blanches confuses; tache costale de grandeur moyenne, irrégulière et n'atteignant pas la côte, *qui n'est jamais piquée de noir en dessus.* Dessous des inférieures d'un blanc ordinairement sans éclat, avec des espaces *légers*, irréguliers, *et à peine contigus,* d'un vert *très-saupoudré de jaune.* ♀ Semblable, et ayant seulement le dessus des inférieures teinté de jaunâtre.	France centrale et méridionale, dans les lieux secs. En juin.	Elle est très-commune aux environs de Nemours et dans la Sologne; nous l'avons prise aussi, mais plus rarement, auprès de Châteaudun. Elle vole assez rapidement, et se pose de préférence sur les crucifères, qui servent probablement de nourriture à sa chenille.
SIMPLONIA. Bdv. *Icon.* pl. 5. fig. 4-6. Dup. *Suppl.* pl. 5. fig. 3-4. *Ausonia.* Hub. 582-583. et *Marchandæ.* 936-937.	Un peu plus grande, sommet des supérieures moins aigu, côte sablée de noir et presque atteinte par la tache costale, qui est marquée dans son milieu d'un trait blanc, et est en dessous étranglée et réniforme; base des inférieures plus noire, dessous des mêmes ailes plus marqué de vert et moins saupoudré de jaune. ♀ Ayant les taches costales et apicales encore plus noires et très-grosses en dessus.	Montagnes du Valais, Simplon, Savoie. En juin et juillet.	Elle est depuis longtemps figurée dans Hubner sous le nom d'*Ausonia.* Depuis, Geyer a donné dans son supplément, sous le nom de *Marchandæ,* une Piéride qui n'en diffère aucunement. Nous les possédons toutes deux en nature, et celles de la collection de M. Marchand, auquel la dernière avait été dédiée, sont aussi complétement identiques.—Peut-être la connaissance de sa chenille en fera-t-elle une espèce séparée d'*Ausonia.* Elle est rare, son vol se rapproche de celui de *Daplidice.* C'est principalement dans les Alpes du Valais et dans le canton de Vaud qu'il faut la chercher.

(26) *Une tache aurore au sommet des ailes supérieures dans les mâles.*

Genre ANTHOCHARIS. Bdv.

CARDAMINES. Lin. Fab. Ochs. Bdv. Hub. 419-420. 424-425. God. pl. 2. fig. 2 et 2 *quart.* fig. 1. *L'Aurore.* Engr.	Envergure, 43 mill. — Ailes *blanches, arrondies,* avec le sommet des supérieures *largement aurore,* et une lunule centrale noire. Dessous des inférieures blanc, marbré irrégulièrement de vert, mêlé de jaune, surtout au centre, où le vert est plus foncé. ♀ Manquant de la tache aurore aux ailes supérieures.	Dans toute l'Europe. Bois, prés, jardins. En avril et mai. Chenille verte, légèrement pubescente et chagrinée, avec une ligne latérale blanche qui se fond supérieurement avec la couleur verte, tête et pattes vertes. Se trouve en juin et juillet sur les crucifères. Chrysalide longue, effilée, arquée aux extrémités, à ventre proé-	Elle est très-commune. On distinguera facilement sa femelle des autres espèces par ses ailes bien plus arrondies et sa tache noire apicale, qui n'est point entrecoupée de taches blanches. Hubner représente (791-792) une variété femelle dont le dessus des inférieures est teinté de jaune.

		minent et à anneaux de l'abdomen immobiles. Elle est blanchâtre ou brunâtre, striée de lignes plus claires.	
EUPHENO. Lin. Fub. Bdv. Hub. 421. 423. 631. God. pl. 5 E. fig. 4-5. *L'Aurore de Provence.* Engr.	Envergure, 38 mill. — Ailes *d'un beau jaune*, les supérieures avec un point discoïdal noir et une large tache aurore encadrée de noirâtre. Dessous des inférieures jaune mêlé de blanc, avec quelques bandes tranverses d'un vert noirâtre. ♀ A ailes plus arrondies, blanches et ayant seulement l'extrémité des supérieures marquée de jaune orangé.	Provence, Languedoc, environs de Montpellier, Lozère, etc. Dans les garigues, en avril et mai. Chenille verte, avec les côtés du corps blancs et longés par une série de points noirs. Vit sur la *Biscutella Dydima*.	Elle a le vol assez rapide, et aime à se reposer sur les crucifères. Elle est commune, mais on trouve généralement plus de mâles que de femelles. Cette observation s'applique également à la *Cardamines*. Hubner donne (423) une variété correspondante à celle de la précédente.
EUPHEME. Esp. *Euplieno.* var. God. Bdv.	Le sommet des premières ailes est verdâtre en dessus, avec une tache aurore ovale et oblique, précédée en dehors de quelques points blancs dont un isolé et plus gros. La raie verte en zigzag du dessous des inférieures s'approche davantage de la base et du bord postérieur.		Nous n'avons point vu en nature cette variété, dont nous empruntons la description à l'*Encyclopédie methodique*. Voyez le Suppl. à la fin du volume.

(27) Genre V. LEUCOPHASIA * (LEUCOPHASIE).

(Bdv. *Pieris*. Lat. God. — *Pontia*. Ochs.)

Caractères principaux. — *Chenille pubescente. — Chrysalide terminée par une seule pointe, avec le dos peu renflé et non caréné. — Palpes un peu recourbés. Massue des antennes terminée par un bouton ovale aplati. — Cellule discoïdale, très-courte et n'atteignant pas même le tiers de l'aile. — Ailes très-oblongues. — Corps petit et peu velu. — Abdomen grêle, non velu, long et dépassant les ailes inférieures.*

Caractères secondaires. — *Ailes minces, les inférieures non marbrées de vert. — Taille au-dessous de la moyenne.*

SINAPIS. Lin. Fabr. Bdv. Hub. 410-411. *Piér. de la moutarde.* God. pl. 2. *tert.* fig. 4. *Le Blanc de lait*, Engr.	Envergure, 38 mill. — Ailes minces, blanches; les supérieures avec une tache *arrondie*, noirâtre à l'angle apiçal. Dessous des supérieures avec la côte noirâtre coupée par un croissant blanc au bout de la cellule (ce caractère plus ou moins sensible, suivant l'intensité du noir de la côte). Dessous des inférieures d'un blanc un peu jaunâtre, avec *deux bandes* transverses et souvent les nervures d'un gris cendré. ♀ Ayant ordinairement la tache apicale moins marquée.	Dans toute l'Europe. Bois humides, prés, jardins, etc. En mai, juillet et août. Chenille verte, plus foncée sur les côtés, avec un ligne latérale jaune; tête et pattes vertes. Vit en juin et septembre sur le *Lotus corniculatus*, le *Lathyrus pratensis*, etc. Chrysalide jaunâtre, avec des traits fauves sur les côtés et sur l'enveloppe des ailes.	Elle est très-commune. Les lignes cendrées du dessous des inférieures sont plus ou moins marquées, suivant les localités, et manquent parfois complétement.
ERYSIMI. Bork. *Sinapis.* var. God. Bdv.	N'en diffère qu'en ce qu'elle manque de la tache apicale noire.	Environs de Paris.	Cette variété n'est pas rare, et on trouve des individus formant passage à l'espèce ordinaire.

* Beaucoup d'auteurs, et en particulier Dalman (*Forsok till Systematisk*, etc. Actes de Stockholm, ann. 1816, pag. 48), se sont aperçus de l'anomalie que présentait ce lepidoptère compris jusqu'ici dans le genre *Pieris*. En effet, outre les caractères que nous signalons ici, les deuxième et troisième nervures des secondes ailes sont réunies près de leur insertion avec la cellule, et la chenille vit sur des plantes differentes de celles qui nourrissent le genre *Pieris*. Cependant cette chenille, qui, ainsi que la chrysalide, diffère peu de celles de ce genre, avait jusqu'ici empêché d'en séparer les *Leucophasia*. Mais comme l'insecte parfait présente un tout autre *facies*, nous avons cru devoir suivre l'exemple de M. Boisduval **, persuadés qu'une classification qui choque tant les yeux ne saurait être naturelle.

** Quoique nous ne connaissions point les caractères de son genre *Leucophasia*, dont il n'a encore publié que le nom.

LATHYRI. Hub. 797-798. *Piér. de la Gesse.* Dup. *Suppl.* pl. 43. fig. 4-5.	Ailes supérieures coupées un peu plus carrément. Tache apicale triangulaire et descendant presque jusqu'au bord interne; base des quatre ailes d'un jaune soufre; dessous des inférieures complétement envahi par le gris cendré, à l'exception de deux taches blanches, l'une petite et incertaine, près de la base; l'autre grande, triangulaire, bien arrêtée inférieurement et joignant le bord terminal.	Provence, Languedoc, Lozère, Suisse, etc.	La tache de la base des secondes ailes en dessous est quelquefois presque effacée. La *L. Sinapis* varie tellement que nous croyons indispensable de connaître la chenille de la *Lathyri* avant d'en faire une espèce. Nous avons pris abondamment près de Neuf-Brisach une variété qui se rapproche celle-ci.

(28) Genre VI. GONOPTERYX * (GONOPTERYX).

(Leach. — *Rhodocera.* Bdv. — *Colias.* Lat. God. Ochs.)

Caractères principaux. — *Chenille chagrinée, comprimée en arrière, à ventre plat. — Chrysalide à ventre extrêmement saillant, et à partie antérieure terminée par une pointe très-aiguë un peu arquée. — Ailes très-anguleuses. — Palpes comprimés, peu velus, leur dernier article peu sensible et légèrement obtus. — Antennes épaisses, courtes, à massue presque insensible.*

Caractères secondaires. — *Ailes jaunes, unies, jamais sablées de brun, avec un point central non argenté et une tache rose à la base des inférieures en dessous. — Taille au-dessous de la moyenne. — Ailes supérieures sinuées à la côte.*

RHAMNI. Lin. Fab. Ochs. Bdv. Hub. 442 à 444. *Col. du Nerprun.* God. pl. 2. fig. 1. *Le Citron.* Engr.	Envergure, 50 mill. — Ailes d'un jaune citron, avec un point central plus petit aux supérieures, fauve en dessus, ferrugineux en dessous, et les nervures terminées par quelques petits points brunâtres. ♀ Un peu plus grande et d'un blanc verdâtre.	Dans toute l'Europe. Bois, prés, jardins, pendant toute la belle saison. Chenille verte, avec une ligne latérale blanche, fondue supérieurement avec la couleur du fond; tête et pattes vertes. Vit sur différentes espèces de *Nerpruns.* Chrysalide verte, avec quelques points ferrugineux sur le dos et l'enveloppe des ailes.	Il est extrêmement commun. Il passe l'hiver, et on le voit souvent voler dès les premiers beaux jours.
CLEOPATRA. Lin. Fab. Ochs. Hub. 445-446. God. pl. 4 D. fig. 1. *Rhamni.* var. Bdv. *Le Citron de Provence.* Engr.	Ailes un peu moins anguleuses; les supérieures marquées chez le mâle d'une large tache discoïdale orangée. ♀ D'un blanc moins verdâtre que *Rhamni.*	France méridionale, Lozère, etc. D'après M. Boisduval, la chenille ne diffère point de celle de *Rhamni.* La chrysalide a l'enveloppe des ailes largement orangée.	N'ayant jamais élevé nous-même la chenille de ce lépidoptère, nous devons nous en rapporter au témoignage de M. Boisduval, qui le donne comme simple variété de *Rhamni.*

* Même raison à alléguer pour l'établissement de ce genre que pour les *Leucophasia.* M. Boisduval a cru devoir changer le nom imposé à celui-ci par M. W. Leach, parce que, dit-il, il existe un genre de Nocturnes appelé *Gonoptera.* Comme la confusion entre ces deux noms et surtout entre ces deux genres nous paraît impossible, nous avons conservé le premier, qui a sur celui de M. Boisduval, outre le droit de la priorité, le mérite de la précision (γονια angle, πτερυξ aile), la signification du dernier (ροδος rose, κερας corne) pouvant également s'appliquer au genre *Colias.*

(29) Genre VII. COLIAS (COLIADE).

(Lat. God. Ochs. Bdv.)

Caractères principaux. — *Chenille chagrinée, subpubescente, cylindrique. — Chrysalide à ventre saillant et à partie antérieure terminée par une pointe aiguë, droite. — Ailes très-arrondies. — Palpes peu comprimés, velus, leur dernier article très-sensible et aigu. — Antennes courtes, à massue visiblement distincte de la tige, qui est médiocrement épaisse.*

Caractères secondaires. — *Taille moyenne. — Ailes d'un jaune plus ou moins foncé, plus ou moins sablées de noirâtre au moins à la base; une tache rose ou ferrugineuse à la base des inférieures en dessous. — Partie antérieure du corselet et frange d'un rose plus ou moins vif. — Bord terminal des supérieures, et souvent des inférieures, noir ou brunâtre.*

AURORA. Fab. Ochs. God. Hub. 544-545. Bdv. *Icon.* pl. 7. fig. 1-4. Dup. *Suppl.* pl. 6. fig. 4-5. *Le Vertumne.* Engr.	Envergure, 55 mill. — Ailes *d'un orangé vif* glacé de rose, les supérieures ayant le sommet *coupé carrément*, et une tache costale noire *en ovale aigu*, et marquée en dessous d'un point argenté, avec une bordure noire étroite coupée par les nervures. Dessous des inférieures ayant un point argenté géminé sur le disque, et au bord interne *seulement* une tache ferrugineuse. ♀ Plus grande, avec la base des supérieures et les inférieures très-saupoudrée de noirâtre; une large bordure noire coupée de taches jaunes qui se répètent légèrement en dessous.	Russie orientale, Sibérie, etc. En août.	M. Boisduval assigne pour patrie à cette espèce rare et mal connue avant lui, la Russie d'Asie et la Sibérie, assertion que semble confirmer son *facies* exotique; aussi ne la donnons-nous que parce que presque tous les auteurs la comprennent dans les espèces d'Europe, et qu'il est possible qu'on la trouve dans cette partie de l'Europe qui avoisine l'Asie, et qui a été jusqu'ici peu explorée.
EDUSA. Fab. Ochs. Bdv. God. pl. 2. *secund.* fig. 1. *Hyale.* Hub. 429-431. *Le Souci.* Engr.	Envergure, 45 mill. — Ailes *d'un jaune souci*, avec une large bordure noire coupée par des nervures jaunes au sommet des supérieures; celles-ci avec une tache discoïdale assez grosse, ronde et noire. Inférieures finement sablées de brun, à l'exception d'un espace rond sur le disque. Dessous des supérieures *souci*, avec la bordure d'un jaune verdâtre; dessous des inférieures de cette dernière couleur, avec une série marginale de taches rousses et un gros point rond géminé argenté. ♀ Ayant la bordure entrecoupée de taches jaunes en dessus, et la base des supérieures, ainsi que les inférieures, plus sablées de brun.	Dans toute l'Europe. Champs de luzerne et prairies un peu élevées. En mai, août, septembre. Chenille d'un vert foncé, avec une raie latérale mêlée de blanc et de jaune, et ayant sur chaque anneau un point rouge; tête et pattes vertes. Vit sur plusieurs espèces de trèfles, de luzernes et de cytises. Chrysalide verte, avec une ligne latérale jaune et quelques points rouges au-dessous.	Cette espèce est fort commune; mais sa chenille est rare, ainsi que toutes celles du genre. On aperçoit à la côte des inférieures, en dessus, deux larges taches ovales d'un orangé plus clair que le fond, mais il faut pour cela écarter beaucoup les ailes supérieures.
MYRMIDONE. Ochs. God. Hub. 432-433. Bdv. *Icon.* pl. 9. fig. 1-2. Dup. *Suppl.* pl. 14. fig. 3-5. *Le Safrané.* Engr.	Un peu plus petite que l'*Edusa*, fond des ailes d'un orangé plus vif et glacé de rose, bordure des ailes supérieures un peu plus étroite et non divisée par les nervures; une petite tache blanchâtre au milieu du point costal des supérieures en dessous. ♀ Avec la bande maculaire terminale des inférieures atteignant le bord interne.	Hongrie, Styrie, Russie méridionale. En juillet, août.	Le principal caractère distinctif assigné à cette espèce par M. Boisduval (sommet de la bordure saupoudré d'atômes jaunes) est loin d'être constant, et se retrouve quelquefois dans *Edusa*. On dit aussi, pour la séparer de celle-ci, qu'elle vole avec elle sans se confondre. Pour nous, après avoir comparé un grand nombre d'exemplaires de *Myrmidone*, nous demeurons convaincus qu'elle est à peine variété d'*Edusa*.

CHRYSOTHEME. Ochs. God. Hub. 426-428. Bdv. *Icon.* pl. 9. fig. 3-4. Dup. *Suppl.* pl. 6. fig. 1-3. *L'Orangé.* Engr.	Beaucoup plus petite que l'*Edusa*, plus pâle, surtout à la côte des ailes supérieures, qui sont plus arrondies; bordure noire plus pâle, moins découpée et saupoudrée d'atomes jaunes; point costal noir plus oblong, presque toujours moins gros et marqué toujours en dessous, quelquefois en dessus, d'une petite ligne blanchâtre. ♀ D'un jaune serin, et orangée seulement sur le disque, ayant parfois la bande maculaire des inférieures prolongée jusqu'au bord interne.	Hongrie, Styrie, Carinthie, Russie méridionale. En juillet, août.	Elle est plus distincte que la précédente; cependant on ne peut en faire une espèce séparée avant de connaître la chenille. Nous avons d'ailleurs préféré la décrire à la suite d'*Edusa*, parce qu'on la reconnaîtra mieux par les différences que dans une description séparée.
HELICE. Hub. 440-441. Var. ♀ de l'*Edusa*. Bdv. God. pl. D. 4. fig. 4.	Ne diffère de l'*Edusa* que par une taille plus grande et la couleur jaune paille des ailes qui fait mieux ressortir aux inférieures les atomes noirs et la tache discoïdale orangée.	France centrale et méridionale. Dans les champs. En août, septembre.	Nous avons pris cette variété aux environs de Nogent-le-Rotrou (Eure-et-Loir); mais elle est moins rare dans le Midi et en Suisse, où on la prend principalement sur les montagnes.
PHICOMONE. Ochs. Bdv. Hub. 436-437. God. pl. D. 4. fig. 3. *Le Candide*, Engr.	Envergure, 45 mill. — Ailes d'un jaune pâle et verdâtre *très-aspergé de brun*, ayant avant le bord postérieur, qui est plus foncé, une bande maculaire de la couleur du fond, avec un point discoïdal noir au milieu des supérieures. Dessous des inférieures verdâtre, avec le disque plus foncé et découpant une bande terminale *plus claire*, et un point central géminé d'un rose argenté. ♀ Plus grande, d'un blanc verdâtre, ayant la bande marginale des supérieures plus largement coupée, et celle des inférieures sans taches.	Montagnes alpines, à mi-côte. En juillet et août.	Son vol est rapide. Elle a à peu près les mœurs de l'*Hyale*, et aime aussi à se poser sur les fleurs. C'est alors qu'on peut la saisir facilement; elle n'est pas rare.
NASTES. Bdv. *Icon.* pl. 8. fig. 4-5. Dup. *Suppl.* pl. 15, fig. 4-5.	Plus petite (39 mill.). Frange et côte des supérieures d'un rose plus pâle et un peu plus étendu, point discoïdal des premières ailes un peu plus petit et pupillé de blanc en dessous. Dessous plus obscur, plus saupoudré de noirâtre; massue des antennes ayant l'extrémité d'un jaune plus clair du côté externe.	Cap nord, Islande, Laponie.	Sa taille est la seule différence bien tranchée qui la sépare de *Phicomone*. Si la chenille était connue et différente, il faudrait bien en faire une espèce, mais jusque là elle est *à peine* pour nous variété de *Phicomone*.
HYALE. Lin. Fab. Ochs. Bdv. *Palæno* Hub. 438-439. God. pl. 2 *secund.* fig. 2. *Le Soufré.* Engr.	Envergure, 45 mill. — Ailes *d'un jaune soufre pâle*; les supérieures avec une large bordure d'un brun noir, entrecoupée de taches de la couleur du fond, n'atteignant pas le bord interne, et marquées sur le disque d'un gros point noir; les inférieures avec une bordure courte très-étroite, et marquées sur le disque d'un point fauve géminé. Dessous d'un jaune plus foncé aux inférieures, qui sont marquées au milieu d'un point géminé argenté et d'une série anté-terminale de taches rousses. ♀ Plus grande et ayant aux ailes inférieures, en dessus, un rang anté-terminal de taches brunes peu marquées.	Dans toute l'Europe, champs de luzerne, prairies, jardins, etc. En mai, août. Chenille d'un vert velouté, avec trois bandes longitudinales jaunes et des points noirs. Vit sur la Coronille bigarrée (*Coronilla varia*).	Cette espèce est très-commune. On la distinguera toujours facilement des variétés plus pâles d'*Edusa*, en ce que la bordure des supérieures n'atteint jamais dans toute sa largeur le bord interne. Nous avons trouvé une variété dont le point noir discoïdal est très-pupillé en dessous, preuve qu'on ne saurait invoquer ce caractère comme bien distinctif.
PALÆNO. Lin. Fab. Bdv. God. pl. D. 4. fig. 2.	Envergure, 45 mill. — Ailes d'un *jaune verdâtre*, avec une bordure terminale brune, large et atteignant le bord	Montagnes alpines, Suède, etc. En juillet et août.	Elle varie beaucoup. Chez certains individus on voit sur les ailes su-

Europome. Hub. 434-435. *Le Solitaire*. Engr.	interne aux supérieures; courte, plus large au milieu et n'atteignant pas l'angle anal aux inférieures. Dessous de celles-ci d'un jaune sablé de noirâtre, avec un point discoïdal dont le centre est d'un blanc nacré. ♀ D'un blanc légèrement verdâtre, avec la bordure des supérieures plus large au sommet, n'atteignant pas le bord interne, et quelquefois marquée à l'angle apical d'une ou deux taches de la couleur du fond.		périeures un point noir discoïdal bien marqué; chez d'autres ce point est peu sensible, et se réduit à un petit ovale évidé au centre; chez d'autres enfin il disparaît complétement; ceux-là même sont les plus communs. Cette Coliade n'est pas rare. Elle préfère les prairies parsemées de buissons de *Rhododendron*.
PHILOMENE. Hub. 602-603.	Un peu plus pâle en dessus et sans point noir discoïdal aux ailes supérieures, dessous de celles-ci avec la côte très-obscure. Dessous des inférieures bien plus saupoudré de noirâtre, surtout sur le disque.	Laponie, Suisse.	On la trouve en Suisse, dans les mêmes localités que *Palæno*, mais elle y est beaucoup plus rare.
PELIDNE. Bdv. *Icon*. pl. 8. fig. 1-3. Dup. *Suppl*. pl. 15. fig. 1-3.	Un peu plus grande que *Palæno*, ailes moins arrondies et moins régulières, bordure brune plus étroite, point discoïdal (quand il existe) plus aigu aux extrémités, surtout en dessous; point argenté du dessous des inférieures entièrement teinté de rose, et quelquefois accompagné chez le mâle d'un autre plus petit. ♀ Plus petite que le mâle, et ayant la bordure des ailes supérieures coupée par des taches oblongues de la couleur du fond, mais très-peu arrêtées et même souvent dépourvues de noir du côté interne.	Islande, Laponie?	Cette Coliade nous a été communiquée, ainsi que la *Nastes*, par M. Lefebvre, qui les a reçues de Laponie; mais nous n'avons pas la certitude qu'elles y aient été trouvées. Il se pourrait que celle-ci dût par la suite former une espèce; mais la *Palæno* varie tant, que la connaissance de la chenille nous semble pour cela indispensable. Elle est encore fort rare dans les collections.

(30) Sous-tribu II. LYCÆNIDI (LYCÉNIDES)*.

Caractères principaux. —*Chenilles ovales, courtes et en forme de cloportes. — Chrysalides ramassées, arrondies.—Cellule discoïdale des secondes ailes ouverte.—Crochets des tarses petits et à peine saillants.*

Caractères secondaires. —*Taille petite, ou du moins au-dessous de la moyenne.—Ailes supérieures entières, les quatre ayant le fond bleu, fauve ou brun, toujours très-vives en couleur.* . . . . (31)

(31) { Toutes les pattes ambulatoires dans les deux sexes. . . . . (32)
Les deux pattes antérieures plus courtes et en palatine dans les mâles. (70)

(32) *Toutes les pattes ambulatoires dans les deux sexes.* (33)

(33) Genre VIII. POLYOMMATUS (POLYOMMATE).

(Lat. God. Dup.—*Lycæna*. Ochs.—*Zephyrus*. Dalm.)

Caractères principaux. —*Chenille cloporte. — Chrysalide courte et obtuse aux deux bouts. —Massue des antennes en bouton allongé et presque ovoïde.—Palpes de longueur moyenne.*

Caractères secondaires. —*Ceux de la sous-tribu***. . . . . (34)

* Cette sous-tribu était établie et caractérisée depuis long-temps par nous sous le nom d'*Oniscides*, quand parut la 5e livraison de l'*Icones* de M. Boisduval, où il l'établit aussi de son côté et lui donne celui de *Lycénides*. Quoique sa tribu ne réponde pas exactement à la nôtre, puisqu'elle ne renferme point les *Erycines*, nous avons renoncé à notre dénomination et adopté la sienne, tant pour éviter le double emploi que parce que notre premier nom existe déjà appliqué à un groupe de Crustacés.

** Il ne faut pas oublier que le principal caractère du genre *Polyommate* est d'avoir toutes les pattes ambulatoires dans les deux sexes.

(34)
I. Chenilles légèrement pubescentes, convexes, avec la partie postérieure un peu déprimée.—Chrysalides un peu oblongues. — Les quatre ailes ordinairement entières, arrondies, presque toujours bleues dans les mâles. — Dessous avec beaucoup de points ocellés, et la base des inférieures verdâtre ou bleuâtre. (*Cyaniris*, Dalm.; *Argus*, Bdv.) . . . . (35)
II. Chenilles pubescentes, convexes, souvent un peu allongées. — Chrysalides courtes et déprimées antérieurement. — Ailes inférieures ayant l'angle anal prolongé dans les mâles, et échancrées avant cet angle dans les femelles. — Fond des quatre étant ordinairement d'un fauve doré dans les mâles, et semé de points noirs dans les femelles. (*Heodes*, Dalm.; *Polyommatus*, Bdv.). . . . . (56)
III. Chenilles pubescentes, moins ramassées que les précédentes, et ayant quelquefois la partie antérieure très-aplatie. —Chrysalides courtes, convexes en dessus, légèrement aplatie en dessous. — Ailes inférieures ayant près de l'angle anal un prolongement souvent très-long et en forme de queue. (*Aurotis*, Dalm.). . . . . (57)

(35) Division I. CYANIRIS, Dalm. ARGUS, Bdv.

Chenilles légèrement pubescentes, convexes, avec la partie postérieure un peu déprimée.—Chrysalides un peu oblongues. — Les quatre ailes ordinairement entières, arrondies, presque toujours bleues dans les mâles.—Dessous avec beaucoup de points ocellés, et la base des inférieures verdâtre ou bleuâtre.

(Les *Azurins*. Lat. God. — *Polyophthalmi*. Ochs.). . (36)

(36)
Dessous des inférieures avec une série anté-marginale de taches fauves plus ou moins apparentes. . (37)
Point de série anté-marginale de taches fauves lunulées sous les inférieures. . . . . (49)

(37) *Dessous des ailes inférieures offrant une série de taches fauves lunulées plus ou moins sensibles.* (38)

(38)
Ailes inférieures ayant en dessous, à la moitié de leur largeur et près du bord terminal, un espace blanchâtre assez large, mais court. . . . . (39)
Point d'espace blanchâtre au bord marginal des inférieures en dessous. . . . . (43)
L'espace blanchâtre plus rapproché de l'angle anal et formant deux gros points souvent marqués d'une tache noire, qui dépassent une série marginale de taches blanches. . . . . (47)
L'espace blanchâtre commençant à former une bande, mais qui ne se prolonge pas au-delà de la lunule discoïdale. . . (48)

(39) *Ailes inférieures ayant en dessous, à la moitié de leur largeur et près du bord terminal, un espace blanchâtre assez large, mais court.* (40)

(40)
Frange entrecoupée.. . . . . (41)
Frange non entrecoupée. . . . (42)

(41) *Frange entrecoupée.*

CORYDON.
Fab. Ochs. Bdv. Hub. 286 à 288.
Poly. Coridon. God. pl. 11 *sec.* et *tert.* fig. 1.
L'Argus bleu nacré. Engr.
Var. ♀ 742. Hub. (Voy. la note).

Envergure, 34 mill. — Ailes d'un bleu argenté luisant, avec une bordure noire large, ocellée aux inférieures. Dessous des supérieures blanchâtre, avec une rangée marginale de taches ocellées de la même couleur. Dessous des inférieures brunâtre, à base verdâtre, avec la tache discoïdale toute blanche et les lunules d'un fauve vif.

♀ Brune, avec une lunule discoïdale noire sur les supérieures, et les taches ocellées des inférieures marquées de fauve. Dessous d'un brun roux vif, surtout aux inférieures, avec les points gros, bien entourés de blanc, la rangée terminale marquée de fauve, même aux supérieures, et un très-petit trait noir dans la tache discoïdale des inférieures.

Dans presque toute l'Europe, dans les bois secs et les lieux pierreux et incultes, les prairies, etc. Fin juillet et courant d'août.

Chenille d'un *vert foncé*, ayant sur le dos deux rangées de crêtes saillantes d'un beau jaune, séparées par le sillon dorsal, mais nulles sur les trois derniers anneaux; côtés saillants et entièrement bordés d'une ligne jaune au-dessus de laquelle sont les stigmates, qui sont noirs et *à peine visibles*. Tête noire; pattes de la couleur du fond. Se trouve en mai et juin sur les *Trifolium*, *Lotus*,

On rencontre quelquefois des femelles qui sont entièrement bleues en dessus. Nous verrons dans beaucoup d'autres *Azurins* (*Alexis*, *Adonis*, *Argus*, etc.) le même accident se reproduire. Les couleurs de ce Polyommate sont fort solides; aussi en trouve-t-on encore de très-frais dans le courant de septembre. Il n'est pas rare, mais ses localités sont ordinairement assez resserrées. On distinguera toujours sa chenille de celle d'*Adonis*, à laquelle elle ressemble extrêmement par la petitesse de ses stigmates et sa couleur

		Hippocrepis comosa, *Hedysarum onobrychis*, etc. Chrysalide grosse, obtuse, jaunâtre, avec les yeux plus clairs. S'enterre à demi au pied de la plante.	d'un vert foncé. Nous empruntons sa description au bel ouvrage de M. Boisduval.
AGESTIS. Ochs. Bdv. Hub. 303 à 306. God. pl. 10. fig. 4 et 9 *tert.* fig. 3. *L'Argus bleu.* Engr.	Envergure, 26 mill. — Ailes d'un beau *brun*, avec un point discoïdal noir et une rangée marginale de lunules fauves manquant quelquefois aux supérieures. Dessous cendré, avec des points ocellés, mais point à la base des supérieures, et une rangée marginale de taches fauves appuyées sur un point noir; première et deuxième taches ocellées de la rangée du milieu des ailes, en dessous, *très-rapprochées.* ♀ Semblable, mais ayant les taches fauves plus grandes et ne manquant jamais aux ailes supérieures en dessus.	Dans toute l'Europe, dans les champs, les bois, les prés, les chemins, etc. En mai et août.	Cette espèce ressemble, au premier coup d'œil, à la femelle d'*Alexis;* mais outre l'entrecoupé de la frange, elle s'en distingue encore en ce qu'elle est plus petite, qu'elle n'a jamais d'atomes violets sur les ailes, et par les caractères indiqués en lettres italiques dans sa description. Engramelle figure la chenille, mais d'une manière si grossière, qu'il nous est impossible de la décrire exactement d'après lui.
ARTAXERCES. Fabr. God. *Encycl.* Hub. Dup. *Suppl.* pl. 9. fig. 3-4. Bdv. *Icon.* pl. 14. fig. 7-8.	Diffère d'*Agestis* par ses ailes supérieures un peu plus étroites, les lunules fauves plus petites, le point discoïdal des premières ailes, qui est *blanc*, par le dessous qui est brunâtre, et où les taches noires ont disparu, à l'exception des points marginaux, de très-légers chevrons sur les taches fauves, et de quelques points presque imperceptibles remplaçant les taches ocellées, qui sont ainsi réduites à de grands espaces blancs. ♀ Analogue à la précédente.	Angleterre, Écosse, sur les montagnes. En mai et août.	La latitude seule fait peut-être tous les frais des différences qui séparent ce charmant Polyommate de l'*Agestis;* cependant, comme ces caractères sont bien constants, il est probable que la chenille en présente également. Il commence à se répandre dans les collections.
TITUS. Fab. God. *Encycl.*	D'après Fabricius, il différerait d'*Agestis* par ses ailes sans taches, fauves en dessus, et par le dessous des inférieures, qui serait marqué d'une rangée de petites lignes blanches et d'une de petites lignes noires.	Écosse et Angleterre.	Ce Polyommate n'existe dans aucune des collections de Paris, et M. Lefebvre a reçu de M. Curtis et d'autres entomologistes anglais, l'assurance qu'il ne se trouve ni dans leur pays ni en Écosse. Nous le soupçonnons fortement de n'être qu'une variété *accidentelle d'Agestis* ou d'*Artaxerces.*
ADONIS. Fab. Ochs. Bdv. Hub. 298-300. *Id.* 645-646. var. accid. *Id.* 698-699. var. accid. God. pl. 11 *sec.* et 11 *tert.* fig. 2. *L'Argus bleu céleste.* Engr.	Envergure, 32 mill. — Ailes *d'un bleu d'azur* très-finement bordées de noir. Dessous des supérieures d'un gris cendré, avec des points ocellés, dont un ou deux à la base; dessous des inférieures d'un cendré roux, avec la base verdâtre, des points ocellés et des lunules fauves plus étroites que dans *Alexis.* ♀ Brune, saupoudrée de *bleu d'azur*, avec des lunules fauves aux inférieures et le dessous plus foncé que dans le mâle.	Dans toute l'Europe, dans les prés, les clairières des bois, les lieux secs et pierreux. En mai, juillet et août. Chenille d'un vert *médiocrement foncé*, avec deux rangs de crêtes jaunes séparées par le vaisseau dorsal, excepté sur les trois derniers anneaux, et les côtés entièrement cerclés de jaune, excepté sur le	Il n'est pas rare. Il se distingue d'*Alexis* par l'entrecoupé de la frange et le ton azuré de ses ailes. Sa chenille se distingue de celle de *Corydon* par le vert moins foncé et les stigmates très-apparents. Nous ne l'avons élevée qu'une seule fois.

		premier; les stigmates très-*apparents*, noirs, et la tête de cette même couleur. On la trouve en mai sur les *Trifolium*, *Lotus*, *Hippocrepis*, etc. Chrysalide brune ou roussâtre. A la surface de la terre.	
CERONUS. Hub. 295-297. *Adonis.* var. God. Bdv.	Pour créer cette espèce, Hubner a représenté un mâle qui a sur les ailes inférieures une série marginale de points noirs : on le rencontre très-fréquemment ; puis une femelle dont le bleu azuré a envahi toute la surface en dessus, de sorte qu'elle est à peu près du ton du mâle, avec une série marginale de lunules fauves aux inférieures. Elle est plus rare et habite principalement l'ouest et le midi.	Ouest et midi de la France, environs de Paris, etc.	Il est très-certain que ce n'est qu'une variété d'*Adonis*, comme on en rencontre beaucoup d'analogues dans cette division. Nous l'avons prise dans les environs de Blois, à la forêt de Russy.

(42) *Frange non entrecoupée.*

DORYLAS. Fab. Ochs. God. Hub. 289-291. Dup. *Suppl.* pl. 12. fig. 1-4. Bdv. *Icon.* pl. 14. fig. 1-3. *L'Azuré.* Engr.	Envergure, 33 mill. — Ailes d'un bleu d'azur, avec une petite bordure et l'extrémité des nervures noirs. Dessous des supérieures sans points à la base; dessous des inférieures d'un brun clair, à base verdâtre, avec des points ocellés, le bord marginal *argement blanchâtre*, une lunule discoïdale toute blanche et une série de taches fauves sagittées, appuyées presque toutes sur des points noirs très-petits. ♀ Brune, avec une série marginale de taches fauves. Dessous d'un brun plus foncé, avec les taches fauves plus grandes, plus vives, les points noirs marginaux plus gros, et un trait noir dans la lunule discoïdale des inférieures.	Montagnes alpines, en juillet; prairies humides de la Suisse, en mai et juin.	D'après la figure donnée par M. Duponchel, de la femelle de ce Polyommate, il paraîtrait qu'elle a quelquefois un point ocellé à la base des supérieures, preuve que ce caractère ne saurait être invoqué comme bien constant. Du reste il n'existe point dans toutes les femelles que nous avons vues. Dans cette espèce, comme dans l'*Adonis* et plusieurs autres, les points ocellés des ailes supérieures sont quelquefois d'une grosseur démesurée.
GOLGUS. Hub. 688-689.	Plus petit.		Il ne mérite pas même le nom de variété.
ALEXIS. Fab. Ochs. Hub. 292-294. Bdv. God. pl. 11 *sec.* fig. 3. *L'Argus bleu* et *l'Argus bleu violet*. Engr.	Envergure, 32 mill. — Ailes d'un bleu *violâtre*, soyeux, très-finement bordées de noir. Dessous d'un cendré clair, avec des points ocellés, dont deux ou trois à la base des supérieures, et une rangée de taches fauves triangulaires appuyée sur des points noirs. ♀ Brune, plus ou moins saupoudrée de *violet*, avec des taches terminales fauves en dessus, et le dessous d'un cendré roussâtre.	Dans toute l'Europe, dans les prés, les jardins, les champs de luzerne, etc., pendant toute la belle saison. Chenille verte, avec une ligne plus foncée sur le vaisseau dorsal, et quelquefois deux autres lignes semblables sur le dos; tête et pattes noires. Vit en mai et juillet sur la luzerne (*Medicago sativa*), la bugrane (*Ononis spinosa*), le fraisier (*Fragaria vesca*), l'*Astragalus glycyphyllos*, etc. Chrysalide d'un gris roussâtre. A la surface de la terre.	C'est le plus commun des Polyommates. On rencontre souvent des femelles dont le dessus des ailes est entièrement saupoudré de violet, comme dans la variété correspondante de l'*Adonis*. On le prend facilement dans toute sa fraîcheur. Nous avons pris une variété mâle qui a au bord marginal des inférieures, en dessus, une série de points noirs, comme le *Ceronus* mâle d'Hubner.

Var. A. Nobis.	Elle ne diffère de l'espèce que par l'absence des points ocellés de la base des supérieures en dessous. De sorte qu'elle n'en a point avant la lunule discoïdale.	Environs de Paris.	Nous avons pris abondamment les deux sexes de cette variété dans une petite localité près de Châteaudun. Elle fait le passage d'*Alexis* à *Escheri*, et prouve que ce caractère invoqué pour les diviser n'est pas constant.
ESCHERI. Hub. 799-800. Dup. *Suppl.* pl. 11. fig. 3-6. Bdv. *Icon.* pl. 12. fig. 4-6. *Agestor.* Lefeb. God. *Encycl.*	Il est plus grand; les lunules fauves du dessous sont plus petites et d'un ton plus ferrugineux, et les points ocellés de la base des supérieures en dessous manquent comme dans notre variété A. ♀ Analogue à la précédente.	France méridionale, Lozère, Suisse. En juin et jusqu'à la mi-juillet.	La femelle est plus rare que le mâle. La connaissance de la chenille de ce Polyommate, qui n'a, dit-on, qu'une génération par an, est indispensable pour le séparer de l'*Alexis*. On le trouve en Suisse, mais il y est rare. Dans la Lozère, au contraire, il est assez commun.
EROS. Ochs. Bdv. *Icon.* pl. 14. fig. 4-6. Dup. *Suppl.* pl. 14. fig. 5-6. *Tithonus.* God. Hub. 555-556.	Envergure, 31 mill. — Ailes un peu oblongues, d'un *bleu argenté* brillant, avec une bordure *assez large* et l'extrémité des nervures noires. Dessous d'un gris cendré, avec des points ocellés, dont un ou deux à la base des supérieures, et des rangées marginales de taches noirâtres et fauves disposées comme dans *Alexis*. ♀ D'un brun très-pâle, quelquefois sablée de bleu, avec une lunule noire et une rangée marginale de taches fauves en dessus.	Alpes du Tyrol, de la Suisse, Mont-Cenis, environs de Digne et de Gap. En août.	Il a été très-rare et commence à le devenir un peu moins. Nos individus nous viennent de M. Anderegg. Le ton verdâtre et argenté de son bleu le sépare facilement de *Dorylas* et d'*Alexis*.

(43) *Point d'espace blanchâtre au bord marginal des inférieures en dessous.* . . . . (44)

(44) { Frange non entrecoupée. . . . . . . (45)
Frange entrecoupée. . . . . (46)

(45) *Frange non entrecoupée.*

ICARIUS. Ochs. God. Bdv. *Icon.* pl. 12. fig. 1-3. Dup. *Suppl.* pl. 11. fig. 1-2. *Agathon.* God. *Encycl.* *Amandus.* Hub. 752-755. Var. accid.? 283-285.	Envergure, 34 mill.—Ailes d'un bleu *presque azuré* luisant, avec une bordure très-étroite et l'extrémité des nervures noires, et souvent un rang de points de cette couleur au bord marginal des inférieures. Dessous d'un gris cendré uni, avec des points ocellés assez petits, mais point à la base des supérieures. et une série marginale de taches d'un *fauve pâle*, visible seulement aux inférieures, qui sont très-arrondies. ♀ Brune, avec un arc noir discoïdal aux supérieures, et des lunules fauves terminales aux inférieures et quelquefois aux supérieures; dessous d'un gris plus foncé, avec ces mêmes lunules visibles aux supérieures.	Suède, Hongrie, Laponie, Pyrénées, alpes du Piémont, Barèges, Mont-Cenis. En juillet et août.	Il n'est pas très-commun. L'*Agathon* de God., que nous avons vu dans sa collection, n'en diffère que par un bleu un peu plus argenté, la bordure noire un peu plus large et les lunules fauves plus isolées en dessous. Ces différences ne peuvent pas même constituer une variété, et ne sont que celles qui s'observent souvent d'un individu à l'autre. Il paraît, d'après Dalman et la figure 284 d'Hubner, que la femelle est quelquefois saupoudrée de bleu à

			la base et sur les ailes inférieures. *Nota.* Il ne faut pas oublier que le principal caractère de cette espèce est celui indiqué par la division.
ARGUS. Lin. Fab. Ochs. Hub. 316-318. God. pl. 11 *tert.* fig. 4. CALLIOPIS*. Bdv. *Icon.* *L'Argus bleu*? (80 f.). Engr.	Envergure, 30 mill. — Ailes d'un bleu violet foncé, avec une bordure noire ordinairement assez large et la frange blanche. Dessous cendré, avec des points cernés de blanc sale (mais point à la base des supérieures), et une série anté-marginale de taches fauves se confondant entre elles, et bordées antérieurement par des chevrons noirs surmontés de taches sagittées peu sensibles d'un blanc sale, et extérieurement par des points noirs sablés de *vert* métallique. ♀ Brune, presque toujours saupoudrée de bleu à la base, avec des lunules fauves (manquant souvent aux premières ailes, et quelquefois, mais rarement, aux secondes, où elles reposent sur des points noirs) et la frange sale. Dessous plus foncé et plus vif en dessins que le mâle.	Dans toute l'Europe, dans les bois secs et couverts de bruyères. En juin et août. Chenille d'un vert obscur, avec une ligne ferrugineuse sur le vaisseau dorsal, et d'autres obliques et bordées de blanchâtre sur les côtés; tête et pattes écailleuses, noires. Vit en mai sur le *Melilotus officinalis*, différentes espèces de *Genista*, etc., etc. Elle préfère la feuille aux fleurs. Chrysalide un peu allongée, verdâtre ou brunâtre, avec l'enveloppe des ailes plus foncée.	Cette espèce est extrêmement difficile à distinguer de la suivante, et tous les caractères employés à cet effet par les auteurs sont fautifs ou peu constants. Il existe peu d'espèces d'ailleurs qui varient autant, quoique les variétés soient peu tranchées. Nous avouons donc ici notre impuissance à donner de bons caractères distinctifs entre elles, et cette opinion est le fruit de longues et minutieuses comparaisons, tant sur les auteurs que sur la nature. Nous dirons seulement que l'*Argus* est presque toujours plus grand, et que la couleur blanche qui cerne les points noirs et qui surmonte la bande fauve des inférieures est ordinairement d'un ton plus sale et moins vif; que la série de points ocellés des premières ailes est mieux alignée inférieurement, et que les antennes des mâles ont ordinairement la massue d'un ton plus foncé. Quant à l'époque d'apparition, elle varie suivant les localités. On rencontre parfois, comme dans *Adonis*, *Alexis*, etc., des femelles entièrement bleues, et le ton du dessous est quelquefois plus clair, avec les points plus petits. La réunion de ces accidents constitue la variété figurée par M. Boisduval, *Icones*, pl. 15, fig. 4-5, mais ils s'observent aussi isolément.
ÆGON. Ochs. Bdv. Hub. 313-315. God. pl. 11 *sec.* fig. 4.	Envergure, 25 mill. — Ailes d'un bleu violet foncé, avec une bordure assez large noire et la frange blanche. Dessous cendré, avec de gros points noirs cernés de blanc assez vif (mais point à la base	Dans toute l'Europe, dans les bois secs sur la bruyère. En juin et juillet. Chenille d'un gris	Les points oculaires sont ordinairement plus gros à proportion que dans l'*Argus*, mais ce caractère n'est point

* Les personnes qui adopteront le genre *Argus* de M. Boisduval devront, pour éviter la répétition du mot, adopter aussi le nom de *Calliopis* pour cette espèce.

	des supérieures); une série de taches fauves fondues ensemble, et bordée intérieurement par des arcs noirs, puis par des taches sagittées d'un blanc assez vif, et extérieurement par de gros points noirs quelquefois sablés de *vert* métallique. ♀ Brune, avec des taches anté-marginales fauves assez grandes. Dessous plus foncé et plus vif en dessins que le mâle, et frange plus sale.	bleuâtre, avec une ligne dorsale noire interrompue et une bande roussâtre sur les côtés; tête et pattes écailleuses noires. Se trouve en mai sur le baguenaudier (*Colutea arborea*) et sur le *Genista scoparia.* Chrysalide d'un gris brun un peu verdâtre, avec l'enveloppe des ailes plus foncée.	constant. Les points ocellés inférieurs de la série des premières ailes rentrent aussi davantage en dedans que dans *Argus*. Ce dernier caractère est constant sur tous les individus que nous avons observés, mais nous n'osons assurer qu'il le soit toujours. Nous possédons une variété mâle qui diffère de l'espèce en ce que la bordure noire est extrêmement large, et en ce qu'il y a une très-petite lunule noire sur le disque des supérieures en dessus.
OPTILETE. Fab. ? Ochs. ? God. *Encycl.* God. *Hist. nat.* pl. 26 z. fig. 3-4. *Cyparissus.* Hub. 654-657. *L'Argus bleu turquin.* Engr.	Envergure, 27 mill. — Ailes d'un *violet très-foncé*, avec une légère bordure noire. Dessous d'un cendré un peu obscur, avec une lunule centrale assez petite, suivie aux supérieures d'un rang de *sept à huit* points noirs ocellés, et aux inférieures d'un rang *très-flexueux* de *huit à neuf;* base des mêmes ailes marquée de deux points ocellés, les quatre ayant un double rang anté-terminal de taches plus foncées, dont les trois ou quatre dernières des inférieures marquées entre elles d'une tache fauve, et la dernière et l'anté-pénultième de la rangée inférieure saupoudrée de *bleu* métallique. ♀ D'un brun noir, avec la base un peu bleue et la frange très-blanche; inférieures marquées au bord terminal d'une petite ligne blanche interrompue.	Suisse, cantons des Grisons, près de Coire et d'Uri, près de Réalp; Italie, près Domo d'Ossola, Hongrie, Suède, Piémont. En juillet et août.	Quoique connu depuis long-temps, ce Polyommate est assez rare dans les collections, à cause des localités circonscrites qu'il habite. Son vol est assez rapide. Nous ne pouvons affirmer que l'*Optilète* de Fab. et d'Ochs. soit bien le nôtre, quoique nous le présumions.
OPTILETE. Hub. 310-312.	Plus grand; d'un *bleu assez clair.* Dessous d'un cendré très-foncé, avec une lunule centrale grosse, suivie aux supérieures de cinq points, et aux inférieures d'un rang *courbe* de six point ocellés; un seul point à la base des inférieures; double rangée de taches terminales plus grosses aux inférieures, l'anté-pénultième seulement marquée de fauve. ♀ *Largement bleue*, avec une tache fauve aux inférieures correspondant à celle du dessous.	Allemagne ?	Nous n'avons point vu cette variété en nature, nous ne pouvons donc certifier que ces différences qui la séparent du *Cyparissus* d'Hub. (qui est notre *Optilète* et celui de God.) soient bien constantes.

(46) *Frange entrecoupée.*

BATTUS. Ochs. Bdv. Hub. 328-330. 801-802. *Telephii.* Fab. *Poly. de l'orpin* (*Telephii*). God. pl. 25 Y. fig. 7-8. *L'Argus brun.* Engr. 85 A B C.	Envergure, 28 mill. — Ailes d'un *noir brunâtre*, avec le disque des supérieures saupoudré de bleu-violet et marqué d'une grosse lunule centrale noire; inférieures ayant au bord terminal une série *d'arceaux d'un bleu violet.* Dessous d'un *blanc terne*, avec une multitude de taches très-grosses *non ocellées*, dont plusieurs sont carrées; inférieures avec un cordon *presque discoïdal* de taches fauves, bor-	Allemagne, Russie, Piémont, Italie, Suisse, midi de la France, dans les bois fourrés. En juillet. Chenille d'un vert de mer, avec une ligne violâtre sur le dos. Se trouve en juillet sur le *Sedum Telephium.*	Il aime à voltiger autour des buissons. En Suisse, c'est dans les cantons les plus méridionaux et particulièrement dans celui du Tessin qu'il faut le chercher.

	dées inférieurement par des points, supérieurement par des arcs, noirs. ♀ Beaucoup plus grande et n'ayant pas de bleu en dessus.	Chrysalide obtuse, courte, verdâtre, mouchetée de brun.	
HYLAS. Fab. Ochs. Bdv. Hub. 325-327. God. pl. 11 *tert.* et 11 *sec.* fig. 5. *L'Argus bleu violet.* Engr.	Envergure, 22 mill. — Ailes d'un bleu-cendré-violâtre, pâle, *les quatre ayant une lunule discoïdale noire;* inférieures avec une série marginale de points noirs. Dessous d'un gris cendré avec de gros points légèrement ocellés; inférieures à base bleuâtre et ayant, assez loin du bord terminal, une série de taches fauves, arrondies, renfermées chacune entre deux points noirs. ♀ Plus grande, d'un brun noirâtre clair, avec un peu de violâtre à la base et les points marginaux des inférieures cernés de blanchâtre.	Dans toute la France. En mai et août.	Il n'est pas très-commun aux environs de Paris. Il aime à voltiger sur les fleurs de thym et de serpolet : nous le prenions autrefois abondamment près de Chartres; il est plus commun dans le midi.
PANOPTES. Hub. 670-673.	Un peu plus foncé, avec les nervures plus marquées et les lunules centrales plus grosses, bordure plus large et fondue avec la couleur du fond; *bande fauve du dessous des inférieures en totalité ou en partie oblitérée.* ♀ Analogue.		C'est à peine une variété, et, à l'oblitération près de la bande fauve, les *Hylas* un peu passés présentent les mêmes caractères. Nous n'avons vu en nature que le mâle; mais Hubner figure aussi la femelle.

(47) *L'espace blanchâtre plus rapproché de l'angle anal, et formant deux grosses taches dépassant la série anté-marginale, et souvent marquées d'un point noir.*

ORBITULUS. Ochs. Bdv. Hub. 841. *Meleager.* Hub. 522-525 et 761-762. *Poly. Orbitulus.* God. pl. 25 v. fig. 3-4.	Envergure, 26 mill. — Ailes *cendrées*, sablées de *bleu-verdâtre très-pâle, argente* avec une lunule noire, cernée de blanchâtre; les supérieures aiguës au sommet, les inférieures avec une série anté-marginale de points noirs cernés de blanchâtre. Dessous des supérieures d'un cendré clair avec des points noirs ocellés. Dessous des inférieures brunâtre, avec plusieurs taches blanches dont une centrale cordiforme, les autres marginales et marquées presque toujours de points ou chevrons noirs et de deux taches fauves près de l'angle anal. ♀ D'un brun noir, avec les lunules centrales moins visibles, surtout aux inférieures.	Alpes et Pyrénées. En juillet et août.	Il n'est pas très-rare. On rencontre souvent des individus dont les taches blanches des secondes ailes en-dessous ne sont marquées d'aucun point noir ni fauve. Telle est la variété 522-523 d'Hubner. Le vol de ce Polyommate est rapide, mais il se pose souvent et est alors facile à approcher.
AQUILO. Bdv. *Icon.* pl. 12. fig. 7-8.	Un peu plus petit (22 mill.). Ailes supérieures un peu plus arrondies, dessous plus sombre (comme dans toutes les espèces boréales). ♀ Avec la lunule centrale bien sensible sur les quatre ailes, qui sont du même ton que celles du mâle, et dont les supérieures sont marquées de deux séries anté-terminales de taches blanchâtres cunéiformes.	Cap-Nord.	Nous n'avons vu en nature que le mâle, et nous devons dire qu'il nous a paru à peine variété d'*Orbitulus*, mais si sa femelle est toujours aussi tranchée que M. Bdv. l'indique, il est possible qu'il doive former une espèce. Cependant, l'*Orbitulus* varie tellement que nous avons cru devoir attendre pour cela la découverte de la chenille. On le trouve aussi en Sibérie et au Labrador.

(48) *L'espace blanchâtre commençant à former une bande, mais qui ne se prolonge pas au-delà de la cellule discoïdale.*

DONZELII. Bdv. *Icon.* pl. 15. fig. 1-3. Dup. *Suppl.* pl. 8. fig. 1-3. Hub. 955-957. (Dessous mal figuré.)	Envergure, 29 mill. — Ailes d'un brun cendré, avec le disque d'un bleu-verdâtre argenté et un arc discoïdal noir. Dessous des supérieures d'un cendré jaunâtre avec de petits points ocellés, mais point à la base. Dessous des inférieures avec des points semblables et traversé par une bande blanche qui va s'appuyer sur un rang court de chevrons fauves, étroits et à peine sensibles. ♀ Entièrement brune.	Département des Basses-Alpes, environs de Digne et d'Alloz; Hautes-Alpes, environs de Briançon, dans les bois de melèzes, Alpes du Vallais. En juillet.	Cette jolie espèce est encore rare. M. Bdv. figure la femelle avec la bandelette blanche du dessous dépassant la lunule, mais il n'en parle point dans sa description. Pour nous, les trois individus que nous avons vus avaient cette bande comme dans la figure de M. Dup., qui est très-bonne. C'est ce qui nous engage à le laisser dans cette section.
EUMEDON. Ochs. Bdv. Hub. 301-302 et 700-701. God. pl. 25 v. fig. 1-2. *L'Eumédon.* Engr.	Envergure, 31 mill. — Ailes d'un brun noirâtre, les supérieures avec une petite lunule discoïdale plus foncée. Dessous d'un cendré grisâtre ou jaunâtre, avec des points ocellés; lunule des supérieures très-grosse, inférieures avec les points ocellés bien alignés et un rang anté-marginal plus ou moins visible de petites taches fauves, surmontées d'un chevron noir et reposant sur un point de même couleur; base largement verdâtre. ♀ Semblable, mais ayant à l'angle interne des inférieures et quelquefois même des supérieures en dessus, un rang de taches fauves plus ou moins nombreuses. Celles de dessous mieux marquées.	Alpes, Pyrénées, Piémont et Allemagne, midi de la France, etc. En juin, juillet et août.	Cette espèce n'est pas rare. Nous l'avons prise plusieurs fois dans les prairies élevées des Pyrénées aux environs d'Ax. Il paraît qu'on rencontre des femelles qui n'ont point de taches fauves en dessus et qu'elles sont bien plus communes en Suède.

(49) *Point de série ante-marginale de taches fauves lunulées sous les inférieures.* . . . . (50)

(50) Des faisceaux de poils sur le disque des ailes supérieures, *ou* une bandelette blanche longitudinale sous les inférieures, remontant presque jusqu'à la base.—Ailes inférieures toujours un peu, quelquefois fortement, échancrées près de l'angle anal dans les femelles. . . . . (51)
Point de faisceaux de poils ni de bandelette, ailes très-entières. (52)

(51) *Des faisceaux de poils sur le disque des supérieures,* ou *une bandelette blanche longitudinale sous les inférieures, remontant presque jusqu'à la base.—Ailes inférieures toujours un peu, quelquefois fortement, échancrées près de l'angle anal dans les femelles.*

DAMON. Fab. Ochs. Bdv. Hub. 275-277. God. pl. 24 x. fig. 5-6. *L'Argus bleu à bandes brunes et une ligne blanche.* Engr.	Envergure, 35 mill. — Ailes entières d'un bleu-verdâtre-pâle argenté très-brillant, avec une *large* bordure brune, se rétrécissant vers l'angle anal et la frange blanche. Dessous d'un cendré jaunâtre; supérieures avec une lunule centrale et une série de gros points ocellés, inférieures avec une série semblable et une bandelette blanche, bien marquée et *constante.* ♀ D'un brun-noir saupoudré de bleu à la base, frange grisâtre et dessous plus roussâtre.	Alpes, Pyrénées, Cévennes, Lozère, Allemagne, etc. Chenille d'un vert jaunâtre, avec une raie dorsale plus foncée, puis une autre latérale semblable bordée de blanc, et suivie d'une autre ligne rouge, ou d'un jaune paille au-dessus des pattes. Se trouve à la fin de mai sur les *Hedysarum onobrychis et supinus.* Chrysalide oblongue, cylindrique et obtuse aux deux bouts, d'un jaune ochracé ou verdâtre.	Cette belle espèce est très-commune. Nous l'avons prise en abondance dans les prairies élevées des Pyrénées et dans les montagnes du grand duché de Bade qui avoisinent le Rhin.

DOLUS. Hub. 793-796. Var. accid. 828-829. Bvd. *Icon.* pl. 15, fig. 6-8. Dup. *Suppl.* pl. 10. fig. 3-5. *Lefebrrei*. God. *Encycl.* et *Tabl. méthod.*	Envergure, 35 mill. — Ailes d'un *blanc-bleuâtre ou verdâtre* satiné et chatoyant, avec un liseré *étroit* et l'extrémité des nervures bruns; supérieures ayant sur le disque *un duvet cotonneux épais et brunâtre;* dessous d'un cendré jaunâtre, surtout aux inférieures, avec une lunule centrale et un rang de points ocellés; les inférieures ayant de légères lunules terminales blanchâtres et *souvent* une bandelette blanche longitudinale. ♀ Brune, sans faisceaux de poils et avec le dessous plus foncé et roussâtre.	Département du Var et de la Lozère, sur les fleurs du sainfoin, de la fin de juin au commencement d'août. Chenille verte, avec le dos caréné et bordé de chaque côté de taches jaunâtres un peu obliques, séparées par des lignes vertes plus marquées, côtés violâtres terminés par une ligne jaunâtre. On la trouve en mai sur le sainfoin (*Onobrychis sativa*). Chrysalide obtuse, d'un brun roussâtre, ou verte ponctuée finement et irrégulièrement de noir.	Ce Polyommate a été fort rare dans les collections, mais il y est répandu maintenant. M. Duponchel l'a pris abondamment dans la Lozère, à un quart de lieue de Florac.
RIPPERTII. Bdv. pl. 16. fig. 4-6. Dup. *Suppl.* pl. 10. fig. 1-2. Hub. 958-960.	Envergure, 35 mill. — Ailes d'un brun noirâtre sans taches; supérieures ayant la frange *d'un brun sale* et un duvet cotonneux brun très-étendu, surtout au bord interne; inférieures légèrement échancrées à l'angle anal. Dessous d'un blanc-jaunâtre sale, les supérieures avec un arc central et une bande arquée de points ocellés assez gros; les inférieures avec une bande arquée de points plus petits et dont le deuxième (à partir de la côte) *nul ou presque nul, et une bandelette blanche très-bien marquée et constante; point ou seulement quelques traces de lunules ante-marginales plus foncées.* ♀ Sans faisceaux de poils, avec les nervures plus foncées et ayant une lunule centrale noire sur les supérieures, inférieures un peu sinuées, avec la frange blanchâtre. Dessous plus foncé, avec les points ocellés des supérieures plus gros.	Département des Basses-Alpes et de la Lozère. En juin et juillet.	On aperçoit quelquefois sous les ailes *supérieures* de la femelle une trace de bandelette blanche longitudinale comme aux inférieures. Ce Polyommate, qui aura sans doute été confondu long-temps avec le suivant, est très-commun dans les Basses-Alpes. Sa femelle se distinguera : 1° de celle *de Damon* par les sinuosités de ses secondes ailes, et l'absence des atomes bleus à la base; 2° de celle d'*Admetus* par l'absence des lunules fauves; 3° de celle de *Dolus*, avec laquelle elle a les plus grands rapports, par la frange des *supérieures*, qui est brune, tandis qu'elle est blanchâtre dans le premier.
ADMETUS. Ochs. God. Hub. 307-309. Dup. *Suppl.* pl. 10. fig. 6-7 ♂ (et non ♀). *L'Argus capucin*. Engr.	Envergure, 35 mill. — Ailes d'un brun noirâtre sans taches; supérieures ayant sur le disque un duvet cotonneux, brun, égal des deux côtés; les inférieures légèrement échancrées près de l'angle anal. Dessous d'un cendré jaunâtre, les supérieures avec une bande arquée de points ocellés et un arc central plus gros qu'aux inférieures, celles-ci avec une bande arquée de points dont le deuxième (à partir de la côte) presque aussi marqué que les autres *et un double rang de lunules brunes anté-marginales; point de bandelette blanche.* ♀ Sans faisceaux de poils et ayant une lunule centrale noire sur les supérieures, les inférieures un peu sinuées, *avec une rangée anté-marginale de lunules fauves.* Dessous plus jaunâtre, à points	Hongrie, Servie, Valachie; environs de Toulon? et de Lyon? En juin.	On remarque quelquefois dans les mâles, et fort souvent dans les femelles, des traces de bandelette blanche sous les inférieures, mais jamais cette bande n'est prononcée. La femelle se distinguera facilement des espèces voisines par ses lunules fauves. Elle ferait à cause de ce dernier caractère exception à sa division (49); mais les lunules fauves, quoique bien marquées *en-dessus* des ailes inférieures, le sont bien rarement *en des-*

	plus gros et à taches anté-marginales teintées de fauve aux supérieures et quelquefois inférieures.		*sous*, et jamais d'une manière prononcée.
MELEAGER *. Fab. Bdv. God. pl. 24 x. fig. 1-4. *Daphnis*. Ochs. Hub. 280-282. *L'Argus bleu pâle* (84 A. B.). Et *l'Argus bleu découpé* (81 A. B.). Engr.	*Envergure*, 40 mill.—Ailes d'un *bleu de ciel argenté*, chatoyant, avec une bordure étroite et l'extrémité des nervures noires, et la frange blanche. Dessous *blanchâtre*, avec des points ocellés; les inférieures ayant une série anté-marginale de taches chevronnées à peine distinctes. ♀ D'un brun noir, largement saupoudré sur le disque de bleu brillant coupé par les nervures. Supérieures avec une lunule discoïdale plus foncée; inférieures fortement dentées, avec une rangée marginale de taches brunes ocellées, surmontées de chevrons blancs. Dessous d'un gris roux, avec les mêmes dessins que le mâle, mais bien mieux marqués.	Hongrie, Italie, Allemagne, Suisse, Cévennes, Lozère, etc. Dans la dernière quinzaine de juillet.	Cette espèce est une des plus grandes et des plus belles du genre. M. Duponchel, qui l'a prise très-abondamment dans une localité remplie d'*Orobus niger*, présume que sa chenille vit sur cette plante. Les femelles prises en Hongrie sont plus petites et entièrement brunes. Godart remarque, au sujet de ce Polyommate, que les femelles sont plus petites que les mâles. Cette particularité s'observe aussi dans les quatre espèces précédentes. Dans les *Azurins* en général les femelles dépassent rarement la taille de leurs mâles, et l'égalent le plus souvent.
CINNUS. Hub. 830-831.	Ce Polyommate, que nous n'avons vu que dans Hubner, différerait principalement du *Meleager* femelle en ce que les inférieures *ne sont point dentées*, et en ce que le dessous des supérieures et le bord marginal des inférieures sont blanchâtres et marqués d'une *série de lunules fauves*.		Nous ne saurions nous prononcer sur cette espèce remarquable avant de l'avoir vue en nature. Il est possible qu'elle ne soit qu'une variété accidentelle du *Meleager*. Hubner ne donne pas le mâle.

(52) *Point de faisceaux de poils ni de bandelette, ailes très-entières.* . . . . . . (53)

(53) { Pas de points noirs sur la surface supérieure des ailes. (54)
{ Une bande arquée de points noirs sur les ailes supérieures, au moins dans l'un des deux sexes. . . . . . (55)

(54) *Pas de points noirs sur la surface supérieure des ailes.*

IOLAS. Ochs. Bdv. *Icon.* pl. 11. fig. 1-3. Dup. *Suppl.* pl. 7. fig. 4-6. *Jolaus*. Hub. 879-882.	*Envergure*, 42 mill.—Ailes d'un bleu-violâtre luisant, avec un liseré noir et la frange blanche. Dessous cendré clair, avec une petite ligne centrale et des points noirs cernés de blanc (ces derniers plus gros aux supérieures), et une rangée marginale de lunules blanchâtres marquées chacune d'un point noirâtre, ces points plus apparents à l'angle anal. ♀ D'un brun noir avec le disque bleu et trois ou quatre des taches ocellées anté-terminales apparentes en dessus près de l'angle anal des inférieures.	Hongrie, Dalmatie, Italie; environs de Toulon et de Saint-Maximin (département du Var). En juin et juillet. Chenille d'un brun café ou verdâtre, avec une ligne dorsale noire, et une large bande latérale plus claire. Tête brune. Vit dans les capsules du *Colutea arborescens*. Chrysalide arrondie, grisâtre, ponctuée de noir.	Cette belle et rare espèce est aussi une des plus grandes du genre.
ACIS. Ochs. Bdv. God. pl. 11	Envergure, 28 mill.— Ailes d'un *bleu-violet* foncé, avec *un petit trait discoïdal*,	Dans une grande partie de l'Europe, près et	Il est très-commun, mais on ne le trouve

* La plupart des auteurs ont bien remarqué les faisceaux de poils sur le disque des supérieures dans *Admetus*, *Dolus*, etc., et aucun ne les a vus dans *Meleager*. Ils y existent pourtant, souvent moins prononcés, il est vrai, que dans ces espèces, mais toujours sensibles.

sec. fig. 7. et 11 *quart.* fig. 4. *Argiolus.* Fab. Hub. 269-271. *Le Demi-Argus* (88 A. B. C. D). Engr.	*les nervures* et une bordure étroite mais *fondue dans la couleur du fond*, noirs, et la frange blanche. Dessous d'un cendré *obscur*, avec une rangée de points ocellés et une lunule centrale; série de points courbe et *sinuée* aux premières ailes, qui n'ont pas de point basilaire. ♀ *Entièrement* d'un brun noir, avec la frange d'un blanc *sale*, excepté au sommet des supérieures.	clairières des bois humides. En mai et juillet.	abondamment que dans les prés. Dans quelques individus bien frais on aperçoit sous les inférieures une série antéterminale de lunules blanchâtres, comme dans l'espèce précédente, quoique moins marquées. Nous possédons une variété *accidentelle* chez laquelle les points du dessous sont très-prolongés et forment des espèces de rayons.
SEBRUS. Hub. 851-854. Bdv. *Icon.* pl. 17. fig. 1-3. *Saportæ.* Dup. *Suppl.* pl. 9. fig. 5-7.	Envergure, 25 mill.—Ailes d'un bleu-violet foncé, avec un liseré noir étroit et *bien arrêté*, et la frange blanche. Dessous d'un *gris de perle*, avec un rang de points ocellés et une lunule centrale; série de points des premières ailes *droite*, à la réserve de celui du sommet. ♀ D'un brun noir, avec la base *saupoudrée de bleu-violet* et la frange *très-blanche* partout.	Département du Var et des Basses-Alpes, îles d'Hières. Dans les lieux secs, sur les fleurs de sainfoin. En mai.	Cette espèce tout-à-fait intermédiaire entre *Acis* et *Alsus*, dont elle n'est peut-être qu'une hybride, se distinguera facilement du premier, par le manque total de lunule, les nervures concolores, et les caractères imprimés en italique dans sa description, et du deuxième par sa taille et la couleur bleue du mâle. Nous possédions depuis long-temps une femelle de cette espèce que nous avions rapportée avec doute à l'*Alsus*. Nous pensons qu'on trouvera ce Polyommate dans d'autres localités, en le cherchant avec attention. Il a les mêmes mœurs qu'*Alsus*.
ALSUS. Fab. Ochs. Bdv. Hub. 278-279. God. pl. 26 *z*. fig. 5-6. *Le Demi-Argus* (88 E. F.). Engr.	*Envergure*, 21 mill.— Ailes *d'un noir brun*, semées d'atomes d'un bleu argenté. Dessous d'un *gris de perle*, avec une lunule centrale, une ligne courbe de petits points ocellés, mais point à la base des supérieures; série de points des mêmes ailes courbe, mais non sinuée. ♀ D'un noir-brun uniforme sans atomes bleus.	Dans une grande partie de la France, dans les bois secs, les lieux pierreux, sur les hautes herbes. En juin et août. Chenille verte, avec une ligne dorsale d'un rouge brun bordé de jaunâtre, puis de chaque côté une autre pareille formée de traits obliques, et enfin, une autre latérale jaunâtre. Se trouve en mai et juillet sur l'*Astragalus cicer*. Chrysalide jaunâtre ponctuée de noir.	C'est, avec *Lysimon*, le plus petit des Polyommates. Comme dans *Acis*, on aperçoit souvent près du bord marginal des traces de lunules. Il n'est pas rare aux environs de Châteaudun et de Chartres.
ARGIOLUS. Lin. Ochs. Bdv. God. pl. 11 *sec.* fig. 8. et 11 *quart.* fig. 5. *Acis.* Fab. Hub. 272-274. *L'Agus bleu à bandes brunes.* Engr.	Envergure, 32 mill. — Ailes minces, d'un bleu-violâtre pâle, avec une bordure noire très-fine *s'élargissant au sommet des supérieures*, qui ont la frange légèrement entrecoupée. Dessous d'un *blanc bleuâtre*, avec un arc central et une ligne transverse de points noirs petits et *non ocellés*.	Dans une grande partie de l'Europe, dans les jardins et dans les bois. En avril, mai, juillet et août. Chenille verte, avec une raie dorsale plus foncée, tête et pattes	Il est commun, et aime à voltiger autour des buissons. Quand il est bien frais, les nervures sont marquées en blanc sur les ailes supérieures, surtout chez la femelle. Nous avons

	♀ Avec la bordure très-large et un arc noir aux supérieures, et des points marginaux de la même couleur aux inférieures.	noires. Vit sur le *Rhamnus frangula* et le lierre (*Hedera helix*), dont elle mange les fleurs. En juin et septembre. Chrysalide brunâtre, ponctuée de noir.	trouvé sa chenille en septembre sur les fleurs du lierre.
PHERETES. Ochs. Bdv. God. pl. 25 v. fig. 5-6. *Atys*. Hub. 495-496 et 548-549.	Envergure, 28 mill.—Ailes d'un bleu vif, avec un liseré noir et la frange blanche. Dessous d'un cendré verdâtre ; supérieures avec une lunule centrale et une série de points noirs ocellés (manquant très-souvent); inférieures avec *deux rangs de grandes taches blanches ou jaunâtres arrondies*. ♀ D'un brun noir uni.	Suisse, Alpes, Laponie. En juillet.	Il n'est pas très-commun. Son vol est rapide, et il aime à se poser sur les fleurs des prairies à environ mille pieds au-dessus de la mer. Les femelles sont fort rares.
CYLLARUS. Fab. Bdv. God. pl. 11 *quart.* fig. 3. *Damoetas*. Ochs. Hub. 266-268. Suite de l'*Argus bleu à bandes brunes* (86 L. O. M.). Engr.	Envergure, 32 mill.—Ailes d'un bleu-violâtre vif, avec une bordure noire un peu large, surtout à l'angle apical. Dessous cendré; les supérieures avec une lunule et une série de gros points noirs ocellés; les inférieures avec la base *très-largement teintée de vert argenté*, et une série de points ocellés plus petits qu'aux supérieures et manquant souvent totalement. ♀ D'un brun noir, avec le disque plus ou moins largement saupoudré de bleu violet.	Dans presque toute l'Europe, dans les prés, les bois humides, etc. *En mai, juin et juillet.* Chenille blanche, grise, jaune ou rose ou de nuances intermédiaires entre ces couleurs, avec une ligne dorsale rouge, les carènes du dos plus pâles que le fond et marquées aussi d'une ligne rouge plus ou moins oblique, enfin une ligne latérale pâle; stigmates blancs et tête brune. On la trouve en juin et juillet sur les *Medicago*, les *Trifolium*, *Onobrychis*, etc. Chrysalide d'un gris cendré, étranglée à sa partie supérieure, bombée à son abdomen, et marquée d'une ligne dorsale brune et de deux rangs de points de la même couleur. S'attache à même les plantes basses.	Il varie pour la taille et la teinte du bleu qui est quelquefois, mais rarement, du même ton que dans *Pheretes*. On voit aussi rarement un point basilaire sous les ailes supérieures. Il est commun.
MELANOPS. Bdv. *Icon.* pl. 17. fig. 4-6. Dup. *Suppl.* pl. 8. fig. 4-5. SAPORTÆ. Hub. 921-925.	Envergure, 26 mill.—Ailes d'un bleu violâtre, avec une bordure noire assez large, surtout aux supérieures, et la frange grisâtre. Dessous d'un cendré foncé, supérieures avec un arc central très-étroit et une rangée courbe de cinq points ocellés *très-gros, surtout ceux du bas ;* inférieures avec la base d'un vert grisâtre, quelques points ocellés très-petits et une *série ante-marginale de taches oculaires plus foncées*. ♀ D'un brun noir, avec le disque bleu et une lunule noire sur les supérieures.	Provence, îles d'Hières. En avril et mai.	Il vole sur les montagnes sèches et arides et aime à se reposer sur le thym. Même observation quant aux nervures que pour l'*Argiolus*. Il n'est pas encore très-répandu dans les collections, quoiqu'il ne semble pas rare dans les pays qu'il habite. Quand M. Boisduval le décrivit dans son index et la nomma *Melanops*, il figurait déjà depuis long-temps dans Hubner sous le nom de *Saportæ*, et nous le lui aurions restitué si nous

			n'avions pas craint qu'on ne le confonde avec un autre Polyommate (notre *Sebrus*), que M. Duponchel a nommé *Saportæ*.
MARCHANDII. Bdv. *Revue Entom.*	D'un bleu un peu plus pâle. Dessous des quatre ailes un peu plus foncé, et où tous les points ont disparu, excepté la lunule discoïdale des quatre ailes et un point vers le bord interne des supérieures.	Espagne, bois de pins du Mont-Serrat, aux environs de Barcelonne. En mai.	Nous n'avons point vu ce Polyommate en nature; d'après la figure et la description, il nous semble une simple variété de *Melanops*.
LYSIMON. Ochs. God. Hub. 534-535. Bdv. *Icon.* pl. 17. fig. 7-8. Dup. *Suppl.* pl. 8. fig. 6-7.	Envergure, 22 mill.— Ailes d'un *violet* luisant, avec une large bordure *brune* et la frange du même ton. Dessous d'un brun jaunâtre; supérieures avec une lunule centrale, un point basilaire et une rangée flexueuse de six à sept autres points plus gros, ocellés; inférieures *n'étant pas verdâtres à la base*, et marquées de points ocellés plus petits qu'aux supérieures, avec une lunule centrale et deux rangs anté-marginaux de taches brunes peu apparentes. ♀ Brune, avec un peu de violet sur le disque des quatre ailes.	Midi de l'Espagne.	Il se trouve aussi au Bengale, à Madagascar, à l'île Bourbon, en Barbarie et en Egypte, d'où proviennent les individus décrits. Ils y ont été pris à la fin de février; paraît-il en Espagne à la même époque? Il est rare dans les collections.

(55) *Une bande arquée de points noirs sur les ailes supérieures, au moins dans l'un des deux sexes.*

EREBUS. Ochs. God. Hub. 260-262. Dup. *Suppl.* pl. 13. fig. 1-2. Bdv. *Icon.* pl. 2. fig. 4-6. *L'Argus bleu à bandes brunes.* Engr. 86 A. B. C.	Envergure, 35 mill. — Ailes brunes, saupoudrées de bleu violâtre sur le disque, avec un arc discoïdal et une rangée transverse de points noirs un peu oblongs. Dessous d'un *brun bistre*, avec un rang de points noirs légèrement cerclés de gris et une lunule seulement aux supérieures. ♀ D'un brun noir, avec la frange un peu plus claire.	Allemagne, Suisse, Alsace, environs de Dijon et de Colmar, endroits montueux. En juillet et août.	Nous avons pris assez communément cette espèce dans les prairies élevées et sylvatiques des environs de Colmar et de Schelestadt. En Suisse, au contraire, elle est rare; c'est dans les cantons de Berne et de Genève qu'il faut la chercher.
ALCON. Fab. Ochs. Hub. 263-265. Dup. in notis. Bdv. *Icon.* pl. 13. fig. 1-3. *Euphemus.* God. pl. 11 *sec.* fig. 6. et 11 *quart.* fig. 2. *Alcon.* God. pl. 26 z. fig. 1-2. var. ?	Envergure, 35 mill.—Ailes d'un bleu violet, avec une bordure noire assez large et quelquefois un petit croissant discoïdal, *mais sans aucun point noir.* Dessous d'un brun cendré, avec une lunule centrale souvent précédée d'un ou deux points basilaires, puis une série flexueuse de points noirs ocellés et un rang anté-marginal de lunules légèrement marquées. ♀ Plus grande, d'un brun noir, avec le disque saupoudré de bleu violet et marqué aux supérieures d'une lunule discoïdale et d'une série *sinuée* de points noirs. Dessous plus sombre et mieux marqué.	Dans une grande partie de la France, dans les clairières des bois. Vers la fin de juin.	Cette espèce, qui se trouve abondamment dans certaines localités des environs de Paris, se rapporte bien à l'*Euphemus* de Godart. Quant à son *Alcon*, nous pensons qu'il n'en est qu'une variété; cet *Alcon* a quelques rapports avec l'individu figuré par M. Bdv. (*Icon.* pl. 13, fig. 7-8) et qu'il regarde avec doute comme variété d'Euphémus. Tous deux viennent des environs de Lyon, et il serait possible que tous deux fussent des variétés locales d'*Alcon*, ce que nous ne pouvons décider sur les figures seules. En tous cas l'*Alcon* de Godart n'est point notre *Euphémus*.

EUPHEMUS. Ochs. Hub. 257-259. Dup. in notis. Bdv. *Icon.* pl. 13. fig. 4-6.	Envergure, 35 mill.—Ailes d'un bleu violet, *plus pâle et comme argenté vers la côte et vers la bordure*, qui est large, brune, avec une lunule discoïdale bien marquée et *une série* un peu arquée vers la côte *de points noirs*. Dessous d'un brun assez foncé, avec les mêmes taches que chez *Alcon*. ♀ Plus grande, d'un bleu violet, avec une très-large bordure brune, une série de gros points noirs *un peu arquée* sur les supérieures, et une autre série plus courte sur les inférieures. Dessous plus sombre et mieux marqué.	Allemagne, Russie, Suisse, est de la France, dans les prairies humides. En juillet et août.	Nous l'avons pris aux environs de Neuf-Brisach. Il n'est pas très-répandu dans les collections, sans doute à cause de la confusion qui a été jetée dans son histoire. Sa femelle se distinguera de celle d'*Alcon* par la bordure mieux arrêtée, les points des secondes ailes et la rangée des premières, qui est bien plus droite vers le bord interne. Quant au mâle, les points du dessus le distinguent suffisamment.	
ARION. Lin. Fab. Ochs. Hub. 254-256. Bdv. God. pl. 11. fig. 2. et pl. 11 *quart.* fig. 1. Suite de l'*Argus bleu à bandes brunes*. Engr.	Envergure, 37 mill.—Ailes d'un bleu cendré, avec une large bordure noire ordinairement marquée au bord terminal des inférieures *de points légèrement ocellés*, une lunule discoïdale et une série arquée de points plus gros aux supérieures qu'aux inférieures. Dessous d'un cendré un peu jaunâtre, avec la base des inférieures verdâtre et *une multitude de gros points noirs très-saillants*, dont la série intermédiaire et la lunule discoïdale fortement cerclées de jaunâtre, surtout aux inférieures; supérieures ayant ordinairement deux points ocellés à la base. ♀ Plus grande, à bordure plus large et à points beaucoup plus gros; taches marginales ocellées du dessus moins sensibles.	Dans toute la France, dans les clairières des bois, sur les bruyères. En juin et juillet.	On rencontre parfois des variétés femelles où le noir a absorbé presque toute la surface supérieure des ailes. On le trouve çà et là aux environs de Paris, mais jamais abondamment. Cette espèce et les deux précédentes, ont la frange un peu entrecoupée.	

(56) Division II. HEODES, Dalm. POLYOMMATUS, Bdv.

Chenilles pubescentes, convexes, souvent un peu allongées.—Chrysalides courtes et déprimées antérieurement.—Ailes inférieures ayant l'angle anal prolongé dans les mâles et échancrées avant cet angle dans les femelles; fond des quatre étant ordinairement d'un fauve doré dans les mâles et semé de points noirs dans les femelles.

(*Les Bronzés*, Lat. God. Famille 8e. *Rutili*. Ochs.)

HELLE. Fab. Ochs. Bdv. Hub. 331-333. God. pl. 23 w. fig. 5-6. *L'Argus myope violet.* Engr.	Envergure, 28 mill.—Ailes supérieures d'un fauve orangé *entièrement recouvert* de violet, avec une bordure et des points noirs; inférieures brunes, recouvertes de violet sur le disque, avec des points noirs et une bordure orangée. Dessous des supérieures orangé, avec des points ocellés et une série anté-marginale de points noirs *surmontés de chevrons blancs*; dessous des inférieures d'un brun fauve, avec les mêmes caractères, et ayant de plus une bande anté-marginale d'un rouge ponceau. ♀ A ailes supérieures plus arrondies et n'ayant de violet que quelques points.	Allemagne, environs de Leipsick, Suisse, dans les prairies humides des montagnes. En mai, juin, juillet et août. Chenille d'un vert pâle, ayant sur le dos une ligne plus foncée. Tête et anus jaunes ou rougeâtres. Vit sur la patience (*Rumex Patientia*). Se trouve en juin et septembre. Chrysalide d'un brun clair, piquée de noir et ayant quelques espaces latéraux blanchâtres.	Il est commun dans le nord de l'Allemagne, où il paraît en mai et août. En Suisse, au contraire, où il est rare, c'est en juin et juillet qu'il faut le chercher.	

XANTHE. Fab. Bdv. God. pl. 9 *sec.* fig. 3. et 10 *sec.* fig. 1. *Circe.* Ochs. Hub. 334-336. *L'Argus myope.* Engr.	Envergure, 30 mill. — Ailes brunes ponctuées de noir, avec une série anté-terminale de lunules fauves. Dessous d'un jaune pâle et un peu verdâtre, avec beaucoup de points noirs légèrement ocellés, dont *quatre* groupés au centre des inférieures et une bande anté-marginale fauve renfermée entre deux séries de points noirs. ♀ A ailes supérieures plus arrondies, fauves, marquées de points noirs et ayant en dessous le disque des mêmes ailes fauve.	Dans toute la France et dans une grande partie de l'Europe, près et clairières des bois. En mai, juillet et août. Chenille d'un vert pomme, avec le vaisseau dorsal un peu enfoncé et bordé de chaque côté par des crêtes triangulaires d'un vert pâle, d'un jaune verdâtre ou d'un jaune pur. Côtés saillants, bordés d'une ligne jaune ou d'un vert pâle qui va du troisième anneau à l'anus, *mais sans s'unir avec celle du côté opposé.* Stigmates roussâtres, tête et pattes écailleuses de la même couleur. Se trouve en juin et septembre sur le genêt. (*Genista scoparia.*) Chrysalide brune hérissée de petits poils, attachée aux tiges des plantes.	Il est commun dans presque tous les bois, mais plus rare dans les prés. On distinguera sa chenille de celles d'*Adonis* et de *Corydon,* auxquelles elle ressemble beaucoup, en ce que la bordure latérale jaune n'est pas réunie à l'anus.
THERSAMON. Fab. Ochs. Bdv. God. pl. 21 v. fig. 7-8. *Xa the* Hub. 346-348.	Envergure, 35 mill.—Ailes d'un ponceau vif et foncé, glacées de violet sur leurs bords. Supérieures avec une bordure noire, le plus souvent *sans aucun point*, quelquefois avec un ou deux points noirs et toujours avec *la transparence de ceux du dessous.* Inférieures plus sombres jusqu'aux trois quarts, avec une bordure noire surmontée d'un rang de points de même couleur. Dessous des supérieures d'un fauve plus foncé au bord terminal, avec des points noirs *très-ocellés.* Dessous des inférieures gris, avec des points semblables, et une série anté-terminale de taches fauves entre des points noirs. ♀ Plus arrondie, d'un beau fauve orangé, avec une multitude de points noirs dont deux au bord interne des supérieures allongés et parallèles.	Italie, Hongrie, Russie, Autriche. En juillet.	Ce beau Polyommate n'est pas très-commun. Les individus pris dans le midi diffèrent sensiblement de ceux de Hongrie. Dans ces derniers, les mâles sont d'un rouge plus sombre et ont les ailes inférieures très-entières. Ils se rapprochent beaucoup du *Chryseis.* Les premiers au contraire sont plus clairs, tant en dessus qu'en dessous, plus arrondis, et les inférieures sont un peu dentées et pourvues non loin de l'angle anal d'un petit prolongement presque en queue; mais toutes les femelles sont à peu près identiques et se rapprochent de celles de *Gordius.*
GORDIUS. Ochs. Bdv. Hub. 343-345. God. pl. 23 w. fig. 1-2. *Le grand Argus bronzé.* Engr.	Envergure, 38 mill. — Ailes d'un fauve orangé vif, glacées de violet avec *de très-gros* point noirs, dont les discoïdaux sans reflet violet. Dessous des supérieures d'un fauve jaunâtre avec des points noirs *à peine ocellés.* Dessous des inférieures d'un cendré jaunâtre, avec beaucoup de points ocellés et une bande fauve continue renfermée entre deux rangs de points noirs. ♀ D'un fauve plus pâle sans reflet et avec les points noirs plus gros.	Alpes, Pyrénées, France méridionale, Lozère, etc., etc., dans les montagnes. En juin et juillet.	Il est très commun. Nous l'avons pris en abondance dans les endroits secs et arides des environs d'Ax et de Montpellier. Il aime à se reposer au soleil, sur les rochers. Les femelles sont plus faciles à prendre que les mâles.

HIERE. Fab. Bdv. God. pl. 23 w. fig. 3-4. *Hipponoë.* Ochs. *Lampetie.* Hub. 356-359. *L'Argus satiné.* 93 C. D. G. *bis.* Engr.	Envergure, 36 mill. — Ailes d'un fauve ponceau *presqu'entièrement caché* sous un reflet violet très-vif, légèrement bordées de noir et marquées de quelques points de cette couleur. Dessous cendré, à base bleuâtre, avec beaucoup de points ocellés assez petits et une série anté-terminale de petites taches fauves comprises chacune entre deux points noirs. ♀ Plus grande; d'un brun noir, avec le disque d'un fauve obscur marqué de points noirs, dont une série discoïdale *mal alignée*; inférieures ayant une bande anté-terminale d'un fauve orangé, étroite, marquée de points noirs et souvent surmontée de points bleus.	Alpes, Alsace, Lorraine, Hongrie, etc., dans les bois. En juin et juillet. Chenille très-moniliforme, d'un vert mat, avec des enfoncemens sur le dos et sur les côtés, et des poils courts et serrés. Stigmates noirâtres, tête brunâtre. Vit en avril et mai sur l'oseille sauvage (*Rumex acetosa*). Chrysalide déprimée sur le dos et à abdomen très-renflé, grise, avec des points bruns plus serrés sur le dos.	Cette espèce est très-commune dans la forêt de Wolckam entre Neufbrisach et Colmar; nous l'y avons prise abondamment sur les fleurs de l'Eupatoire.
CHRYSEIS. Fab. Ochs. Bdv. Hub. 337-338. 355. God. pl. 9 *sec.* fig. 4. et 10 *sec.* fig. 2. *L'Argus satiné changeant.* 93 A. B. E. F. *bis.* Engr.	Envergure, 32 mill. — Ailes d'un fauve ponceau vif, avec une bordure assez large; la côte des supérieures et une partie des inférieures d'un noir glacé de violet foncé, *et un seul trait discoïdal formé de deux petits points noirs.* Dessous d'un cendré jaunâtre *foncé*, avec le disque des supérieures et une bande anté-marginale, souvent très-courte aux inférieures, fauves et beaucoup de points ocellés. ♀ Toute brune, avec le disque des supérieures légèrement fauve, et marqué de deux points discoïdaux et de deux séries de points anté-terminaux *bien alignés*; inférieures avec une bordure anté-terminale d'un fauve pur.	Alpes de la Suisse et de la France, département de la Somme, environs de Paris, dans les bois humides, les marais et les prairies montagneuses. En juin et juillet.	Nous avons pris cette belle espèce dans les clairières humides de la forêt d'Hallate, près de Pont-Sainte-Maxence. Malgré nos recherches sur l'indication de Godart, nous ne l'avons jamais trouvée plus près de Paris. Sa femelle se distinguera de la précédente par sa double série bien alignée de points noirs et par sa teinte bien plus foncée en dessous.
EURYDICE. Hub. 339-342. God. pl. 22 v. fig. 5-6. *Eurybia.* Ochs. *Chryseis.* var.? Bdv.	Il diffère du Chryseis, en ce que la bordure est plus étroite et nullement glacée de violet, en ce que le point discoïdal des premières ailes est à peine sensible, et même souvent tout-à-fait nul; en ce que le dessous est d'une teinte un peu plus cendrée, sans aucun vestige de couleur fauve, ni aux supérieures, ni aux inférieures. ♀ N'ayant point le disque fauve en dessus, et ayant à peine quelques taches de cette couleur à l'angle anal des secondes ailes en dessus et en dessous.	Hautes Alpes. En juillet.	Il semblerait, d'après Ochsenheimer, que la bordure a quelquefois antérieurement un léger reflet violet, ce qui tendrait encore à rapprocher ce Polyommate du *Chryseis.* Il est rare. Nos individus viennent des Alpes de la Suisse.
HIPPOTHOE. Lin. Fab. Bdv. Ochs. Hub. 352-354. God. pl. 9 *sec.* fig. 5. et 10 *sec.* fig. 3. *L'Argus satiné à taches noires.* Engr.	Envergure, 30 mill. — Ailes d'un rouge ponceau très-brillant, avec une bordure étroite et *un arc central* (accompagné quelquefois d'un point) noirs. Dessous des supérieures d'un fauve pâle, plus foncé vers les bords, avec beaucoup de points ocellés et une lunule centrale noirs. Dessous des inférieures *d'un cendré clair, avec la base largement bleuâtre* et une bande anté-marginale d'un fauve rouge, continue et renfermée entre deux rangs de petits points noirs. ♀ Ayant plusieurs points noirs sur les supérieures, et les inférieures d'un brun noir avec les nervures et une	Ouest et Est de la France, Hongrie, etc., dans les lieux marécageux. Dans les premiers jours de juin et d'août.	Nous l'avons pris à la fin de mai dans les fossés des fortifications de Neufbrisach, et en août dans les prairies marécageuses du bord du Rhin, où il est commun.

	bande terminale fauve, marquée inférieurement de gros points noirs.		
Dispar. *Haw.* Dup. *Suppl.* pl. 13. fig. 3-6. Bdv. *Icon.* pl. 10. fig. 1-3. *Hippothoe.* var. Hub. 966-968.	Ne diffère d'*Hippothoe* que par sa taille beaucoup plus grande et par sa couleur plus vive.	Angleterre, environs de Cambridge et de Huntington. En juin et juillet.	Nous avons vu des mâles qui avaient jusqu'à 45 mill. d'envergure. M. Lefebvre pense que cette espèce est le véritable *Hippothoe*, dont nous n'aurions en France qu'une variété plus petite.
VIRGAUREÆ. Lin. Fab. Ochs. Bdv. Hub. 349-351. God. pl. 9 *sec.* fig. 6. et 10 *sec.* fig. 4. *L'Argus satiné.* Engr.	Envergure, 33 mill. — Ailes un peu échancrées à l'angle anal (même dans le mâle), d'un fauve ponceau très-brillant, avec une bordure noire assez large et *sans taches sur le disque.* Dessous d'un fauve jaune sale, avec quelques petits points et une ligne *de taches blanches* aux inférieures. ♀ D'un fauve moins vif, avec une multitude de taches brunes, et les inférieures presque entièrement envahies par cette couleur.	Alpes, Pyrénées, dans les bois. En mai, juillet et août. Chenille d'un vert foncé, avec une bande jaune dorsale, séparée par un filet vert et deux lignes latérales d'un vert pâle; tête et pattes écailleuses noires. Se trouve en juin et septembre sur la verge d'or (*Solidago Virga aurea*) et la patience (*Rumex patientia*). Chrysalide d'un brun jaunâtre, avec l'enveloppe des ailes plus foncée.	Il est commun; nous l'avons pris abondamment dans les bois de sapins des environs d'Ax et dans les Pyrénées. Il aime à voltiger sur les fleurs qui croissent au bord des ruisseaux. Il varie assez, surtout la femelle; celles qu'on prend dans le Jura ont une teinte généralement plus foncée que celles des Alpes.
OTTOMANUS. Lefebvre. Dup. *Suppl.* pl. 9. fig. 1-2. Bdv. *Icon.* pl. 10. fig. 4-5.	Envergure, 30 mill. — Ailes d'un rouge ponceau brillant, avec une bordure noire. Supérieures entières, *avec une lunule discoïdale, suivie ordinairement de trois à quatre points noirs;* inférieures échancrées avant l'angle anal (même dans le mâle), avec la bordure noire dentée. Dessous des supérieures d'un fauve clair, avec des points noirs légèrement ocellés; dessous des inférieures d'un cendré jaunâtre, *plus obscur au bord marginal,* avec des points semblables et une bande anté-terminale, maculaire, *d'un rouge ponceau,* dont la tache anale et quelquefois la précédente plus grande et lunulée. ♀ Inconnue.	Morée, Modon, Navarin, Thérapia. En mars et juin.	Il est encore très-rare dans les collections. Sur quatre exemplaires mâles que nous avons vus, un seul manque de la série de points noirs du dessus des supérieures. Il a en dessous quelques rapports avec le *Phlæas.* Les figures de MM. Bdv. et Dup. sont un peu trop petites, il a absolument la taille du *Vigaureæ;* son vol est vif et il se pose volontiers sur les céréales.
PHLÆAS. Lin. Fab. Ochs. Bdv. Hub. 362-363. Var. accid. 736-737. God. pl. 10. fig. 1. *Le Bronzé.* Engr.	Envergure, 28 mill. — Ailes *brunes;* les supérieures ayant le disque d'un fauve doré semé de points noirs; les inférieures échancrées avant l'angle anal (même dans le mâle) et ayant une bande anté-terminale du même fauve, appuyée sur des points noirs terminaux. Dessous des supérieures fauve sur le disque, avec des points noirs assez gros légèrement ocellés; dessous des inférieures *d'un cendré brun, avec de petits points noirâtres* peu marqués, et une ligne anté-terminale maculaire, rougeâtre, composée d'arcs dont l'anal plus grand. ♀ *Semblable.*	Dans toute l'Europe, bois, prés, champs de luzerne, etc. En avril, août et septembre. Chenille d'un vert pâle, avec une ligne jaune ou rougeâtre le long du dos, et une ligne latérale semblable. Vit sur l'oseille sauvage (*Rumex acetosa*). Chrysalide d'un brun clair, ponctuée de noir.	Il est très-commun partout. Il n'est pas rare de trouver des individus chez lesquels la bande fauve des inférieures est surmontée d'un rang de point bleus. La chenille est mal connue. Hub. fig., n° 736-737, une variété où le brun est remplacé par du blanc; nous ne l'avons jamais vue en nature.

MELANOPHLÆAS. Lefeb. *Collect.* Nobis.	Ne diffère de l'espèce qu'en ce que les ailes supérieures sont entièrement brunes et seulement légèrement saupoudrées de fauve doré à la base; les ailes inférieures sont aussi quelquefois dépourvues en tout ou en partie de la bande anté-terminale fauve.	Midi de l'Europe, environs de Paris.	Ce n'est bien certainement qu'une variété *accidentelle* du Phlæas, mais on la trouve assez souvent. Nous l'avons prise au bois de Boulogne.
BALLUS. Fab. Ochs. God. Hub. 360-361. 550. Dup. *Suppl.* pl. 7. fig. 1-3. Bdv. *Icon.* pl. 10. fig. 6-7.	Envergure, 28 mill. — Ailes presque rondes, d'un brun cendré un peu plus clair sur le disque, avec quelques petits points fauves à l'angle anal des inférieures. Corselet garni de poils verts. Dessous des supérieures ayant le disque fauve, avec de gros points noirs bordés de blanc; dessous des inférieures *couvert en grande partie par un duvet vert*, et marqué de quelques petits points rouges accolés à des points blancs. ♀ Ayant le disque des premières ailes, et une large bande anté-terminale aux secondes, d'un fauve clair sans éclat.	Portugal, Espagne, Sicile, Provence, Pyrénées, environs de Perpignan et d'Hières. En mars. Chenille d'un blanc jaunâtre, avec une ligne dorsale maculaire rougeâtre, bordée de brun-rouge et coupée dans le milieu par une ligne bleue; puis une série de petits traits obliques, d'un rouge violâtre, puis une ligne latérale de même couleur. Tête brune, premier et dernier anneau lavés de rougeâtre. Se trouve en mai sur le *Lotus hispidus*. Chrysalide d'un brun marron.	Il a été long-temps très-rare dans les collections, mais il y est répandu maintenant. Il a beaucoup de rapport avec *Phlæas*, et plusieurs auteurs l'ont placé entre lui et *Rubi*; mais avec un peu d'attention, on s'apercevra qu'il n'a d'autre ressemblance avec ce dernier que la couleur verte du dessous des inférieures; encore y a-t-il une grande différence dans ce caractère commun. (Le *Rubi* appartient d'ailleurs évidemment par sa chenille et les lignes blanches du dessous à la division suivante.) Sa chenille, qui vient d'être découverte par M. Meissonier, nous confirme dans cette opinion.

(57) Division III. AUROTIS. Dalm. (*Lycæna* et *Thecla*. Bdv.)

Chenilles pubescentes, moins ramassées que celles de la division précédente, et ayant quelquefois la partie antérieure très-aplatie. — Chrysalides courtes, convexes en dessus, légèrement aplaties en dessous. — Ailes inférieures ayant près de l'angle anal un prolongement souvent très-long et en forme de queue. . . . . (58)

(58) { Ailes inférieures dentées, mais dépourvues de queue. . . . . (59)
Ailes inférieures pourvues d'une queue plus ou moins épaisse et plus ou moins longue *. . . . . . . (60)

(59) *Ailes inférieures dentées, mais dépourvues de queue.*

EVIPPUS. Bdv. Hub. 366-367. God. pl. 22 v. fig. 1-2. *Roboris.* Ochs.	Envergure, 34 mill. — Ailes d'un brun noir, avec le disque violet; inférieures ayant en outre une *série anté-terminale de trois à quatre points de la même couleur*. Dessous d'un gris jaunâtre satiné, avec une ligne anté-terminale interrompue, d'un bleu métallique, surmontée d'un rang de taches fauves, puis de points noirs chevronnés de blanc. Le tout plus prononcé aux inférieures. ♀ Plus grande, ayant ordinairement six points violets au lieu de trois sur les inférieures, et le disque des supérieures moins largement violet.	Espagne, Portugal, France méridionale, dans les montagnes. En juin et juillet.	Nous avons pris fréquemment cette espèce à Castelnau, près Montpellier. Elle a les mêmes habitudes que le Poly. *Quercûs*, et aime à se reposer sur les feuilles du chêne vert et du prunier sauvage.

* Voyez la note au bas du *Polyom. Rubi*

(60) *Ailes inférieures pourvues d'une queue plus ou moins épaisse et plus ou moins longue.* (61)

(61) { Dessus des ailes du mâle entièrement bleu ou violet, celui de la femelle offrant des traces de cette couleur. . . . . (62)
Dessus des ailes du mâle brun, celui de la femelle ordinairement marqué de fauve ; dessous offrant une ou deux lignes blanches interrompues. . . . . (66)

(62) *Dessus des ailes du mâle entièrement bleu ou violet, celui de la femelle offrant des traces de cette couleur.*

Genre LYCÆNA. Bdv. . . . . (63)

(63) { Queue médiocrement longue et plus épaisse à son insertion ; inférieures un peu dentées. . . . . . . (64)
Queue longue, très-grêle et entièrement filiforme ; inférieures très-entières. . . . . (65)

(64) *Queue médiocrement longue et plus épaisse à son insertion ; inférieures un peu dentées.*

QUERCUS. Lin. Fab. Ochs. Bdv. Hub. 368-370. Var. ♀ accid. 621 (trois points fauves sur les supérieures). *Poly. du chêne.* God. pl. 9 *sec.* fig. 1. et 9 *tert.* fig. 3.	Envergure, 34 mill. — Ailes d'un brun noir *glacées de violet très-foncé* et un peu changeant, dessous d'un gris satiné, avec une ligne blanche continue, légèrement ondée, et deux taches roussâtres à l'angle interne ; celles des supérieures irrégulières et ombrées de noir, celles des inférieures arrondies et dont l'antérieure marquée dans son milieu *d'un point noir non métallique.* ♀ D'un brun noir, avec une *large tache bifurquée d'un violet brillant* sur les supérieures.	Dans toute l'Europe, dans les bois, en juin et juillet. Chenille d'un vert sale ou roussâtre, avec le vaisseau dorsal enfoncé et découpant chaque anneau en crêtes, une suite latérale de lignes obliques jaunes, et sur le dernier anneau, qui est plus long et en fer à cheval, un dessin longitudinal et bizarre. Tête brune. Vit en juin sur le chêne. Chrysalide rousse ondée de taches plus claires.	Il est commun, mais assez difficile à prendre, parce qu'il voltige au sommet des chênes. On s'en saisit plus facilement l'après-midi quand il descend sur les taillis ; c'est ainsi que nous l'avons recueilli en abondance au bois de Boulogne. Nous avons vu en nature, dans la collection de M. Marchand, la jolie variété figurée par Hubner sous le n° 621, et Dalman en parle de son côté. Mais celle qu'il cite et celle que nous avons vue n'avaient qu'un seul point fauve.

(65) *Queue longue, très-grêle et entièrement filiforme ; inférieures très-entières.*

BOETICUS. Lin. Fab. Ochs. Bdv. Hub. 373-375 (la ♀ est une var. accid.). God. pl. 9 *tert.* fig. 4. et 10. fig. 2. *Le Porte-Queue bleu strié.* Engr.	Envergure, 34 mill. — Ailes d'un violet assez foncé, avec une bordure brune et deux gros points noirs à l'angle anal des inférieures. Dessous d'un cendré jaunâtre, avec des lignes blanches *ne dépassant pas la cellule discoïdale sur le disque des supérieures ;* inférieures ayant à l'angle anal deux points noirs cerclés inférieurement de vert métallique, surmontés de fauve et *dont l'antérieur beaucoup plus gros.* ♀ Plus grande, brune, avec le disque violet.	France centrale et méridionale, etc., dans les parcs, les jardins. En août et septembre. Chenille d'un vert olivâtre, avec le dos jaspé de rouge. Vit en juin et en juillet dans les siliques du baguenaudier (*Colutea arborescens*) et de quelques autres légumineuses. Chrysalide jaunâtre, ponctuée de noir.	Il est commun à Montpellier et à La Rochelle ; mais dans nos environs on ne le trouve que de loin en loin. M. Marchand l'a élevé à Chartres, en quantité en 1827, et nous-mêmes avons trouvé cette année (1834) deux baguenaudiers dont les graines étaient presque toutes dévorées par sa chenille. Le n° 375 d'Hub. représente une femelle qui a sur les ailes supérieures deux séries, l'une marginale et ocellée, l'autre anté-marginale et simple de taches jaunâtres.

TELICANUS. Ochs. Bdv. Hub. 371-372. 553-554. God. pl. 22 v. fig. 3-4.	Envergure, 27 mill. — Ailes arrondies, d'un violet foncé avec deux petits points noirâtres près de l'angle anal. Dessous d'un cendré *brunâtre*, traversé de nombreuses lignes blanches *très-flexueuses*, toutes celles des supérieures *atteignant le bord interne* et les anté-marginales formant une série de taches oculées; inférieures ayant à l'angle anal deux taches oculées d'un vert métallique bordées de roux *et égales en grosseur*. ♀ D'un brun noir, avec le disque violet et quelques points plus foncés.	France méridionale, Corse, etc., dans les parcs, les jardins. En juillet et août. Chenille veloutée, d'un rouge purpurin, avec des lignes fines et obliques sur tout le corps et une raie dorsale plus foncée. Vit en août et septembre sur la salicaire (*Lythrum salicaria*), dont elle préfère les fleurs.	Nous avons pris cette espèce à Montpellier sur les fleurs des légumineuses, mais jamais en grande quantité.
IDMON. Hub. 820-821.	Envergure, 30 mill. — Ailes *d'un violet clair, supérieures avec un trait discoïdal noir*, inférieures avec deux points de cette couleur à l'angle anal. Dessous d'un cendré jaunâtre, les supérieures avec trois bandes plus foncées, un peu maculaires et bordées de blanchâtre, la première au bout de la cellule et réduite à deux points, les deux suivantes atteignant le bord interne; inférieures *avec quatre points ocellés à la base* et quatre bandes pareilles à celles des supérieures, les deux discoïdales irrégulières et sinuées, les deux anté-terminales parallèles et dont l'inférieure terminée à l'angle anal par deux points noirs cerclés supérieurement de fauve. ♀ Inconnue.		Nous ne connaissons cette espèce remarquable que par la figure d'Hubner. Elle paraît tenir à la fois du *Boeticus* et de l'*Amyntas*, dont elle n'est peut-être qu'un hybride; mais elle a des caractères si tranchés que nous avons cru devoir la conserver comme espèce.
AMYNTAS. Fab. Ochs. Bdv. Hub. 322-324. God. pl. 9 *sec.* fig. 2. et 9 *tert.* fig. 5. *Le petit Porte-Queue*. Engr.	Envergure, 29 mill. — Ailes d'un bleu violet vif, avec la bordure noire et quelques points terminaux de cette couleur aux inférieures. Dessous *d'un gris de perle*, avec un trait discoïdal allongé, un bande *de petits points ocellés*, et une double série anté-marginale de taches brunes peu marquées; inférieures ayant près de l'angle anal deux petites taches fauves, appuyées sur un point et surmontées d'un petit arc noir. ♀ Brune, avec les deux points fauves de l'angle anal apparents en dessus.	Dans une grande partie de l'Europe. Endroits herbus, prés et clairières des bois. En mai, juillet et août.	Dans les individus bien frais la partie inférieure de la tache fauve anale est souvent saupoudrée de vert métallique, comme dans *Boeticus*, etc., quoique d'une manière moins sensible. On voit aussi très-souvent sur les supérieures un trait discoïdal noir. Le *Myrmidon* d'Engr. n'est qu'un *Amyntas* plus petit. Nous l'avons reçu de Suisse.
TIRESIAS. Hub. 319-321. *Polysperchon*. Ochs.	Ordinairement plus petit, et dépourvu des points fauves de l'angle anal tant en dessus qu'en dessous. Femelle saupoudrée de bleuâtre en dessus.	Autriche, Saxe, Italie, Piémont, midi de la France, etc., etc.	On insiste beaucoup pour séparer ces deux Polyommates, et M. Treitschke lui-même, tout en rapportant dans son dixième volume un article concluant en faveur de leur réunion, n'en persiste pas moins à les séparer; pour nous, nous prenons fort souvent des *Amyntas* femelles plus petites et qui manquent des points fauves en dessus; elles sont même plus communes ici que les fe-

			melles d'*Amyntas* proprement dites, bien que les mâles n'offrent aucune différence sensible. Les antennes sont aussi, comme le rapporte très-bien M. Treitschke dans cette note, très-semblables dans les deux espèces.

(66) *Dessus des ailes du mâle brun, celui de la femelle ordinairement marqué de fauve; dessous offrant une ou deux lignes blanches interrompues.*

Genre THECLA. Bdv. . . . . (67)

(67) { Queue courte, épaisse, située à l'angle anal; inférieures fortement dentées en approchant de cet angle *. . . . . . . (68)
Queue longue, filiforme, située près de l'angle anal; inférieures légèrement dentées. . . . . (69)

(68) *Queue courte, épaisse, située à l'angle anal; inférieures fortement dentées en approchant de cet angle.*

RUBI. Lin. Fab. Ochs. Bdv. Hub. 364-365. 786. *L'Argus vert.* Engr.	Envergure, 28 mill.—Ailes d'un brun un peu luisant. Supérieures ayant à la côte un point ovale d'un brun terne. Dessous d'un beau vert avec une ligne de traits blancs. ♀ Dépourvue de points bruns à la côte des supérieures.	Dans presque toute l'Europe, dans les bois, sur les buissons. En mars, avril et mai. Chenille verte, avec une ligne dorsale, un rang de taches latérales obliques et une autre ligne au-dessus des pattes, d'un jaune clair. Vit en juillet et août sur plusieurs espèces de ronce, de cytises, le genêt à balais, etc Chrysalide un peu velue, d'un brun foncé, avec les stigmates plus clairs.	Il n'est pas rare. Il aime à se reposer sur les feuilles et serait très-difficile à trouver si on ne le voyait voler, à cause de sa couleur, qui se confond avec la verdure. C'est un des lépidoptères les plus précoces de nos pays.

(69) *Queue longue, filiforme, située près de l'angle anal; inférieures légèrement dentees.*

ACACIÆ. Fab. Ochs. Bdv. Hub. 743-746. *Poly. de l'Acacia.* God. pl. 21 *v.* fig. 6-7.	Envergure, 27 mill.—Ailes assez larges, d'un brun noirâtre, les inférieures un peu arrondies et ayant à l'angle anal deux ou trois taches fauves lunulées. Dessous d'un brun cendré *clair*, à base légèrement verdâtre, avec une ligne blanche interrompue, celle des supérieures descendant *jusqu'au bord interne*, les inférieures ayant en outre près de l'angle anal une série de taches fau-	France centrale et méridionale, Autriche, etc., etc., dans les bois. En juin.	Cette espèce, qu'on a cru long-temps méridionale, est assez commune aux environs de Châteaudun; mais il est rare de la prendre fraîche.

* Cette queue existe aussi dans la division suivante, mais moins prononcée que dans *Rubi*. Dans ce *Polyommate* la véritable queue est nulle à proprement parler, et réduite à une simple dent; mais il est si voisin d'*Acaciæ*, et il appartient si évidemment à cette section, que nous avons mieux aimé forcer le caractère divisionnaire que de l'en séparer. Nous ajoutons cette note afin que l'élève ne puisse s'y tromper.

	ves surmontées d'arcs noirs très-légers et dont l'intermédiaire appuyée sur un point noir. ♀ Ayant à l'anus *un bourrelet de poils noirs.*		
SPINI. Fab. Ochs. Bdv. *Polyom. du Prunellier.* God. pl. 21 *v.* fig. 8-9. *Lynceus.* Hub. 692-693. et *Spini.* 376-577. Var. accid. 674-675. *Le Porte-Queue brun à taches bleues*, et *le Porte-Queue gris brun.* Engr.	Envergure, 32 mill.—Ailes d'un brun noirâtre; supérieures avec une tache costale d'un brun mat; inférieures avec deux ou trois taches arrondies, fauves, à l'angle anal. Dessous d'un brun cendré *clair*, avec une ligne transverse blanche bien marquée et légèrement interrompue; les inférieures ayant en outre un rang marginal de taches fauves et une *tache anale grande, carree et entièrement saupoudrée de bleu.* ♀ Manquant de la tache costale aux supérieures et ayant le disque des mêmes ailes légèrement fauve.	Allemagne, Italie, Suisse, midi et est de la France, dans les bois montueux. En juin et juillet. Chenille d'un vert pomme, avec deux lignes latérales d'un vert plus jaunâtre, puis un rang de petits traits obliques du même vert ombrés de vert foncé, et un sillon dorsal enfoncé et formant des petites crêtes dont le sommet est rosé. Se trouve en juin sur l'aubépine et le prunellier. Chrysalide d'un brun clair, parsemée de points noirs dont un oblong sur la tête; attachée à une feuille ou à une branche.	Il n'est pas très-rare. Nous l'avons pris plusieurs fois dans les bois montueux du grand-duché de Bade, sur les fleurs de ronce, et aux environs de Montpellier sur le chêne vert. Le *Lynceus* d'Hub. et son *Spini* diffèrent à quelques égards, et notamment par le dessous, bien plus foncé dans le premier; mais sur des figures on ne peut tenir compte de différences aussi légères.
LYNCEUS. Fab. Bdv. God. pl. 9 *tert.* fig. 1. *Ilicis.* Ochs. Hub. 378-379. *Le Porte-Queue brun à taches fauves.* Engr.	Envergure, 33 mill.—Ailes d'un brun noir, les inférieures avec un point fauve à l'angle anal. Dessous d'un brun un peu plus clair que le dessus, avec une ligne transverse, blanche, très-interrompue, *à peine sensible aux supérieures* et n'atteignant que les deux tiers de l'aile; courbe et sinuée aux inférieures, où son avant-dernier trait est *en crochet* et rentre en dedans; inférieures ayant un rang marginal de taches d'un fauve assez clair, un peu isolées et de moyenne grandeur. ♀ Ayant sur les ailes supérieures une tache fauve plus ou moins grande.	Dans toute l'Europe, bois, autour des buissons, sur les ronces, etc. En juin et juillet. Chenille d'un vert pâle, tachetée de jaune sur le dos et sur les côtés; tête et pattes écailleuses noires. Vit en mai sur le chêne. Chrysalide d'un brun clair ou jaunâtre, avec trois rangs de points obscurs.	Il est fort commun. On rencontre souvent des mâles qui ont comme la femelle une tache fauve sur les supérieures. Nous avons pris cette année en quantité, volant avec des *Lynceus* et des *Acaciæ*, un Polyommate que nous croyons hybride de ces deux espèces, entre lesquelles il est tout-à-fait intermédiaire, quoique se rapprochant davantage du premier; c'est pourquoi nous n'avons pas cru devoir le mentionner séparément.
CERRI. Hub. 865-866.	Ne diffère du *Lynceus* qu'en ce que le ♂ a sur les ailes supérieures une tache fauve, et que la ♀ a cette tache plus grande que les *Lynceus* ♀ ordinaires.		Nous avons vu en nature cette prétendue espèce, qui ne diffère point de notre variété à taches fauves du *Lynceus.*
ÆSCULI. Ochs. God. Bdv. *Esculi.* Hub. 559-560. Var. accid. 690-691. *Poly. du Marronnier.* God. pl. 21 *v.* fig. 3-4.	Il est plus petit que *Lynceus*, dont il se distingue en outre : 1° en ce que les taches fauves du dessous des deuxièmes ailes sont plus vives, plus petites et par conséquent plus isolées; 2° en ce que l'avant-dernier trait de la ligne blanche des mêmes ailes est à peine arqué, au lieu d'être en crochet, et mieux aligné avec les autres.	Midi de la France.	Nous l'avons souvent pris à Castelnau, près Montpellier, volant sur le chêne vert. Il se pourrait que ce Polyommate dût former une espèce, et c'est même à la sollicitation de l'un de nous que Godart le

			sépara du *Lynceus*; mais nous attendrons pour l'imiter la découverte de sa chenille.
W. ALBUM. Ochs. Bdv. Hub. 380-381. *Poly. W. blanc.* God. pl. 9. fig. 3 et 9 *tert.* fig. 2. *Le Porte-Queue brun à taches aurores.* 72 A. B. C. *bis.* Engr.	Envergure, 33 mill. — Ailes un peu *anguleuses*, d'un noir brun, avec une tache costale oblongue d'un brun mat, inférieures ayant à l'angle anal un (rarement deux) point fauve. Dessous d'un brun beaucoup moins foncé que le dessus, avec une ligne blanche, *droite, bien marquée*, s'arrêtant sur les supérieures aux deux tiers de l'aile et formant près de l'angle anal des inférieures *une espèce de W très-anguleux*. Ces dernières marquées d'un rang de taches d'un fauve assez vif, presque toujours contiguës, bordées de noir supérieurement et dont les anales appuyées sur de grosses taches noires. ♀ Dépourvue de la tache costale des premières ailes et moins vive en dessous.	Environs de Paris, *dans les bois*, les avenues d'ormes. Fin de juin et commencement de juillet. Chenille d'un vert clair, ou jaunâtre, rarement d'un brun clair, avec le sillon dorsal plus foncé et formant de petites crêtes; une série de traits obliques plus foncés et souvent une ligne latérale de la même couleur; tête brune; elle prend une couleur rougeâtre quand elle approche de sa métamorphose. Vit sur l'orme en mai. Chrysalide d'un brun clair, pubescente, avec l'enveloppe des ailes plus foncée. Sous les feuilles ou sous l'écorce.	Il n'est pas rare dans les lieux plantés d'ormes; sa chenille est facile à élever, et c'est la seule manière d'avoir le papillon bien frais; on se la procure en battant les ormes. Elle varie beaucoup, et nous en avons trouvé qui avaient le sommet des crêtes légèrement teinté de rouge-brun, même dans le jeune âge.
PRUNI. Lin. Fab. Ochs. Bdv. Hub. 386-387. *Poly. du Prunier.* God. pl. 9. fig. 2. *Le Porte-Queue brun à lignes blanches.* Engr.	Envergure, 34 mill. — Ailes un peu arrondies, d'un brun noirâtre, avec une série anté-marginale de taches fauves manquant souvent aux supérieures. Dessous d'un brun *jaunâtre*, avec une ligne blanche atteignant presque le bord interne aux supérieures; inférieures avec une large bande anté-marginale fauve, marquée dans toute sa longueur d'*un double rang de points noirs* dont les supérieurs *surmontés d'arcs blancs*. ♀ Ayant la bande fauve du dessus des ailes supérieures plus prononcée.	Centre et est de la France, Suède, Hongrie, etc., etc., dans les bois. En juin. Chenille *ayant la partie antérieure très-aplatie*, verte, avec une ligne latérale jaune, un rang de lignes obliques et le sommet des crêtes de même couleur, ces dernières légèrement bordées de brun; tête jaune, avec deux points noirs. Vit en mai sur le prunellier (*Prunus spinosa*), l'épine vinette (*Berberis vulgaris*), le chêne, le bouleau, etc. Chrysalide courte, à tête renflée, brune, avec la partie antérieure blanchâtre.	Ses localités sont assez restreintes en France. Il est commun à Bondy et dans la forêt de Wolckam, où nous l'avons pris abondamment. Sa chenille est fort rare. Elle est remarquable, ainsi que la suivante, par l'aplatissement de ses premiers anneaux, formant un écusson qui recouvre la tête.
BETULÆ*. Lin. Fab. Ochs. Bdv. Hub. 383-385. *Poly. du Bouleau.* God. pl. 9. fig. 1. *Le Porte-Queue à bandes fauves.* Engr.	Envergure, 36 mill.—Ailes d'un brun noirâtre, supérieures avec un *trait discoïdal noir* éclairé de jaunâtre; inférieures ayant à l'angle anal deux ou trois taches fauves. Dessous d'un jaune brunâtre, les supérieures avec un trait discoïdal brun et une ligne blanche; les inférieures avec une large bande médiane d'un jaune plus vif que le fond et bordée de *deux lignes* blanches	Dans toute l'Europe, bois, jardins, parcs. En août et septembre. Chenille, ayant aussi *la partie antérieure très-aplatie*, d'un vert un peu jaunâtre, avec une ligne latérale, le sommet des crêtes et *deux rangs* de traits obliques	Il n'est pas rare et voltige dans les jardins autour des pruniers, à une assez grande élévation. On le prend souvent fané. Sa chenille n'est pas commune, et nous ne l'avons trouvée qu'une seule fois en battant des buissons

* Nous devons observer que dans toute cette division les taches fauves du dessus des ♀ sont très-sujettes à varier en s'étendant plus ou moins et même en gagnant les ailes inférieures. Nous possédons un *Betulæ* qui présente cette anomalie, et les figures 674, 690, etc., d'Hubner en présentent des exemples remarquables.

	ombrées de brun, *dont l'interne moitié plus courte*; ces dernières ailes ayant en outre quelques taches anté-terminales peu arrêtées, fauves. ♀ Beaucoup plus grande (40 mill.) avec *une large tache réniforme et bien arrêtée*, d'un fauve vif sur les supérieures et le dessous des inférieures bien plus vivement coloré que le mâle.	séparés par des points d'un jaune serin ou blanchâtre. Vit en juin et juillet sur le bouleau (*Betula alba*), le prunellier (*Prunus spinosa*) et le prunier domestique (*P. domestica*). Chrysalide d'un brun roussâtre assez foncé et tiqueté irrégulièrement de noirâtre.	de prunellier; sa croissance est très-lente et elle est assez délicate.

(70) *Les deux pattes antérieures plus courtes dans les mâles.* . . . . (71)

(71) Genre IX. HAMEARIS* (HAMEARIDE).

(Hub. Curtis. —*Melitæa*. Fab. Ochs. — *Argynnis*. Lat. God. — *Nemeobius*. Stephens.)

Caractères principaux. — *Chenille onisciforme, courte, hérissée de poils fins.—Chrysalide aussi couverte de poils, renflée sur l'abdomen et un peu aiguë postérieurement.— Palpes ne depassant pas la tête, de trois articles distincts, le deuxième très-long, le dernier court et ovoide.— Antennes assez longues, minces et terminées par une massue abrupte et aplatie.— Yeux pubescents.—Abdomen plus court que les ailes inférieures, celles-ci ayant au bord abdominal une gouttière peu prononcée.*

Caractères secondaires. — *Taille petite. — Ailes supérieures aiguës au sommet et triangulaires; inférieures un peu aiguës à l'angle anal et légèrement dentées, les quatre brunes avec des taches fauves.*

LUCINA. Lin. Fab. Ochs. Bdv. Hub. 21-22. *Argyn. Lucine*. God. pl. 4 *quart.* fig. 3 et 4 *quint.* fig. 5. *Le fauve à taches blanches*. Engr.	Envergure, 30 mill. — Ailes brunes, avec des taches fauves, dont celles de la série anté-terminale marquées chacune d'un point triangulaire noir; les supérieures aiguës à l'angle apical, marquées à la côte de deux points d'un blanc jaunâtre et de deux séries de taches fauves outre l'anté-marginale; les inférieures n'en ayant qu'une peu prononcée. Dessous des supérieures d'un jaune fauve, avec des taches noires et d'autres plus claires que le fond; dessous des inférieures d'un fauve plus foncé, avec deux séries de taches d'un blanc jaunâtre et une série anté-marginale de points noirs. ♀ Plus arrondie et plus marquée de fauve en dessus.	Dans une grande partie de l'Europe, bois humides et découverts. En mai et août. Chenille d'un brun roux clair, avec une ligne dorsale plus foncée, sur laquelle se voit à chaque incision une tache noirâtre, et des séries de petits tubercules roux sur lesquels sont placés des aigrettes de poils; pattes d'un brun ferrugineux; tête lisse et ferrugineuse. Vit en juin et septembre, sur la primevère (*Primula officinalis*) et différentes espèces de *Rumex*. Chrysalide d'un brun jaunâtre, velue, et parsemée de points noirs.	Cette espèce est commune dans certains bois Elle présente une variété entièrement d'un fauve pâle, avec des taches blanchâtres. La chenille vit très-cachée, se contracte en boule au moindre attouchement et reste long-temps en cet état. Elle varie beaucoup à ses différents âges.

* L'unique espèce europeenne de ce genre, autrefois comprise dans les genres *Argynnis* ou *Melitæa*, est maintenant bien reconnue appartenir au genre *Erycina* de Latreille, tant sous l'état de chenille et de chrysalide que sous celui d'insecte parfait; mais ce genre *Erycina* est loin d'être homogène, et presente une foule d'espèces qui ont fort peu d'affinité entre elles. Nul doute donc qu'il n'ait besoin d'être divisé, et Latreille l'a senti lui-même (*Encycl.* pag. 555); mais, comme il est presque entièrement composé d'exotiques, les auteurs modernes s'en sont peu occupés, et d'ailleurs il est indispensable, pour arriver à une division bien naturelle, d'en connaître les chenilles. En attendant nous n'avons cru pouvoir mieux faire que d'adopter un genre pour la seule espèce de cette section qu'on trouve en Europe, et le nom d'*Hamearis* existant déjà consacré par deux auteurs, nous nous sommes empressés de l'adopter pour éviter toute innovation. Il vient probablement du verbe ἀμείρω, démembrer.

(72) Tribu II. NYMPHALIDI (NYMPHALIDES).

(Lat. God. — *Penduli.* Bdv.)

Caractères généraux. — *Chrysalide fixée par la queue seulement, et la tête en bas. — Les deux pattes antérieures plus courtes et ne servant point à la marche, au moins dans les mâles.* . . . . (73)

(73) { Les deux pattes antérieures servant à la marche, chez la femelle. . . . . (74)
Les deux pattes antérieures impropres à la marche dans les deux sexes. . . . . (76)

(74) *Les deux pattes antérieures servant à la marche chez la femelle.* . . . . . . (75)

(75) Genre X. LIBYTHEA (LIBYTHÉE).

(Lat. God. Bdv. — *Hecaerge.* Ochs.)

Caractères principaux. — *Chenille légèrement pubescente non épineuse*. — Chrysalide terminée antérieurement par une pointe mousse. — Palpes formant un bec très-prolongé et dépassant la tête de cinq ou six millim. — Antennes médiocrement longues et grossissant insensiblement de la base au sommet.*
Caractères secondaires. — *Taille moyenne. — Ailes supérieures très-anguleuses, à fond brun ; inférieures dentées.*

CELTIS. Fab. Ochs. Bdv. Hub. 447-449. *Lib. du Micocoulier.* God. pl. 6 r. fig. 5. *L'Échancré.* Engr.	Envergure, 43 mill. — Ailes d'un brun un peu jaunâtre, chatoyant; les supérieures très-anguleuses, avec six taches fauves, dont trois réunies, savoir, une triangulaire à sa base, une carrée près de la côte et une irrégulière et beaucoup plus grosse sur le disque, et trois autres, dont une au bord interne parfois fondue avec celle du disque, et deux apicales isolées; la supérieure d'un fauve plus clair. Inférieures très-dentées; avec deux taches également fauves, dont la supérieure beaucoup plus petite. ♀ Ayant les taches d'un fauve plus pâle.	Midi de l'Europe. En mars et juin. Chenille d'un vert un peu jaunâtre et finement pointillée de blanc ou de jaune, avec une ligne latérale d'un jaune pâle sur laquelle sont les stigmates bruns et très-petits; tête et pattes vertes. Vit en avril, mai et juillet, sur le Micocoulier (*Celtis australis*). Chrysalide grisâtre ou ferrugineuse, avec deux séries dorsales de points noirâtres, et quelquefois entièrement verte.	Elle est commune dans les départements les plus méridionaux de la France. Il faut frapper légèrement les arbres pour en faire tomber la chenille, qui se suspend par un fil, comme celles des Phalénites. MM. Duponchel, Godart, Hubner, etc., ont décrit ou figuré sous le nom de *Celtis* une chenille qui ne se rapporte aucunement à cette espèce. Notre description est faite sur l'Iconographie de M. Boisduval.

(76) *Les deux pattes antérieures plus courtes et impropres à la marche dans les deux sexes.* . . . (77)

(77) { Chenilles ayant sur le corps ou sur la tête des appendices en forme d'épines ou de tubercules, velus ou glabres, durs ou flexibles**. . . . . (78)
Chenilles complétement dépourvues d'épines ou de tubercules, et ayant l'extrémité de l'abdomen divisé en deux pointes. — Cellule discoïdale des secondes ailes toujours fermée. . . . . (96)

(78) *Chenilles ayant sur le corps ou sur la tête des appendices en forme d'épines ou de tubercules velus ou glabres, durs ou flexibles.* (79)

(79) { Epines glabres, molles, flexibles et presque filiformes. — Cellule des secondes ailes fermée. . . . . (80) ***
Epines velues ou branchues, de consistance assez ferme. — Cellule des secondes ailes ouverte. . . . . (81)

* Cette chenille, récemment découverte par M. Daube de Montpellier, a beaucoup d'affinité avec celles des *Pieris* et des *Gonopteryx*. La chrysalide s'en rapproche aussi un peu, et l'insecte parfait a, au moins par un des sexes, un grand rapport avec les *Papillonides*. Ce genre ne nous semble donc pas pouvoir se placer ailleurs qu'à leur suite, puisqu'il participe à la fois de leurs caractères et de ceux des *Nymphalides*.

** A l'exception du genre *Danais*, toutes les espèces européennes de cette section ont la cellule discoïdale des secondes ailes *ouverte*, ce qui les fera très-bien distinguer par les personnes qui n'auraient pas vu les chenilles.

*** Ici devrait se placer le genre *Danais*, que quelques auteurs considèrent comme habitant l'Europe. Pour nous, telle n'est pas notre opinion, et si l'on a trouvé pendant quelque temps deux espèces de ce genre sur les côtes d'Italie, leur disparition subite et complète de ce pays prouve assez qu'elles ne s'y étaient propagées qu'accidentellement. Ce genre a d'ailleurs trop peu d'affinité avec ceux d'Europe pour qu'on puisse attribuer à l'ordre de la nature l'existence de ces espèces dans nos contrées. Au reste nous en donnons la description, ainsi que les caractères du genre, à la fin de ce volume.

(81) *Épines (des chenilles) velues ou branchues, de consistance assez ferme. — Cellule des secondes ailes ouverte.* (82)

(82)
- Genre *Charaxes*. . . . . (83)
- *Apatura*. . . . . (84)
- *Limenitis*. . . . . (85)
- *Vanessa*. . . . . (90)
- *Argynnis*. . . . . (91)
- *Melitæa*. . . . . (92)

(83) Genre XI. CHARAXES (CHARAXE).

(Ochs. Bdv. — *Paphia*. Fab. Dup. — *Nymphalis*. God. Lat.)

Caractères principaux. — *Chenille grosse et courte, ayant le corps sans aucun tubercule, la tête armée de quatre cornes charnues, et la partie postérieure échancrée et formant deux pointes peu saillantes. — Chrysalide à angles très-obtus. — Palpes dépassant la tête, presque convergents à leur extrémité, leur dernier article court et presque nu. — Antennes fortes, assez longues, à massue grossissant insensiblement; gouttière abdominale très-prononcée et velue.*

Caractères secondaires. — *Taille grande. — Ailes supérieures ayant le bord marginal sinué, inférieures munies de deux queues près de l'angle anal.*

JASIUS. Lin. Fab. Ochs. Bdv. God. pl. 10. fig. 3-4. *Rhea.* Hub. 111-112, 580-581. et *Unedonis* (la chenille).	Envergure, 78 mill. — Ailes d'un brun velouté; les supérieures *avec une bordure jaune* surmontée d'un rang de taches semblables, les inférieures glacées de verdâtre, avec une bande anté-terminale jaune, surmontée près de l'angle anal de quatre à cinq points bleus et les queues brunes, l'antérieure plus courte; dessous ayant sa première moitié d'un brun-rouge, avec plusieurs taches noires bordées de blanc, et séparées par une bande transverse d'un blanc satiné de la seconde moitié, qui est grisâtre, et les bandes jaunes du dessus; inférieures ayant à l'angle anal une seconde bande jaune, courbe et formant une espèce d'œil noir bipupillé de violet. ♀ Semblable, mais plus grande.	Espagne, Portugal. Provence, îles d'Hières, environs de Toulon et de Montpellier. En juin et septembre. Chenille plate en dessous et renflée au milieu, d'un vert jaunâtre, avec une ligne latérale jaune au-dessus des pattes, et deux taches ocellées d'un vert jaunâtre, à pupille bleue sur les septième et neuvième anneaux; tête verte, avec quatre cornes épineuses jaunâtres, ayant le côté extérieur et le sommet rougeâtres. Vit en mai et août sur l'*Arbutus unedo*. Chrysalide grosse, ovoïde, lisse, d'un vert pâle, avec deux pointes à sa partie postérieure.	Il est maintenant bien répandu dans les collections. Il plane en volant et aime à se poser sur les fruits pourris; nous l'avons pris ainsi à Montpellier où il est rare. Il exhale en mourant une odeur de musc très-prononcée; la bande jaune des ailes inférieures est teintée de verdâtre en se rapprochant de l'angle anal; les taches bleues qui la surmontent manquent quelquefois.

(84) Genre XII. APATURA* (APATURE).

(Fab. Ochs. Bdv. Dup. — *Nymphalis*. Lat. God.)

Caractères principaux. — *Chenille presque rase, renflée au milieu, aplatie en dessous, avec la tête plate et surmontée de deux cornes épineuses, et la partie postérieure fendue et divisée en deux pointes prolongées. — Chrysalide bombée sur le dos, avec la tête bifide et aiguë. — Palpes plus longs que la tête, peu velus, convergents à leur extrémité, leur dernier article très-court et presque nu. Antennes assez fortes, longues, à massue grossissant insensiblement; gouttière abdominale très-concave.*

* Quoique d'un *facies* bien différent de celui des *Charaxes*, ce genre s'en rapproche beaucoup si l'on ne considère que les palpes et les antennes; mais nous ne regardons pas les caractères tirés de ces parties comme exclusifs, et les *Apatura* sont si différentes des *Charaxes* à l'état de chenille et de chrysalide, que nous avons cru devoir conserver ces deux genres, qui présentent l'avantage de diviser un peu l'innombrable genre *Nymphalis* de Latreille. Cette dernière raison nous aurait également fait adopter le genre *Nymphalis* de M. Boisduval, qui diffère un peu des *Limenitis* par la bouche; mais la chenille de l'unique espèce européenne qui le compose (*L. Populi*), quoique assez différente de celle de *Sybilla*, se rapproche de celle de *Camilla*, et d'ailleurs nous eussions été forcés, pour être conséquents, d'adopter le genre *Neptis* de Fabricius, qui présente des différences assez notables à l'état parfait (voyez le genre *Limenitis*), et peut-être même à l'état de chenille; ce qui nous eût fait tomber dans l'inconvénient que nous avons le plus à cœur d'éviter, celui de multiplier sans nécessité absolue les difficultés pour les commençants.

Caractères secondaires. — *Taille grande ou au-dessus de la moyenne.* — *Ailes supérieures sinuées ; inférieures dentées, sans queue, les quatre ornées de taches oculaires ; un reflet violet très-vif dans les mâles.*

ILIA. Fab. Ochs. Bdv. Hub. 115-116. 809-810. God. pl. 6 *quart.* fig. 2. *Le petit Mars changeant* (62 c. d. et 64 e.). Engr.	Envergure, 60 mill. — Ailes d'un brun noir, avec un reflet violet très-vif; les supérieures avec des points blancs et une tache noire *cerclée de ferrugineux* près du bord marginal; les inférieures avec une bande transverse blanche, divisée en taches par les nervures; la tache de la cellule *ne dépassant pas les autres* et un œil cerclé de ferrugineux à l'angle anal; dessous d'un gris jaunâtre, les supérieures *lavées de fauve* à l'angle apical, les inférieures avec la bande transverse d'un blanc violâtre *nullement ombrée extérieurement*, et un ou deux points noirs à la base. ♀ Plus grande, plus claire et sans reflet.	Dans une grande partie de l'Europe, bois et prairies. En juin et juillet. Chenille d'un vert-jaunâtre sale, avec plusieurs lignes obliques jaunâtres, dont l'intermédiaire saillante sur le dos et deux longitudinales sur le cou; tête anguleuse, avec deux longues épines fourchues au sommet, vertes, bordées de jaune, et ayant sur leur côté antérieur une ligne noire; pattes vertes. Vit en mai et juin, sur plusieurs espèces de saules et de peupliers, au sommet desquels elle se tient. Chrysalide d'un vert pâle, avec la carène du dos, les deux pointes de la tête et le bord de l'enveloppe des ailes d'un jaune clair.	Cette espèce n'est pas rare; nous l'avons prise en quantité dans les prés de Gentilly près Paris, et dans les endroits bas et humides de plusieurs bois; elle aime à se poser sur les feuilles ou contre le tronc des arbres; les femelles volent souvent très-haut, mais elles descendent vers trois ou quatre heures de l'après-midi, et sont alors faciles à saisir.
CLYTIE. Hub. 113-114. *Ilia.* [illegible] Ochs. Bdv. God. pl. 6 *quart.* fig. 3. *Le petit Mars orangé.* (64 c. d. f. g. 66 a. b.). Engr.	Les taches, les bandes, les yeux sont tous *d'un jaune fauve clair*, à l'exception des trois points blancs apicaux des supérieures, qui restent blancs; en outre on observe près du bord terminal des quatre ailes une bande maculaire du même jaune (dont on ne voit que les traces dans *Ilia*), et dans la cellule des supérieures une tache également jaune, marquée de *quatre points noirs*; le fond est d'un brun moins noirâtre et le reflet est d'un violet plus rosé. ♀ Analogue.		Cette variété, quoique bien différente au premier coup d'œil, provient de la même chenille qu'*Ilia* et n'est pas plus rare dans nos pays. Dans le midi on la trouve seule, et elle y paraît en juin et août; ce qui ferait supposer, dit M. Duponchel, qu'elle a deux pontes par an. On cite des hybrides qui sont *Ilia* à droite et *Clytie* à gauche, et d'autres *Clytie* en dessus et *Ilia* en dessous.
LE GRAND MARS ORANGÉ. Engr. 63 a. b.	Sous-variété, femelle, dont le fond est entièrement jaune, avec quelques taches brunes et les bandes transverses d'un jaune plus clair que le fond.	Mêmes localités.	On la trouve avec les femelles ordinaires, mais plus rarement. Nous l'avons prise aussi à Gentilly.
METIS. Kindermann.	Diffère de *Clytie* par le ton plus rougeâtre du fauve, par le reflet plus foncé et plus éclatant, et par l'absence des yeux à l'angle anal des inférieures.	Syrmie, France méridionale.	M. Treitschke a vu des individus où les yeux commençaient à reparaître, et dont la couleur se rapprochait des *Clytie* ordinaires.
IRIS. Lin. Fab. Ochs. Bdv. Hub. 117-118. 584. God. pl. 6 *quart.* fig. 1. *Le grand Mars chan-*	Envergure, 70 mill. — Ailes d'un brun noir, avec un reflet violet très-vif; les supérieures avec des points blancs et une tache noire (très-rarement cerclée de ferrugineux) près du bord marginal;	Dans une partie de l'Europe, principalement vers le nord, dans les grands bois. En juin et juillet.	Elle est plus rare qu'*Ilia* dans nos environs. Nous l'avons prise abondamment dans la forêt de Mormâle, avec la *Lim.*

geant ♂ et *le grand Mars non changeant* ♀ (62 a. b. 65 a. b.). Engr.	les inférieures avec une bande transverse blanche, divisée par les nervures en taches dont celle de la cellule forme *une pointe saillante extérieurement* et un œil cerclé de ferrugineux à l'angle anal. Dessous d'un gris un peu rosé; les supérieures ayant à l'angle apical *une grande tache d'un rouge brun nettement coupée*; les inférieures avec la bande transverse d'un blanc pur, *largement ombrée de rouge-brun* du côté externe. ♀ Plus grande, plus claire et sans reflet.	Chenille d'un vert jaunâtre, avec plusieurs lignes obliques jaunâtres, dont l'intermédiaire saillante sur le dos et terminée par deux points bleus; tête plate, anguleuse, avec deux épines fourchues vertes, bordées de jaune et ayant sur leur côté antérieur une ligne bleuâtre. Vit en mai et juin sur le peuplier et le tremble, au haut des branches. Chrysalide ayant de plus que celle d'*Ilia* quelques bandes obliques jaunâtres sur les côtés.	*populi*. Les femelles sont beaucoup plus difficiles à obtenir que les mâles.
Beroe. Fab. *Iole*. Hub. 622-623. et *Iris*. 784-785. *Iris*. var. God. Bdv.	Diffère de l'*Iris* en ce qu'elle n'a sur les supérieures que les taches blanches de l'angle apical, et qu'il y a absence totale de la bande transverse aux inférieures, où l'on voit seulement quelques poils blancs.		Cette variété n'est pas constante, et l'on rencontre souvent des individus plus ou moins privé de taches et bandes blanches sans l'être pour cela complétement. Nous n'avons jamais vu de femelles offrant la même anomalie; cependant la fig. 65 c. d. d'Engramelle paraît en être une.

(85) Genre XIII. LIMENITIS (liménite).

(Ochs. — *Limenitis*. Dalm. — *Limenitis* et *Neptis*. Fab. — *Limenitis* et *Nymphalis*. Bdv. — *Nymphalis*. Lat. God.)

Caractères principaux. — *Chenille garnie d'épines rameuses ou de tubercules velus d'inégale longueur.* — *Chrysalide ayant sur le dos une bosse très-saillante et la tête munie de deux tubercules plus ou moins longs.* — *Palpes dépassant un peu la tête, un peu ecartés, velus; leur dernier article très-court, un peu velu et terminé en pointe.* — *Antennes longues, à massue grossissant insensiblement.*

Caractères secondaires. — *Taille grande ou moyenne.* — *Ailes dentées, brunes, avec des bandes de taches blanches et les échancrures de la même couleur; point de reflet ni de taches oculées.* . . . . (86)

(86) Chenille à tubercules épais, munis de poils dont l'extrémité est en massue, à tête bifide. — Chrysalide terminée antérieurement par deux pointes obtuses. — Ailes subtriangulaires, les supérieures sinuées au bord terminal, les inférieures un peu prolongées à l'angle anal. — Palpes courbes. — Antennes longues et fortes; gouttière abdominale très-prononcée et ne portant pas l'empreinte des bandes blanches. . . . . (87)

Chenille à épines rameuses ou à tubercules épais, munis de poils simples et à tête cordiforme. — Chrysalide terminée antérieurement par deux cornes ou oreilles plus ou moins longues. — Ailes et gouttière abdominale comme dans la division précédente. — Palpes presque droits, assez forts, ainsi que les antennes. — Corselet robuste. . . . . (88)

Chenille et chrysalide...... — Palpes et antennes grêles. — Corselet assez étroit. — Ailes supérieures oblongues, arrondies au bord terminal, ainsi que les inférieures, qui ne sont nullement prolongées à l'angle anal; gouttière abdominale peu prononcée et portant l'empreinte des bandes blanches. . . . . (89)

(87) *Chenille à tubercules épais, munis de poils dont l'extrémité est en massue, à tête bifide.* — *Chrysalide terminée antérieurement par deux pointes obtuses.* — *Ailes subtriangulaires; les supérieures sinuées au bord terminal, les inférieures un peu prolongées à l'angle anal.* — *Palpes courbes.* — *Antennes longues et fortes; gouttière abdominale très-prononcée et ne portant pas l'empreinte des bandes blanches.*

Genre NYMPHALIS. Bdv.

POPULI. Lin. Fab. Ochs. Bdv.	Envergure, 70 mill. — Ailes d'un brun noirâtre; supérieures avec le bord	Europe septentrionale, dans les grandes fo-	Cette belle espèce se trouve çà et là, dans les

Hub. 108-110. God. pl. 6. fig. 1-2. *Le grand Sylvain* et *le Sylvain*. Engr.	terminal longé par deux lignes maculaires plus foncées, et éclairées de fauve au sommet de l'aile, et des taches blanches dont les intermédiaires en forme de bande très-sinueuse; inférieures avec une bande médiane de cette couleur, interrompue par les nervures, et le bord terminal, *glacé de verdâtre*, divisé par une ligne noire et surmonté *d'une bande de fauve* maculaire placée entre des lunules noires; dessous d'un fauve jaunâtre, avec les taches du dessus un peu teintées de verdâtre; supérieures ayant le bord interne largement noir; inférieures avec le bord abdominal, le bord terminal et une tache à la base d'un gris verdâtre pâle, et un rang de points noirâtres sous sa bande blanche. ♀ Un peu plus grande, plus arrondie, avec les taches blanches plus étendues.	rêts. Dans les premiers jours de juin. Chenille d'un vert jaunâtre, avec les quatre anneaux intermédiaires d'un rouge violâtre pâle, et deux lunules noires superposées sur le cinquième anneau; épines plus longues sur les premiers anneaux; tête d'un roux ferrugineux, avec les côtés noirs; pattes ferrugineuses. Vit en mai, sur les *Populus, alba et tremula*, à la cime desquels elle se tient. Chrysalide jaunâtre, nuancée de roussâtre et ponctuée de noir.	grandes forêts de nos environs; mais elle est très-commune dans le nord, surtout dans la forêt de Mormâle, où nous l'avons prise abondamment. Elle aime à se poser sur la fiente des bestiaux et dans les endroits humides des allées des bois. Il faut se garder de la poursuivre si on la manque, car elle revient d'elle-même au même endroit. La femelle est plus rare que le mâle, vu qu'elle se tient au sommet des arbres et descend rarement à terre.
TREMULÆ. *Populi*. variété God. Ochs.	Les taches blanches des supérieures sont presque toutes très-saupoudrées de brun, et la bande blanche des inférieures manque totalement.	Mêmes localités.	Cette variété, correspondant à la var. *Beroe* de l'*Iris*, se rencontre plus fréquemment que celle-ci.

(88) *Chenille à épines rameuses ou à tubercules épais, munis de poils simples, et à tête cordiforme. — Chrysalide terminée antérieurement par deux cornes ou oreilles plus ou moins longues. — Ailes et gouttière abdominale comme dans la division précédente* (87). *— Palpes presque droits, assez forts, ainsi que les antennes. — Corselet assez robuste**.

Genre LIMENITIS. Bdv. Dup.

CAMILLA. Fab. Ochs. Bdv. Hub. 106-107. God. pl. 6. fig. 3. et 6 *tert*. fig. 2. *Le Sylvain azuré*. Engr.	Envergure, 53 mill. — Ailes *d'un noir bleu*, avec une bande transverse blanche, maculaire aux supérieures, coupée par les nervures aux inférieures, et une série anté-terminale *de points noirs éclairés de bleuâtre*; supérieures ayant en outre trois taches blanches, dont une dans la cellule précédée d'atomes bleuâtres; dessous d'un noir-brun varié de *rouge-brique*, avec les taches du dessus; inférieures ayant la base et le bord abdominal largement bleuâtre, avec deux signes noirs et *une* série anté-terminale de points noirs *renfermés chacun entre deux taches d'un rouge-brique*. ♀ Plus grande et à taches blanches plus marquées.	Centre et midi de la France, dans les parties humides des bois. En mai, juin, juillet, août, suivant les localités. Chenille d'un beau vert, avec le ventre et les pattes d'un rouge rosé, et garnie de gros tubercules verts à sommité rouge, velus, inégaux et plus grands sur le cinquième anneau; tête rouge. Vit en avril, mai et juillet, sur le chèvrefeuille des bois (*Lonicera Periclymenum*). Chrysalide brune, avec une forte bosse sur le dos, les oreilles de la tête de médiocre longueur et sans taches métalliques.	On rencontre souvent des individus qui sont marqués de légères taches rouges à l'angle anal des inférieures; cela arrive surtout chez les femelles. Cette Liménite est moins répandue que la *Sibylla* et n'habite pas le nord. On la rencontre souvent au bord des ruisseaux et dans les lieux humides; cependant nous l'avons prise aussi dans des bois secs et élevés. Pour se la procurer en quantité il faut la chercher dans les bois d'une certaine étendue.
SIBYLLA. Lin. Fab. Ochs. Bdv. Hub. 103-105. God. pl. 6 *sec*. fig. 3. et 6 *tert*. fig. 1.	Envergure, 50 mill. — Ailes d'un brun noir avec une bande transverse blanche, maculaire et interrompue aux supérieures, coupée seulement par les nervures aux inférieures; supérieures ayant en	Nord et centre de l'Europe, dans les bois. En juin et juillet. Chenille verte, avec le ventre et les pattes	Elle est très-commune dans les grands bois. Elle plane en volant à une certaine hauteur, ainsi que toutes celles

* Il est à remarquer que dans ce genre et les deux précédents les pattes antérieures, quoique plus courtes que les autres et impropres à la marche comme dans toutes les *Nymphalides*, sont bien moins garnies de poils que dans les genres suivants, et même tout-à-fait glabres dans certaines femelles, ce qui rend impropre jusqu'à un certain point l'expression de pattes *en palatine* dont se sont servis quelques auteurs.

Le petit Sylvain. Engr.	outre une tache blanche *très-saupoudrée de brun* dans la cellule et deux ou trois autres derrière la bande; dessous *d'un fauve ferrugineux*, avec les taches du dessus; inférieures ayant la base et le bord abdominal d'un blanc bleuâtre, et *trois* séries anté-marginales de points noirs, dont quelques-uns *fortement éclairés de blanc* près de l'angle anal. ♀ Plus grande, plus arrondie, à taches blanches mieux marquées, et à bande transverse des supérieures non interrompue.	membraneuses plus pâles, et une ligne latérale blanche au-dessus des pattes; elle est garnie d'épines rameuses peu épaisses et assez courtes, d'un rouge violâtre ou ferrugineux, pattes écailleuses de cette couleur; tête d'un roux pâle. Vit en mai, sur le *Lonicera periclymenum*. Dans les endroits humides des bois. Chrysalide brune, nuancée de verdâtre, avec une petite bosse très-saillante sur le dos, qui est orné de taches d'or et d'argent, et la tête munie de deux cornes ou oreilles très-longues.	du même genre. Elle varie beaucoup pour la taille, mais peu pour les couleurs; cependant les bandes blanches s'étiolent parfois en partie comme chez la *L. populi.* On rencontre très-souvent des individus femelles et quelquefois des mâles qui sont marqués à l'angle anal des inférieures et à l'angle apical des supérieures de quelques taches rousses.

(89) *Chenille et chrysalide..... — Palpes et antennes grêles.—Corselet assez étroit.—Ailes superieures oblongues, arrondies au bord terminal, ainsi que les inférieures, qui ne sont nullement prolongées à l'angle anal; gouttière abdominale peu prononcée et portant l'empreinte des bandes blanches.*

Genre NEPTIS. Fab.

LUCILLA. Fab. Ochs. God. Hub. 101-102. Dup. *Suppl.* pl. 16. fig. 1-2. Bdv. *Icon.* pl. 18. fig. 1. *Le Sylvain cœnobite.* Engr.	Envergure, 52 mill.—Ailes d'un brun noir, avec des taches blanches; supérieures avec un *petit trait blanc* à la base, *surmonté de trois points dont celui du milieu plus gros*, puis une bande maculaire très-irrégulière, composée de taches de diverses grandeurs; inférieures avec *une seule* bande transverse, maculaire et *atteignant le bord abdominal.* Dessous d'un ferrugineux foncé, avec les taches du dessus; inférieures ayant en outre une bande courte basilaire et une double série anté-terminale de lunules grisâtres. ♀ Semblable, mais plus grande.	Hongrie, Styrie, Piémont, Autriche, Suisse, Russie. En juin et juillet.	On observe souvent sous les ailes supérieures quelques taches blanches entre la côte et la ligne basilaire. Cette Liménite est rare. On ne la trouve en Suisse que dans la partie la plus méridionale du canton du Tessin, près de Lugano. Elle vole dans les forêts de châtaigniers.
ACERIS. Fab. Ochs. God. Bdv. *Icon.* pl. 18. fig. 2. *Lim. de l'Erable.* Dup. *Suppl.* pl. 16. fig. 3-4. *Platuilla.* Hub. 99-100. *Le Sylvain a deux bandes blanches.* Engr.	Envergure, 47 mill. — Ailes d'un brun noir, avec des taches blanches disposées par bandes; supérieures en ayant une longitudinale partant de la base, *en forme de fer de lance* interrompu près du sommet; les quatre ailes ayant en outre chacune *deux bandes*, dont l'interne des inférieures continue et les autres maculaires. Dessous d'un rouge ferrugineux, avec toutes les bandes du dessus, et de plus trois lignes blanches à chaque aile; celles des inférieures, dont la côte est aussi blanche à la base, alternant avec les bandes du dessus, et celles des supérieures disposées, savoir, une le long de la côte, et les deux autres non loin du bord terminal. ♀ Plus grande.	Autriche, Hongrie, Servie, Russie, Moravie, etc., dans les bois. En juin.	Elle aime à voltiger autour des pruniers. Elle n'est pas commune. On la trouve aussi dans quelques parties de l'Asie, mais elle est alors généralement plus grande qu'en Europe. *Nota.* Outre la foule de caractères qui séparent ces deux espèces des précédentes, on les en distinguera encore facilement en ce que la base et le bord interne des inférieures sont concolores en dessous, au lieu d'être bleuâtres.

(90) Genre XIV. VANESSA (VANESSE).

(Lat. God. Ochs. Bdv. — *Aglaïs*. Dalm.)

Caractères principaux. — *Chenille chargée d'épines velues ou rameuses et d'égale longueur. — Chrysalide terminée antérieurement par deux pointes, et marquée de taches dorées ou argentées. — Palpes velus, moitié plus longs que la tête. — Antennes longues, à tige assez mince, à massue brusquement renflée et non creusée ni aplatie en dessous. — Corselet gros et fort. — Abdomen n'atteignant pas l'angle anal des inférieures; bord abdominal de celles-ci fortement creusé en gouttière et velu.*

Caractères secondaires. — *Taille variable. — Ailes dentées; les supérieures ayant vers leur premier tiers un angle ordinairement très-saillant; les inférieures en ayant le plus souvent un vers leur milieu. — Couleurs vives et variées, vol rapide.*

PRORSA. Lin. Fab. Ochs. Bdv. Hub. 94-96. God. pl. 5 *sec.* fig. 3. et 5 *tert.* fig. 2. *La Carte géographique brune.* Engr.	Envergure, 35 mill. — Ailes dentées, d'un brun noir, avec la frange blanche entrecoupée; les supérieures ayant l'angle du sommet très-arrondi, marquées dans leur milieu d'une bande d'un blanc jaunâtre interrompue au milieu, puis, entre cette bande et le bord marginal, d'une série de points blancs et d'un trait fauve au bord interne; inférieures avec la bande blanche continue et deux lignes anté-marginales fauves. Dessous d'un rouge-brun foncé, avec une multitude de lignes blanches, et la bande du dessus; inférieures ayant en outre à l'angle anal et à l'angle du milieu du bord marginal deux petites taches d'un bleu violet. ♀ Plus grande, et ayant les lignes fauves du dessus plus marquées.	Hongrie, Russie, Livonie, France septentrionale, environs de Valenciennes, de Senlis, de Saint-Quentin, de Paris, etc., etc. Dans les forêts, sur les ronces qui croissent dans les lieux humides. En juillet et août. Chenille noire ou grisâtre, piquée de blanc, avec les épines noires ou jaunes, et les pattes membraneuses noires, à extrémité jaunâtre. — On trouve souvent une variété qui offre sur les côtés une ligne longitudinale fauve. Vit en juin et septembre sur l'ortie (*Urtica dioica*). Chrysalide anguleuse brunâtre ou roussâtre, ayant souvent de petites taches métalliques.	Des expériences réitérées ont démontré que ce Lépidoptère et les deux suivants ne sont qu'une seule et même espèce dont la différence est produite par l'époque de leur éclosion. Ainsi les chenilles qu'on trouve en juin éclosent en juillet et août et donnent la *Prorsa*, et celles qu'on rencontre en automne passent l'hiver et produisent la *Levana*. On peut même à volonté obtenir l'une ou l'autre, en retardant, au moyen d'un froid artificiel, l'éclosion des premières. Cette espèce n'est pas rare dans le Nord, mais aux environs de Paris on ne la trouve que de loin en loin.
PORIMA. Bdv. *La Carte géographique rouge.* Engr.	Ligne fauve du bord interne des supérieures plus marquée; bande blanche des mêmes ailes teintée de jaune; bande des inférieures fauve et souvent divisée en deux près du bord abdominal; lignes anté-terminales fauves larges et bien plus marquées. Dessous participant de la *Prorsa* et de la *Levana*, et se rapprochant tantôt de l'une, tantôt de l'autre.		Cette variété, complétement intermédiaire entre *Prorsa* et *Levana*, se rencontre quelquefois dans la nature; mais on l'obtient plus facilement en faisant éclore au milieu de l'hiver, et par une chaleur artificielle, des chenilles de *Prorsa*.
LEVANA. Lin. Fab. Ochs. Hub. 97-98. 728-729 God. pl. 5 *sec.* fig. 4. et 5 *tert.* fig. 3. *La Carte géographique fauve.* Engr. *Prorsa.* var. Bdv. Dup. *Icon. des chenilles.*	Le fond des ailes, au lieu d'être brun, est d'un jaune fauve, parsemé d'un grand nombre de taches brunes, avec deux ou trois taches costales d'un blanc jaunâtre sur les supérieures, et deux points blancs, dont le supérieur plus gros, placés non loin du bord externe; les inférieures ont une large bande fauve anté-marginale marquée d'une série de taches brunes arrondies, et d'un rang presque terminal d'autres taches brunes lunulées. Le dessous est un peu plus clair, le jaune y domine davantage; les bandes médianes surtout y sont peu distinctes, et celle des inférieures est saupoudrée de brun dans tout son milieu; enfin les quatre	Mêmes localités. En avril et mai.	Elle est moins commune que la *Prorsa*. Nous l'avons prise plusieurs fois dans la forêt de Mormâle. Elle plane en volant comme une Limenite, ainsi que *Prorsa*.

	ailes ont à l'angle médian une large tache violâtre au milieu de laquelle est un point blanc, et le point de l'angle anal est changé en ligne. ♀ semblable, mais plus grande.		
ANTIOPA. Lin. Fab. Ochs. Bdv. Hub. 79-80. *Van. Antiope.* God. pl. 5. fig. 1. *Le Morio.* Engr.	Envergure, 70 mill. — Ailes veloutées, d'un brun-rouge foncé, avec une *large bordure jaune piquée de noir*, et une bande anté-terminale noire, divisée par une série de taches bleues; les supérieures ayant deux taches jaunes à la côte, qui est striée de la même couleur; les inférieures ayant vers le milieu de leur bord externe un angle très-saillant, formant une espèce de queue. Dessous d'un noir obscur, avec la bordure et un point central d'un blanc jaunâtre. ♀ Semblable.	Dans toute l'Europe, bois, prés, jardins. En juillet, août et septembre. Chenille noire, très-épineuse, avec un rang de taches dorsales et les pattes membraneuses d'un roux ferrugineux; tête noire. Vit en société en juin et août sur les saules et les peupliers. Elle se tient au haut des branches les plus élevées. Chrysalide grosse, épaisse, d'un gris obscur, parfois un peu rosé, avec deux rangs d'épines sur le dos.	Elle n'est pas rare; mais on la prend difficilement, car elle vole avec rapidité. Elle passe souvent l'hiver, et se montre alors dès les premiers beaux jours de l'année suivante; mais alors sa bordure a passé du jaune au blanc et le fond de sa couleur a perdu son éclat. Cette espèce habite non-seulement l'Europe, mais encore l'Asie-Mineure et l'Amérique septentrionale. Engramelle figure (Pl. LV, fig. 1, i. k.) une variété accidentelle chez laquelle la bande noire anté-marginale des supérieures manque complétement.
IO. Lin. Fab. Ochs. Bdv. Hub. 77-7[illegible] *Van. Paon du jour.* God. pl. 5. fig. 2. *Le Paon de jour.* Engr.	Envergure, 55 mill. — Ailes anguleuses et dentées, à frange noire. Dessus des supérieures d'un rouge ferrugineux vif, avec deux taches noires et une jaune près de la côte, qui est striée à sa base de cette dernière couleur, et à l'angle apical une *grande tache ocellée*, à prunelle ferrugineuse, entourée de jaune du côté du corps, et de bleu violet du côté du bord, où on aperçoit trois points blancs, qui forment, avec deux autres pareils qui sont au-dessous, une ligne transverse; dessus des inférieures pointillé de jaune à leur base, ayant à l'angle supérieur *une grande tache ocellée*, noire, chargée d'atomes bleus, et entourée d'un cercle blanchâtre. Dessous des quatre ailes d'un noir-brûlé; les inférieures avec une ligne plus foncée et un point central blanchâtre. ♀ Semblable au ♂, mais plus grande.	Dans toute l'Europe, jardins, bois, prairies, champs de luzerne, sur les fleurs. En avril, juillet, septembre. Chenille très-épineuse, noire, pointillée de blanc, avec la tête noire et les pattes membraneuses ferrugineuses. Vit en société sur l'ortie dioïque (*Urtica dioica*). On la trouve dans la dernière quinzaine de juin et en août. Elle est fort sujette à être piquée par des diptères de la tribu des Muscides. Chrysalide verdâtre ou brunâtre, avec des taches dorées, les pointes de la tête et celles du corselet très-aiguës, et deux rangées d'épines sur le dos.	Cette belle espèce, qui est fort commune, est très-facile à prendre, car elle se pose de préférence sur les fleurs et n'est pas farouche. Elle varie beaucoup pour la taille. Godart dit que sa chenille vit sur le houblon : nous ne l'avons jamais trouvée sur cette plante, quoique nous l'y ayons cherchée. Quelques-uns des individus qui éclosent dans l'arrière-saison passent l'hiver cachés dans des trous d'arbres, dans des greniers, etc., et paraissent dès les premiers beaux jours du printemps. Nous en avons pris volant au mois de décembre 1826, réchauffés par la chaleur du feu d'une chambre d'auberge où nous nous trouvions. Il existe dans la riche collection de M. Marchand une variété *complétement dépourvus de taches ocellées*..
IOIDES. Dahl.	Ne diffère d'*Io*, suivant M. Treitschke, que par une taille moitié plus petite.		Nous n'avons pu nous procurer cette variété; mais M. Treitschke assure l'avoir élevée, et n'y avoir remarqué aucune

			différence dans la chenille ni dans le papillon.
ATALANTA. Lin. Fab. Ochs. Bdv. Hub. 75-76. *Van. Vulcain.* God. pl. 6. fig. 1. *Le Vulcain.* Engr.	Envergure, 60 mill.—Ailes dentées, à frange blanche entrecoupée; supérieures noires, *avec une bande transverse d'un rouge vif*, et une grande tache blanche placée près de la côte, suivie de cinq autres en forme de points, dont la première et la quatrième plus grosses, rangées en ligne courbe vers le bord, qui est légèrement nuancé vers l'angle apical de bleu violet; inférieures uniformément dentées, noires, avec une *large bande terminale d'un rouge vif*, sur laquelle est une ligne de quatre points noirs, terminée à l'angle anal par une double tache bleuâtre. Dessous des supérieures pareil au dessus, mais plus pâle, avec quelques traits bleuâtres à leur base et au-dessus de la bande rouge, qui est blanchâtre à ses extrémités, l'angle apical grisâtre, et deux petits points ocellés à son sommet. Dessous des inférieures brun, marbré de gris et de noir violâtre, avec une tache jaunâtre au bord interne, et une rangée de taches anté-marginales un peu oculées. ♀ Semblable, mais plus grande.	Dans toute l'Europe, dans les jardins, dans les bois, sur les fleurs, et plutôt encore sur le tronc des arbres qui laissent suinter leur sève. Pendant toute la belle saison et principalement en automne. Chenille d'un jaune verdâtre sale, ou d'un cendré violâtre, couverte d'épines branchues jaunes, avec une ou deux lignes maculaires et latérales de la même couleur. Tête noirâtre et pattes brunes. Vit solitaire sur l'ortie dioïque (*Urtica dioica*) et l'ortie grièche (*Urtica urens*), dont elle roule les feuilles pour s'envelopper. Elle est très-sujette à être piquée par les ichneumons. On la trouve en juillet, août et septembre. Chrysalide d'un gris blanchâtre ou brunâtre, avec les angles arrondis, des taches métalliques, et sur le dos deux rangées de petites épines noires.	Cette belle espèce est fort commune, et se trouve aussi en Barbarie, en Egypte et dans l'Asie mineure. On observe ordinairement sur la bande rouge des supérieures un point blanc faisant suite aux cinq autres; mais ce point manque assez souvent. Cette espèce et la suivante forment une exception dans ce genre, en ce que leurs chrysalides ont les angles arrondis et que leurs ailes inférieures sont uniformément dentées et n'ont point d'angle saillant vers le milieu du bord marginal; l'angle des supérieures est aussi moins aigu. La forme de la chrysalide influe donc ici fort sensiblement sur l'insecte parfait.
CARDUI. Lin. Fab. Ochs. Bdv. Hub. 73-74. *Van. du Chardon.* God. pl. 5 *sec.* fig. 2. *La Belle-Dame.* Engr.	Envergure, 58 mill.—Ailes dentées, à frange blanche entrecoupée de noir, les supérieures brunes, saupoudrées de jaunâtre à la base, avec le disque coupé par de *larges taches irrégulières d'un jaune fauve* plus ou moins rosé et plus vif à la base, et le sommet marqué de taches blanches dont l'interne isolée, large, coupée par les nervures; les suivantes au nombre de quatre, dont les intermédiaires plus petites et les anté-terminales très-petites; inférieures brunes, saupoudrées à la base de poils et d'atomes jaunâtres, avec *une tache discoïdale* et une *très-large bande terminale* d'un jaune fauve un peu rosé, la dernière marquée d'une série de taches rondes, puis d'un rang de points, puis d'une série de taches terminales noires. Dessous des supérieures d'un rose vif à la base et un peu jaunâtre vers le bord interne, avec les taches blanches et les parties noires du dessus, mais plus confuses. Dessous des inférieures varié de brun jaunâtre et de blanchâtre, avec une série de points oblongs surmontés *de quatre taches très-ocellées*,	Dans toute l'Europe, jardins, champs, etc., sur les chardons. En mai, août et septembre. Chenille très-épineuse, d'un gris bleuâtre ou brunâtre, sale, avec quatre lignes jaunes *souvent confondues*, dont deux dorsales et deux latérales. Tête et pattes brunes. Vit solitaire sur plusieurs espèces de chardons, mais surtout sur les *C. acanthoides* et *nutans*. Elle s'enveloppe dans un réseau qu'elle file à l'embranchement des tiges, et ronge le parenchyme des feuilles qu'elle peut atteindre en sortant à moitié de ce nid. On la trouve en juin et août. Chrysalide à angles très-arrondis, d'un jaune	Elle est très-commune et répandue sur presque toute la surface du globe. Elle est aisée à prendre, quoiqu'elle ait le vol rapide et soutenu, parce qu'on la voit souvent posée à terre ou sur les chardons. Sa chenille est tantôt rare et tantôt fort commune. Sa chrysalide est encore plus arrondie que celle de l'*Atalanta* et par suite ses ailes moins anguleuses, surtout les supérieures. Nous avons pris aux environs de Chartres une variété dont le dessus des inférieures est presque entièrement brun et les points ocellés du dessous beaucoup plus grands. Germar figure (fasc. VII. Tab. 16.)

	dont les intermédiaires plus petites. ♀ Plus grande et ayant les supérieures moins aiguës au sommet.	clair ou d'un brun roussâtre, avec deux rangs de tubercules dorés sur le dos.	une autre variété accidentelle encore plus remarquable. En examinant bien cette espèce on y retrouve presque tous les caractères de l'*Atalanta*, quoique très-modifiés. On voit de même dans quelques femelles un cinquième point blanc placé sur la partie fauve des supérieures.
URTICÆ. Lin. Fab. Ochs. Bdv. Hub. 87-88. Vix. var. 89. *Van. de l'Ortie.* God. pl. 5 *sec.* fig. 1. *La petite Tortue.* Engr.	Envergure, 47 mill.—Ailes dentées, d'un fauve *rougeâtre*, avec le bord terminal brunâtre, coupé d'une ligne noire et surmonté d'une bande noire chargée de lunules bleues; supérieures avec six taches noires, dont trois costales séparées par des éclaircies jaunes et suivies à l'angle apical *d'une tache blanche;* les trois autres discoïdales, et dont l'inférieure, qui est beaucoup plus grosse, éclairée extérieurement de jaune; inférieures anguleuses vers la moitié du bord externe et ayant la base largement noire et éclairée de jaunâtre à la côte. ♀ Plus grande, avec les éclaircies jaunes plus larges.	Dans toute l'Europe, jardins, prés, bords des chemins, etc. Pendant toute la belle saison. Chenille d'un brun noirâtre, piquée de jaunâtre, avec une ligne dorsale, d'un jaune citron, divisée dans sa longueur par une ligne noire et une ou deux raies latérales du même jaune; épines noires ou jaunâtres, tête noire, pattes noirâtres. Vit en société sur quelques espèces d'orties, mais principalement sur l'*U. dioica*. Chrysalide d'un gris brunâtre, avec la partie antérieure un peu dorée ou même entièrement d'un jaune d'or brillant. Le long des toits, des arbres, etc.	Elle est extrêmement commune partout et n'est point difficile à saisir; quelques individus passent l'hiver et volent les premiers beaux jours, mais en mauvais état.
ICHNUSA. Bon. Ramb. Bdv. *Icon.* pl. 24. fig. 2. Dup. *Suppl.* pl. 23. fig. 4.	Envergure, 47 mill.—Ailes dentées, d'un fauve rougeâtre, avec le bord terminal brunâtre, coupé d'une ligne brune et surmonté d'une bande noire chargée de lunules bleues; supérieures ayant le plus souvent *quatre* taches noires, dont trois costales séparées par des éclaircies jaunes et suivies à l'angle apical d'une tache blanche; la quatrième, placée près de la base, plus petite que les autres, *étroite et non éclairée de jaune;* inférieures légèrement anguleuses au milieu et ayant la base noire et éclairée de jaune à la côte. ♀ Semblable.	Corse et Sardaigne. Pendant toute la belle saison dans les montagnes, et en février, mars et mai, dans les plaines. Chenille noire, finement piquée de blanchâtre, avec des poils de cette couleur sur les côtés; ceux-ci sont marqués d'une ligne rougeâtre bordée inférieurement d'une ligne brune, sinueuse; au-dessous la couleur est d'un jaune obscur, souvent divisée par une ligne maculaire noirâtre; les épines ont la base très-brillante et forment un point blanchâtre. Tête très-noire, avec de petits tubercules pilifères blanchâtres, pattes écailleuses, noires, membraneuses	Elle ressemble beaucoup à la précédente; les caractères les plus saillants qui l'en séparent sont, outre ceux de la description, l'*absence des deux points noirs discoïdaux* et les ailes un peu moins anguleuses. Il est vrai que le premier caractère, qui suffirait seul pour la bien distinguer, n'est pas bien constant, puisque M. Rambur a obtenu de chenille des *Ichnusa* qui avaient les rudiments de ces points; mais les autres caractères suffisent pour la faire reconnaître; et la découverte de sa chenille, complétement différente de celle d'*Urticæ*, ne peut laisser aucun doute sur l'authenticité de cette espèce.

		verdâtres, avec une tache noire. Vit en société sur l'*Urtica hispida*. Chrysalide semblable à celle d'*Urticæ*.	
POLYCHLOROS. Lin. Fab. Ochs. Bdv. Hub. 81-82. *Van. Polychlore.* God. pl. 6. fig. 2. *La grande Tortue.* Engr.	Envergure, 55 mill.—Ailes dentées (supérieures ayant deux angles au bord terminal, inférieures avec un seul), *fauves*, avec une bordure jaunâtre coupée d'une ligne brune, et surmontée d'une bande noire assez étroite, un peu lunulée aux inférieures, où elle est marquée de croissants d'un bleu violâtre, et surmontée aux mêmes ailes *d'une bande incertaine plus claire que le fond ;* supérieures ayant en outre plusieurs taches noires, dont les costales grosses *et toutes séparées par des éclaircies jaunes* ; et les discoïdales arrondies, au nombre de quatre, *dont une externe aussi grosse que les autres* ; inférieures ayant près de la côte une grosse tache noire éclairée extérieurement de jaune. Dessous varié de brun et de jaunâtre, avec un point central virgulaire aux inférieures. ♀ Plus grande et un peu moins anguleuse.	Dans toute l'Europe, jardins, routes, promenades plantées d'ormes, etc., etc. En juillet, août et septembre. Chenille noire, à épines fauves, avec une ligne dorsale d'un fauve foncé, divisée en deux par une raie noire et deux lignes latérales un peu sinuées, de la même couleur ; tête et pattes noires. Vit en société sur l'orme (*Ulmus campestris*) et quelquefois sur d'autres arbres. On la trouve en juin et août. Elle est souvent piquée. Chrysalide d'un brun un peu incarnat, avec des épines dorsales et quelques taches métalliques.	Elle est très-commune. Chez beaucoup d'individus, la bande noire anté-terminale des ailes supérieures est longée par une série de taches jaunes incertaines, ce qui n'arrive jamais chez la *Xanthomelas*. On prend aussi des individus qui ont sur les ailes supérieures une cinquième tache discoïdale placée au-dessus de celle qui avoisine la base. Elle aime à se poser sur le tronc des ormes cariés, où elle vit en bonne intelligence avec des Frelons, des Cétoines, des Cérambycins, etc., etc. Elle est facile à élever de chenille comme toutes ses congénères.
PUNCTUM ALBUM. Dahl. ?	Le fond est d'un fauve plus vif et le point du dessous des inférieures est plus petit et très-arrondi.	Autriche.	Elle mérite à peine le nom de variété.
TESTUDO. Esp. *Pyrrhomelæna.* Hub. 845-846.	Les deuxième et troisième taches noires costales sont réunies en une seule grande tache noire ; il n'existe sur le disque que deux points noirs presque réunis et formant une espèce de bande parallèle au bord interne ; les inférieures ont le fond entièrement d'un brun noir, avec une seule bande fauve séparée par les nervures. Dessous plus foncé et sans point blanc central.		Cette variété est tout-à-fait accidentelle. Engramelle en figure une (pl. LV, fig. 3. l. k.) qui s'en rapproche extrêmement.
XANTHOCHLOROS.	Fond plus vivement coloré et taches anté-terminales d'un bleu plus intense.		Cette variété, que nous n'avons pas vue est rapportée ici par M. Treitschke, qui pense qu'elle pourrait être une hybride de *Polychloros* et de *Xanthomelas*.
XANTHOMELAS. Ochs. God. Hub. 85-86. Bdv. *Icon.* pl. 24. fig. 3. Dup. *Suppl.* pl. 23. fig. 3. *La Tortue moyenne.* Engr.	Envergure, 58 mill.—Ailes dentées, de la forme de celles de *Polychloros* mais un peu plus anguleuses, d'un *fauve vif*, avec les mêmes bandes terminales et anté-terminales que chez *Polychloros*, mais la bande noire plus large, surtout aux inférieures, où elle n'est point lunulée et où elle est marquée de taches d'un bleu plus violet ; supérieures avec des taches noires dont les costales plus grosses, surtout	Autriche, Hongrie, Volhynie, Crimée, Livonie, Hollande. En juillet, août et septembre. Chenille noire, avec deux lignes dorsales blanches, épines noires moins branchues que celles de *Polychloros*. (La rangée dorsale	On la distinguera toujours facilement de la *Polychloros*, outre les caractères indiqués, par l'absence de la bande jaunâtre qui surmonte la bande anté-terminale noire des inférieures chez cette dernière. La *Xanthomelas*, quoique assez commune dans

	les deux dernières, qui sont séparées par *une* éclaircie jaunâtre et suivies à l'angle apical *d'une tache blanche*. Taches du disque grosses, excepté l'externe, qui est *beaucoup plus petite* et lunulée; inférieures avec une grosse tache noire costale très-légèrement éclairée de jaunâtre. ♀ Plus grande et un peu moins anguleuse.	qu'on observe dans celle-ci manque dans *Xanthomelas*.) Tête et pattes écailleuses noires, pattes membraneuses fauves. Elle vit en société en juin et juillet sur les *Salix, capræa, vitellina* et *glauca*. Chrysalide brunâtre, saupoudrée de bleu, avec des épines dorsales, mais sans taches métalliques.	certaines localités, n'est pas extrêmement répandue dans les collections. Nous ne savons ce qui a déterminé Engramelle à l'appeler la *Tortue moyenne*, dénomination qui ferait croire qu'elle fait le passage de la petite à la grande Tortue, tandis qu'elle est au contraire intermédiaire entre *Polychloros* et *V. album*.
V. ALBUM. Fab. Ochs. God. Hub. 83-84. Dup. pl. 23. fig. 1-2. Bdv. *Icon.* pl. 24. fig. 1. *Le V. blanc.* Engr.	Envergure, 58 mill.—Ailes dentées, très-anguleuses, d'un fauve foncé, avec une bordure d'un jaune roussâtre précédée d'une bande brune; supérieures avec de nombreuses taches noires, dont les costales plus grosses, séparées par de légères éclaircies jaunâtres et suivies à l'angle apical d'une *tache très-blanche*; inférieures plus sombres, avec une tache costale noire *divisée par une tache très-blanche* et une série anté-terminale de taches jaunâtres. Dessous d'un gris violâtre plus foncé jusqu'au milieu; supérieures avec une *série anté-terminale de points bruns*; inférieures avec une tache discoïdale d'un blanc terne en forme de V. ♀ Plus grande.	Russie, Volhynie, Hongrie, Autriche. En juin et juillet. Chenille très-variable, et ordinairement assez semblable à celle de *C. album*; elle a une raie dorsale violette ou noire, et deux lignes latérales d'un jaune paille ou fauve; les épines sont blanches. Vit en juin sur l'orme et le saule. Chrysalide d'un blanc jaunâtre, avec quatre grandes taches argentées.	Elle est rare. Le signe des ailes inférieures qui lui a fait donner son nom est loin d'avoir toujours la forme d'un V. Dans les exemplaires que nous possédons il ressemble à un petit point à peine triangulaire. Nous avons vu une variété dont le dessous des ailes est presque unicolore et en général cette surface subit autant de modifications pour la couleur que celle de *C. album*.
TRIANGULUM. Fab. Ochs. *L. Album*, Bdv. Hub. 90-91. God. pl. 10 J. fig. 1-2.	Envergure, 45 mill.—Ailes dentées et fortement anguleuses (les supérieures ayant deux angles principaux, les inférieures quatre), d'un jaune fauve, avec une ligne terminale brune, *étroite*, surmontée d'une autre ligne brune ou rousse également étroite et *interrompue*, précédée elle-même d'un rang de lunules jaunes peu marquées; supérieures avec cinq points noirs dont trois discoïdaux et deux près de la côte, et une petite bande noire *etroite* au bout de la cellule; inférieures avec une tache costale noire, dont on n'aperçoit bien qu'un point à la base et deux à l'extrémité, et un point dans la cellule; dessous d'un jaune-brunâtre *très-clair*, strié de brun; les supérieures avec une ligne médiane *délayee avant d'arriver à la côte*, les inférieures avec un signe central *en forme de <*. ♀ Un peu moins anguleuse, à couleur plus vive et plus teintée de roux en dessus.	France méridionale, Hongrie, etc., etc. Dans les jardins, le long des haies, etc. En juin et septembre.	Elle est commune. Son corselet est, comme celui de la suivante, garni de poils verts. Elle aime à se poser sur le tronc des arbres cariés, sur les murs qui séparent les jardins, les fruits pourris, etc. Quoique son vol soit vif elle n'est pas farouche et se laisse facilement approcher. Nous l'avons prise abondamment aux environs de Montpellier. Nous lui restituons le nom de Fabricius, qui nous semble plus juste que celui de Godart et qui d'ailleurs lui est antérieur.
F. ALBUM. Fab. *C. Album.* var. God. *L. Album.* var. Bdv.	Plus petite, taches discoïdales des supérieures plus grosses et un petit trait noir apical; inférieures avec une seule tache noire et le bord postérieur obscur. Dessous plus foncé et trait des inférieures ayant la forme d'un F.	Russie méridionale.	Nous n'avons point vu cette variété, nous ne saurions donc dire si elle appartient plutôt à *C. album* qu'à *triangulum*.
J. ALBUM. Esp.			C'est d'après l'autorité de M. Bdv. que

			nous plaçons ici cette variété, que nous n'avons pu nous procurer.
C. ALBUM. Lin. Fab. Ochs. Bdv. Hub. 92-93. Var. accid. 637-638. *Van. C. blanc.* God. pl. 5. fig. 3 et 5 *tert.* fig. 1. *Le Gamma.* Engr.	Envergure, 35 mill.—Ailes dentées et fortement anguleuses (angles comme dans *Triangulum*, mais plus fortement spatulés à leur extrémité), d'un fauve vif, avec une bordure anté-terminale d'un brun roux, surmontée d'un rang de taches d'un jaune fauve, toujours cerclées supérieurement de roux aux inférieures; supérieures avec des taches noires très-marquées, dont une au bout de la cellule *large et rectangulaire;* inférieures ayant outre la tache costale *deux* autres taches sur le disque. Dessous jaune ou brun, varié de brun foncé; supérieures avec la moitié antérieure plus foncée et nettement *coupée même à la côte*; inférieures ayant au bout de la cellule *un signe d'un blanc brillant en forme de C.*, les quatre ayant un rang anté-terminal de taches d'un vert foncé plus ou moins marquées. ♀ Semblable.	Dans toute l'Europe, jardins, prés, chemins, bord des haies, etc. En juillet et septembre. Chenille à épines assez courtes, d'un fauve roussâtre, avec tous les anneaux à partir du cinquième entièrement blancs et marqués d'une bande latérale de la couleur du fond; épines de la couleur des parties qui leur donnent naissance; tête noire, avec deux petites aigrettes de même couleur. Vit solitaire sur l'orme, *Ulmus campestris* et quelques autres arbres. Chrysalide d'un brun clair, avec quelques nuances plus foncées, le dos très-creux et marqué de six taches argentées.	Elle est très commune et a les mêmes habitudes que la précédente. Il est rare qu'on la rencontre fanée quoiqu'elle vole beaucoup et rapidement. Elle varie assez, principalement pour l'intensité et la grandeur des taches noires. M. Marchand a obtenu de chenille la variété figurée dans Hubner. (637-638).

(91) Genre XIV. ARGYNNIS (ARGYNNE).

(Fab. Ochs. Dalm. Bdv. —Les *Nacrés*. Latr. God. (G. *Argynne*).

Caractères principaux. — *Chenille à épines velues, dont deux ordinairement plus longues sur le premier anneau. — Chrysalide anguleuse antérieurement, déprimée sur le dos. — Antennes longues, grêles, terminées subitement par un bouton court aplati en dessous. — Palpes dépassant la tête, velus, un peu écartés à leur extrémité; leur dernier article court, nu à l'extrémité et terminé en pointe.*

Caractères secondaires. — *Taille grande ou moyenne. — Ailes entières ou dentées régulièrement, fauves, avec de nombreuses taches noires; leur dessous offrant ordinairement des taches argentées. — Abdomen de longueur variable; yeux gros.*

AGLAIA. Lin. Fab. Ochs. Bdv. Hub. 65-66. *Arg. Aglaé.* God. pl. 3 *sec.* fig. 3. *Le Nacré.* Engr.	Envergure, 58 mill.—Ailes un peu dentées, d'un beau fauve, avec la frange jaunâtre et une multitude de taches noires; supérieures ayant les nervures noires et renflées sur le disque; inférieures avec une rangée discoïdale de cinq points noirs, *dont l'antérieur à peu près égal au suivant.* Dessous des inférieures d'un jaune d'ocre pâle avec beaucoup de taches argentées *ombrées de vert.* ♀ Plus arrondie, d'un fauve plus pâle, avec les nervures non renflées aux ailes supérieures.	Dans toute l'Europe, bois et champs. En juillet. Chenille noire, avec une bande dorsale jaunâtre, divisée en deux par un filet noir et huit taches ferrugineuses de chaque côté sur les derniers anneaux; tête, pattes et épines noires. Vit dans la première quinzaine de juin sur la violette sauvage (*Viola canina*). Chrysalide roussâtre, avec le dos très-déprimé et dépourvue de taches métalliques.	Elle n'est point rare dans les allées des bois. Elle vole assez rapidement et se pose volontiers sur les fleurs de chardons et de ronces. Curtis figure (pl. 90) une belle variété accidentelle de cette Argynne qui est du reste bien moins sujette à varier que la suivante.

CHARLOTTA. Sowerby. *Brit. Misc.* tab. 2.		Angleterre.	Elle a été prise en juillet dans le Bedfordshire. M. Lefebvre, qui l'a vue dans la collection d'Haworth, assure que ce n'est qu'une variété.
ÆMILIA. *Acerby.* Voy. au Cap-Nord.		Finlande.	Oschs. la rapporte à l'*Aglaia*, et Dalmani qui a vu l'exemplaire original, assure que ce n'est qu'une variété *accidentelle*.
ADIPPE. Lin. Fab. Ochs. Bdv. Hub. 63-64. God. pl. 3. fig. 2. et 3 *sec.* fig. 2. *Le grand Nacré.* Engr.	Envergure, 58 mill. — Ailes un peu dentées, d'un fauve très-vif, avec de nombreuses taches noires et la frange fauve. Supérieures avec les *pénultième et antépénultième nervures très-renflées au milieu;* inférieures avec une rangée discoïdale de quatre à cinq points noirs, *dont l'anterieur beaucoup plus petit que le suivant;* dessous des inférieures d'un jaune fauve pâle, avec beaucoup de taches argentées, dont quelques-unes ombrées de *roux*, et un rang de points argentés *cerclés de ferrugineux.* ♀ D'un fauve plus pâle, avec les nervures des ailes supérieures non renflées.	Dans une grande partie de l'Europe, forêts. En juillet. Chenille d'un brun clair ou violâtre, avec une bande dorsale blanche, interrompue, et des stries obliques sur les côtés. Epines et pattes membraneuses d'un brun plus clair. Tête noirâtre. Vit en juin sur les *Viola odorata* et *tricolor.* Chrysalide brunâtre, avec des taches et la base des épines dorsales argentées.	On la trouve communément dans les bois d'une certaine étendue; elle affectionne spécialement les fleurs de ronce. Elle offre un nombre prodigieux de variétés. Plusieurs auteurs ont prétendu que l'*Adippe* de Linné se rapportait à la *Niobe*, par la raison, disaient-ils, que la dernière se trouve seule en Suède. C'est une erreur, les deux espèces y sont communes.
CLEODOXA. Esp. Herbst. *Adippe.* var. God. Bdv. Ochs. Hub. 859-860.	Elle ne diffère d'*Adippe* qu'en ce que les taches argentées du dessous des ailes disparaissent complètement, et sont remplacées par des taches d'un jaune clair, excepté la prunelle des yeux ferrugineux, où la couleur argentée persiste ordinairement.	Mêmes localités.	Elle n'est point rare dans nos environs, où elle vole avec les *Adippe* ordinaires. En Suisse, on ne la trouve jamais en-deçà des Alpes qui séparent ce pays du Piémont, tandis qu'elle est commune au-delà.
CHLORODIPPE.	Un peu plus grande qu'*Adippe*, d'un fauve plus jaune, avec la frange blanchâtre. Points noirs un peu plus petits, dessous des inférieures d'un ton un peu verdâtre, ayant à peine quelques traces de ferrugineux et point de taches nacrées.	Sicile.	Nous ne sommes pas bien sûrs que les individus sur lesquels nous faisons cette description soient de véritables *Chlorodippe.* Ils ont été pris en Sicile, au sommet des monts Madoniers, par M. Alex. Lefebvre *.
NIOBE. Lin. Fab. Ochs. Bdv. Hub. 61-62. God. pl. 7 G. fig. 3-5. *Le Chiffre.* Engr.	Envergure, 50 mill. — Ailes un peu dentées, fauves, avec la base et le bord interne *très-obscurs* et de nombreuses taches noires. Supérieures avec les nervures du disque et du bord interne *légèrement renflées.* Dessous des inférieures d'un jaune pâle *un peu verdâtre,* surtout *à la côte et au bord interne,* avec les	Forêts montagneuses de l'est et du midi de la France, Suède, Suisse, Russie, Hollande, etc. En juillet et août. Chenille brunâtre, avec une ligne dorsale noire bordée de blanc,	Elle n'est pas très-rare. Son vol est rapide, et elle se pose peu. On la distinguera d'*Adippe* par sa taille, les nervures des premières ailes chez le mâle et les caractères indiqués en italique.

* Indépendamment de ces variétés, il en existe d'autres connues sous le nom d'*Adippine, Phryxa, Syrinx, Aspasia*, etc. Nous n'avons pu nous les procurer en nature, et comme il est à croire qu'elles sont *accidentelles*, nous n'avons pas jugé à propos de laisser leur place en blanc. Au reste aucun Lépidoptère ne peut prêter autant que celui-ci à la création d'espèces surnuméraires, et presque toutes les collections en possèdent des variétés fort tranchées, mais qui doivent peu nous intéresser, en ce qu'elles ne sont jamais bien semblables entre elles.

	nervures *noires*; beaucoup de taches, quelquefois argentées, bordées de noir, et une rangée d'yeux ferrugineux à prunelle argentée. ♀ Plus grande, plus pâle, d'une teinte un peu verdâtre; et à ailes supérieures plus arrondies.	une ligne latérale noire et, entre les deux, des taches triangulaires blanches. Tête et pattes d'un roux jaunâtre, épines d'un blanc sale. Vit en mai sur la Violette, *Viola odorata*. Chrysalide d'un gris brun, avec quelques taches argentées.	
AGLAOPE. Waln. *Niobe*. var. God. *Encyclopédie*.	Dessus des quatre ailes plus clair à la base et taches marginales du dessous des secondes ailes plus fortement bordées de rougeâtre.	Alpes.	Nous n'avons pas vu cette variété, que nous décrivons d'après Godart.
ERIS. Schön.	Elle diffère de *Niobe* par sa couleur fauve un peu plus terne, par la base plus largement noirâtre, les taches noires plus prononcées et le sommet de l'aile jaunâtre à la côte. En dessous le le disque des supérieures est d'un fauve un peu rosé, et celui des inférieures ne diffère de la variété sans nacre de *Niobe* qu'en ce que les taches ferrugineuses y sont très-nombreuses et très-foncées.	Laponie ?	Envoyée sous ce nom à M. Marchand par M. Schönherr.
CYRENE. Bon. Hub. 822-825. Bdv. *Icon*. pl. 21. fig. 1-3. *Elysa*. God. Dup. *Suppl*. pl. 18. fig. 3-4.	Envergure, 50 mill.—Ailes un peu dentées, avec la base un peu plus obscure et des taches noires, *rares, petites et isolées;* supérieures *un peu arrondies* au bord marginal. Dessous des inférieures d'un jaune pâle, un peu verdâtre à la base et à la côte, avec beaucoup de taches argentées, petites, et dont les anté-marginales *presque réniformes* et surmontées d'un épais triangle d'un brun roussâtre, et un rang d'yeux inégaux de la même couleur, pupillés d'argent. ♀ D'un fauve plus terne et plus sombre en dessus, avec les taches noires un peu plus grandes.	Montagnes de la Corse et de la Sardaigne. En juillet.	La coupe d'ailes et la petitesse des taches noires distinguent cette Argynne de toutes les précédentes. M. Rambur, qui l'a prise abondamment en Corse, en a probablement élevé la chenille, mais il ne l'a pas encore publiée. Le papillon est encore peu répandu dans les collections, à cause des localités circonscrites qu'il habite.
LATHONIA. Lin. Fab. Ochs. Bdv. God. pl. 3. fig. 3. *Lathona*. Hub. 59-60. *Le petit Nacré*. Engr.	Envergure, 36 mill.—Ailes légèrement dentées, les supérieures ayant à l'angle apical une partie saillante arrondie, les inférieures *formant un coude vers le milieu du bord marginal;* les quatre d'un fauve un peu terne, avec la base et le bord interne *largement verdâtres* et de nombreuses taches noires arrondies. Dessous des inférieures d'un fauve très-clair, avec beaucoup de taches argentées, *dont cinq très-larges* sur le disque, et un rang anté-marginal d'autres *également assez larges* et surmontées d'une bande ferrugineuse marquée d'yeux à prunelle argentée. ♀ Plus grande et semblable. 	Dans toute l'Europe, bois, prés, jardins, chemins verts, etc., etc. En mai, août et septembre. Chenille d'un gris brun, avec une ligne dorsale blanchâtre, deux lignes latérales d'un jaune brunâtre et les incisions de la même couleur. Pattes et épines d'un jaune d'ocre. Vit en mai et juillet sur la *Viola tricolor*, l'*Hedys. onobrychis* et l'*Anchusa officinalis*. Chrysalide d'un gris bleuâtre, avec le dos très-creux et une large tache blanche sur chaque côté de l'abdomen.	Elle est très commune et paraît pendant une grande partie de l'année, mais elle est plus abondante aux époques indiquées. Elle aime à se poser à terre.
ATHALIA VALDENSIS. Esp.	Les taches nacrées du dessous des in-		Cette variété, que

Lathona. Hub. 613?	férieures sont réunies en forme de bandes, et les taches noires du dessous des supérieures sont plus grosses et absorbent en partie la couleur du fond.		nous n'avons point vue en nature, nous semble tout-à-fait accidentelle, elle se rapproche beaucoup de la fig. 613 d'Hubner.
PAPHIA. Lin. Fab. Ochs. Bdv. Hub. 69-70. God. pl. 3. fig. 1. et 3 sec. fig. 1. *Le Tabac d'Espagne.* Engr.	Envergure, 75 mill.—Ailes supérieures avec une partie saillante et arrondie à l'angle apical; inférieures dentées; les quatre d'un fauve vif, avec un rang anté-terminal de taches quadrangulaires, surmontées *d'une double série* de taches arrondies noires; supérieures ayant en outre *les quatre dernières nervures très-renflées, noires et velues.* Dessous des inférieures d'un jaune clair, *luisant*, glacé de vert sur le disque, et de blanc violâtre nacré au bord marginal, avec plusieurs *bandes* nacrées et un double rang anté-marginal *de gros points verts.* ♀ A ailes plus arrondies, d'un fauve mélangé de vert en dessus, avec les taches noires plus larges, sans renflements aux nervures; et ayant le fond des inférieures en dessous d'un vert plus foncé que le mâle.	Dans toute l'Europe, bois. En juillet. Chenille d'un roux foncé, strié de noirâtre sur les côtés, avec une bande dorsale jaune séparée par un filet brun. Tête et pattes brunes, épines d'un jaune fauve à sommet brun, celles du cou beaucoup plus longues. On la trouve à la fin de mai dans les endroits humides des bois, sur la *Viola canina*, et quelquefois, dit-on, sur d'autres plantes de familles éloignées. Chrysalide d'un gris violâtre strié de brun, avec quelques taches argentées sur le dos et près de la tête, et le bout de l'abdomen armé de deux grosses pointes.	Elle est très-commune dans les grands bois, où elle se pose volontiers sur les ronces et les chardons en fleurs. Son vol est rapide et élevé. Rösel, qui représente très-bien la femelle (tab. VII), n'a point indiqué sa teinte verdâtre. Aurait-il voulu figurer une variété opposée à *Valezina*, ou bien est-ce, ce qui est plus probable, une erreur d'enluminure? Cette Argynne varie peu; cependant Engramelle en donne des variétés accidentelles assez curieuses. Pour nous, nous ne connaissons qu'une variété *constante* c'est celle que nous décrivons ci-dessous. On observe de temps en temps aussi des individus hermaphrodites dans cette espèce; M. Escher, de Zurich, en possède un dont les deux ailes de gauche sont celles de *Paphia* mâle et les deux de droites celles de *Valesina* femelle.
VALESINA. Esp. Herbst. *Paphia.* var. Hub. 767-768. Bdv. God. Ochs. variété ♀. *Le Valaisien.* Engr.	Diffère de *Paphia* par une teinte générale d'un noir un peu verdâtre et par deux taches blanchâtres placées vers les $\frac{2}{3}$ de la côte des supérieures; le dessous de celles-ci est du même ton que ces taches et celui des inférieures est d'un vert plus foncé que chez la femelle de *Paphia*.	Environs de Paris, cantons méridionaux de la Suisse, surtout dans ceux du Vallais et du Tessin.	On rencontre de temps en temps cette belle variété dans la forêt de Saint-Germain, où M. Duponchel l'a prise en notre présence. Nous l'avons prise nous-mêmes dans la forêt de Mormâle, accouplée avec *Paphia*. M. Lefebvre nous assure avoir vu le mâle de cette variété.
PANDORA. Ochs. Bdv. Hub. 71-72. 606-607. *Cynara.* Fab. God. pl. 9 6. fig. 1-2. *Le Cardinal.* Engr.	Envergure, 80 mill.—Ailes supérieures avec une partie saillante et arrondie à l'angle apical; inférieures dentées, les quatre d'un fauve *entièrement glacé de vert* excepté à la côte et à l'angle apical des supérieures, avec des taches noires dont une double série de points surmontés aux inférieures d'une bande en zig-zag; supérieures avec les *deuxièmes et troisièmes* nervures, à partir du	Ouest et sud de la France, cantons méridionaux de la Suisse, Hongrie, Autriche, etc. En juin et juillet.	Nous avons pris cette belle espèce à La Rochelle et à l'île de Ré, où elle est très-commune. Elle aime à se poser sur des chardons en fleur, et vole assez rapidement si on l'effarouche.

	bord interne, très-renflées et velues. Dessous des supérieures *d'un beau rouge*, avec le sommet verdâtre et des taches noires. Dessous des inférieures vert, avec trois bandes argentées ou jaunâtres et une série anté-terminale de petits points argentés, ombrés de roussâtre. ♀ Plus arrondie, ayant les taches noires plus grosses et les nervures non renflées.		
LAODICE. Fab. Ochs. God. Dup. *Suppl.* pl. 8. fig. 1-2. Bdv. *Icon.* pl. 21. fig. 4-6.	Envergure, 60 mill.—Ailes un peu dentées, les supérieures un peu sinuées au bord terminal, les quatre d'un beau fauve, avec des taches noires, arrondies pour la plupart. Supérieures avec les deux nervures du bord interne renflées et noirâtres. Dessous des inférieures ayant la première moitié d'un jaune verdâtre, avec deux lignes d'un rouge brun et la seconde d'un pourpre violâtre, avec deux séries anté-terminales de taches arrondies plus foncées. Ces deux parties séparées par *une* bande sinuée, irrégulière, maculaire et un peu argentée. ♀ Plus grande, plus arrondie, avec les nervures non renflées et une petite tache blanche triangulaire à l'angle apical.	Prusse, Russie, Crimée, Valachie, Livonie, etc, etc. En juin et juillet.	Quoique anciennement connue, cette belle Argynne est fort rare. On la distinguera facilement de *Paphia* par sa taille, ses ailes plus arrondies et les deux nuances bien tranchées du dessous des inférieures, et de *Daphne* par ses nervures renflées, sa bande argentée, etc., etc.
DAPHNE. Fab. Ochs. Bdv. Hub. 45-46. God. pl. 8 n. fig. 1-2. *La grande Violette.* Engr.	*Envergure*, 55 *mill.* — Ailes *arrondies*, dentées, d'un *beau fauve vif*, avec des taches noires assez grosses. Dessous des inférieures ayant la première moitié d'un jaune clair, avec deux lignes médianes rousses, dont l'intérieure ombrée supérieurement de roux du côté de la base, et la seconde moitié variée de rose, de jaune, de roux et de violet, fondus ensemble et chatoyants, avec une série d'yeux ferrugineux *mêlés de noir*, à prunelle verdâtre. ♀ Plus grande, plus pâle, et ayant les taches plus grosses.	Montagnes du midi et de l'est de la France, Suisse, Allemagne, Hongrie, Russie, etc. Fin juin et courant de juillet. Chenille d'un brun noir, avec des lignes longitudinales jaunes ou blanchâtres, et une large bande dorsale de la même couleur. Elle a six rangs d'épines d'un jaune foncé à sommité noire. Vit en mai sur le *Rubus idæus.* Chrysalide d'un gris jaunâtre, ponctuée de brun avec les tubercules épineux et dorés.	Nous l'avons prise abondamment dans les environs d'Ax et de Schélestadt, sur les fleurs de scabieuses et de chardons. Son vol, ainsi que celui de la suivante, s'éloigne de celui de ses congénères et se rapproche des mélitées.
INO. Ochs. Bdv. God. pl. 8. fig. 3-4. *Dyctinna.* Hub. 40-41.	*Envergure*, 40 *mill.* — Ailes arrondies, dentées, *d'un fauve clair*, avec la base plus foncée et des taches noires; celles de la série anté-terminale lunulées et les précédentes punctiformes et assez petites. Dessous des inférieures ayant la première moitié comme chez *Daphne*, mais avec les parties rousses plus foncées et plus arrêtées, et la seconde d'un fauve très-panaché du même roux, avec une bande médiane incertaine et quelquefois le bord marginal inférieur d'un blanc violâtre, et une série d'yeux *roux* à prunelle fauve. ♀ Semblable, mais plus grande.	Russie, Hongrie, Livonie, Autriche, nord et est de la France, dans les forêts. En juin et juillet. Chenille d'un jaune blanchâtre, striée longitudinalement de brun, avec une ligne dorsale brune et des épines de la couleur du fond et ciliées de noir. Tête mi-partie de brun et de jaune pâle. Vit en mai sur l'ortie (*Urtica urens*).	Sa taille, qui est toujours bien inférieure à celle de la précédente, est le principal caractère qui l'en distingue. La bande médiane violâtre du dessous des inférieures, est quelquefois à peine visible. Au reste, cette bande qu'on commence à apercevoir dans cette espèce, se retrouvera plus ou moins distincte dans presque toutes les Ar-

		Chrysalide d'un brun jaunâtre, avec les tubercules épineux d'un jaune vif.	gynnes suivantes. L'*Ino* est commune dans la forêt de Mormâle, où nous l'avons prise abondamment. Elle se pose de préférence sur les ronces.
THORE. Ochs. God. Bdv. Hub. 571-573. Dup. *Suppl.* pl. 19. fig. 1-2. Bdv. *Icon.* pl. 20. fig. 3-4.	Envergure, 42 mill. — Ailes arrondies, à peine denticulées, fauves, saupoudrées de noirâtre par places, avec des taches noires très-larges *qui absorbent presque la couleur du fond*, surtout aux inférieures. Dessous de celles-ci d'un roux ferrugineux, avec la base et une bande transverse d'un jaune d'ocre, derrière laquelle est une bande interrompue d'un blanc violâtre, un peu nacré, puis une série de gros points ferrugineux inégaux, non pupillés, puis enfin une *bande* presque terminale *d'un gris bleuâtre ou violâtre.* ♀ Un peu plus grande.	Suisse, Laponie, Carinthie. Fin de mai et courant de juin.	Elle varie pour l'intensité des taches noires, mais elle est toujours plus sombre que les autres espèces. Elle était autrefois fort rare, mais elle s'est répandue dans les collections depuis qu'on l'a trouvée, non pas, comme le dit M. Duponchel, dans une grande partie de la Suisse, mais dans deux cantons seulement (Berne et Unterwald), dont elle n'habite que des localités très-restreintes, comme la vallée du Hasli, les pâturages de Reusti et quelques parties des Alpes surènes.
AMATHUSIA. Fab. Ochs. Bdv. God. pl. 8 II. fig. 5-6. *Titania.* Hub. 47-48. et *Diana.* 51 à 54.	Envergure, 44 mill. — Ailes dentées, d'un fauve foncé avec la base, et des taches noires, dont celles de la rangée anté-terminale *très-sagittées* en dessus et en dessous. Dessous des inférieures *d'un rouge briqueté*, avec de petites taches *d'un jaune clair* à la base, une bande transverse du même jaune, liserée de noir et envahie en partie par la couleur du fond, puis une bande d'un blanc-violâtre nacré, puis une série de gros points d'un ferrugineux foncé, *presque egaux, appuyés sur la pointe* des taches sagittées. Antennes d'un gris-jaunâtre, annelées de noir. ♀ Un peu plus grande et plus arrondie.	Suisse, Carinthie, Tyrol, Autriche, midi de la France, etc., etc. En juillet et août. Chenille d'un gris foncé, avec une bande dorsale maculaire noire et des épines jaunes, dont la base est entourée de noir. Tête et pattes noirâtres. Se trouve à la fin de mai sur le *Polygonum bistorta.* Chrysalide d'un gris-verdâtre, nuancée de brun, avec les *stigmates* bordés de blanc et des épines assez longues à base argentée.	C'est principalement de Suisse qu'on reçoit cette espèce, qui y est très-commune. Elle se tient ordinairement dans les vallées et recherche les prairies humides et ombragées.
FREYA. God. Hub. 55-56. Dup. *Suppl.* pl. 19. fig. 3-4. *Freya.* Oc h Bdv. *Icon.* pl. 19. fig. 4-5.	Envergure, 40 mill. — Ailes d'un fauve pâle et terne, avec la base largement noirâtre, surtout aux inférieures, et des taches noires, dont celles de la rangée anté-terminale chevronnées et surmontées d'un rang de taches rondes, dont les intermédiaires ordinairement très-grosses. Dessous des inférieures roux, avec quelques taches d'un blanc jaunâtre à la base, une bande transverse du même blanc saupoudrée de roux dans son milieu et fortement bordée de noir, puis une autre bande plus étroite, sinuée, *du même blanc*, et un rang terminal de petites taches étroites, encore du même blanc, surmontées de chevrons noirs et de taches également noires, *petites*, isolées et *d'inégale gran-*	Laponie, Suède, Islande. En juillet.	Outre les différences qui ressortent de cette description, on distinguera cette espèce d'*Amathusia* par sa taille, ses couleurs généralement plus pâles et d'un autre ton, par ses antennes, etc., etc. M. Bdv. la compare à *Selene*, mais les individus que nous possédons et ceux que nous avons vus n'ont que des rapports bien éloignés avec cette Argynne. Du reste, la *Freya* varie pour la taille et peut-être aussi

	deur. Antennes rousses, légèrement annelées de noir en dessus. ♀ Un peu plus grande et plus arrondie.		pour les couleurs. Elle est rare dans les collections.
Var. A. Nobis. *Freija.* Hub. 771-772?	Plus petite (33 mill.). — Ailes d'un fauve roux très-foncé, avec le même dessin que *Freya.* Dessous des supérieures également très-foncé, avec les taches noires plus larges et contiguës pour la plupart, surtout celles qui précèdent la série de points ; la dernière de ces taches (au bord interne) touche par sa pointe celle de la base et forme avec elle une espèce d'X. Base du dessous des inférieures d'un brun-violâtre foncé, marqué de deux points blancs, l'un petit et rond au milieu, l'autre pyriforme près du bord interne. Bande transverse, plus saupoudrée de brun que dans *Freya,* et marquée près du bord interne de deux chevrons se touchant par la pointe et formant aussi un X. Taches chevronnées anté-terminales plus marquées que dans *Freya* et contiguës. Antennes rousses, sans aucune annelure sensible.	Laponie boréale.	Cette belle variété, qui se rapproche beaucoup de la *Freija* d'Hub. (qu'il ne faut pas confondre avec la *Freya*), nous a été communiquée par M. Lefebvre, qui l'a reçue sous le nom de *Boisduvalii ;* mais elle ne se rapporte point à l'espèce ainsi nommée par M. Sommer, et décrite par MM. Duponchel et Boisduval (v. plus loin). Elle diffère principalement de *Freya* par ses couleurs bien plus foncées et par ses antennes. Toutefois nous n'avons osé lui donner un nom, parce qu'elle nous a paru présenter presque tous les autres caractères de celle-ci ; nous n'avons d'ailleurs vu qu'un seul individu mâle.
POLARIS. Bdv. *Index. Icon.* pl. 20. fig. 1-2. Dup. *Suppl.* pl. 20. fig. 1-3.	Envergure, 38 mill. — Ailes d'un fauve terne, avec la base largement noirâtre, surtout aux inférieures, et des taches noires dont celles de la série anté-marginale *non chevronnées,* isolées ou réunies. Dessous des supérieures avec des taches noires *étroites* et une série de traits blanchâtres touchant par une extrémité le bord marginal. Dessous des inférieures d'un brun-violâtre foncé, avec beaucoup de taches *blanches,* celles du milieu formant une bande transverse saupoudrée de brun au milieu, les suivantes une autre bande peu arrêtée et appuyée sur des points noirs, et les terminales carrées ou en forme de T et entourées de brun. Espace qui est entre elles et les points noirs un peu plus clair et plus jaunâtre que le fond. ♀ Semblable.	Laponie, cap Nord.	Elle est jusqu'ici extrêmement rare et varie un peu pour la taille. L'individu figuré par M. Duponchel sous le n° 2 est une variété remarquable si les couleurs n'en sont pas outrées. La massue des antennes est très-forte chez cette espèce, et la tige en est à peine annelée.
FRIGGA. Ochs. God. Hub. 49-50. Dup. *Suppl.* pl. 19. fig. 3-5. Bdv. *Icon.* pl. 19. fig. 6-7.	Envergure, 40 mill. — Ailes presque entières, d'un fauve terne, avec la base largement noirâtre, surtout aux inférieures, et des taches noires, dont celles de la rangée anté-terminale non chevronnées et contiguës. Dessous des supérieures fauve, avec le sommet et une partie du bord marginal lavés de ferrugineux. Dessous des inférieures ayant la première moitié d'un brun ferrugineux foncé, avec une tache blanche à la base et une bande transverse de taches irrégulières, blanches, jaunes et	Suède, Laponie méridionale. En juillet.	Elle est très-rare dans les collections, comme la plupart des espèces boréales.

	saupoudrées pour la plupart de ferrugineux, mais non celle de la côte, qui est blanche *et souvent isolée*. Seconde moitié des mêmes ailes *d'un brun-violâtre clair*, éclairée de blanc intérieurement dans sa partie supérieure et traversée par une série de points obscurs un peu ocellés et une rangée anté-terminale de lunules d'un violet obscur : le tout peu marqué. ♀ Plus grande et plus obscure en dessus.		
DIA. Lin. Fab. Ochs. Bdv. Hub. 31-33. God. pl. 4 *sec.* fig. 1. et 4 *quint.* fig. 1. *La petite Violette*. Engr.	Envergure, 34 mill. — Ailes légèrement dentées, fauves, avec la base à peine noirâtre et des taches noires assez grosses, dont celles du disque et de la base ordinairement assez rapprochées. Dessous des supérieures fauve, avec l'angle apical marqué de ferrugineux, éclairé intérieurement *de blanc-violâtre nacré*. Dessous des inférieures (*qui sont coupées très-carrément à la côte*) d'un ferrugineux violâtre, varié de jaune, avec une bande transverse de taches alternativement d'un blanc nacré et d'un jaune à peine marqué d'atomes ferrugineux, puis une bande *bien continue* et incertaine, d'un blanc-violâtre brillant, et un rang terminal de petites taches blanches ou jaunes, très-isolées et surmontées d'une série *de gros points* d'un brun rouge, dont les intermédiaires pupillés de jaune. Antennes n'étant pas sensiblement annelées. ♀ Semblable.	Dans une grande partie de l'Europe. Dans les bois un peu secs. En mai et août. Chenille noire ou d'un brun foncé, avec le dos plus clair et marqué d'une ligne longitudinale noire. Épines d'un gris blanchâtre, pattes noire. Vit en juillet et septembre sur différentes espèces de *Viola*.	Elle n'est pas rare. Elle plane en volant et ne s'élève jamais beaucoup au-dessus du sol. Ses ailes inférieures se rapprochent déjà un peu par la coupe de celles de la *Pales*.
CHARICLEA. Hub. 768-769. Dalman.	Envergure, 38 mill.—Ailes d'un assez beau fauve jaunâtre, avec la base noirâtre et des taches noires, dont les anté-terminales isolées et presque punctiformes. Dessous des supérieures fauve, avec le sommet et le bord marginal très-marqués de brun rouge et la base et le disque de signes noirs. Dessous des inférieures d'un rouge brun, plus foncé à la base, qui est marquée de petites taches nacrées, puis traversé par une bande *bien distincte* d'un blanc nacré mêlé de taches jaunâtres et un peu saupoudrées de roux, bordée extérieurement de noir. Reste de l'aile un peu mêlé de jaune, avec une bande incertaine et peu sensible d'un blanc violâtre, une série de points ferrugineux, dont quelques-uns légèrement pupillés et un rang marginal de taches d'un blanc nacré, *ovales-oblongues, bien marquées* et surmontées de triangles ferrugineux. ♀ Semblable.	Laponie.	Cette Argynne est extrêmement rare. Nous n'en avons vu qu'un seul individu, qui se rapporte assez bien à la figure d'Hubner, et à la description de Dalman (quant à la *Chariclea* d'Ochs. et de Godart, voyez l'article *Palès*). Elle se distinguera au premier coup d'œil de toutes les autres Argynnes hyperboréennes, par la netteté de la bande transverse et des taches terminales du dessous des inférieures. Le dessus des supérieures aussi d'un fauve plus gai.
BOISDUVALII. *Som.* Bdv. *Icon.* pl. 20. fig. 5-6. Dup. pl. 20. fig. 4	Sous ce nom on nous a communiqué trois Argynnes différentes. La première est celle dont nous parlons à l'article *Freya*; la deuxième est la *Chariclea*, qui a été envoyée sous ce dernier nom et dans laquelle quelques personnes veu-	Cap Nord.	L'opinion que nous émettons au sujet de cette Argynne, quoique appuyée sur de fortes présomptions, ne doit pas être considérée

	lent voir une simple variété de *Boisduvalii;* la troisième enfin se rapproche beaucoup de l'*Arsilache* Hubner, et nous semble n'en être qu'une modification. Pour nous, nous pensons que l'argynne *Boisduvalii* n'est autre que la *Chariclea* d'Hubner et de Dalman, qui varie beaucoup à ce qu'il paraît, et qui est si peu connue et si rare qu'elle a bien pu donner lieu à ce double emploi.		comme touchant tout-à-fait la question. Nous avons vu trop peu d'individus de chaque espèce pour nous prononcer décidément à ce sujet ; nous appelons seulement sur ce point l'attention des entomologistes que leur position met à même de le vérifier.
PALES. Fab. Ochs. Bdv. Hub. 34-35. Var. accid. 617-618. God. pl. 9 1. fig. 12 (*Type*). *La Pales.* Engr.	Envergure, 32 mill.—Ailes d'un beau fauve vif, avec la base et des taches noires ordinairement petites et isolées, les supérieures un peu aiguës au sommet et ayant dans la cellule et près de la base *deux points noirs superposés* ; les inférieures légèrement polygonées, coupées droit au bord d'en haut et formant à la cinquième nervure *un angle ou coude très-sensible ;* dessous des supérieures ordinairement peu ou point taché de noir ; dessous des inférieures varié de rouge briqueté et de jaune clair, saupoudré de brunâtre près du corps, ayant à la base un point blanc sur une bande rouge et des taches argentées, dont les plus apparentes au bout de la cellule, à la côte et au bord terminal; ces dernières surmontées de de chevrons et d'une série de points ferrugineux, dont celui du cinquième espace internervural souvent nul, ou seulement visible par transparence du dessus; ce cinquième espace étant lui-même occupé par une large tache jaune.	Alpes, Pyrénées, Suisse, Italie, Norwège, Suède, Laponie, etc. En juillet et août. Les auteurs allemands rapportent à cette espèce la chenille figurée à tort par Hubner comme étant celle de *Selene.* Cette opinion, comme le dit M. Treitschke, acquiert une grande probabilité si l'on considère que toutes celles des espèces voisines sont connues. Voici sa description : Elle est d'un noir de velours, avec une ligne sur le dos et deux sur les côtés plus obscures que le fond; les épines latérales manquent sur les premier, deuxième, troisième et onzième anneaux; celles du dos sont placées sur des taches d'un jaune citron et sont elles-mêmes de cette couleur jusqu'à leur milieu. La tête est noire, les pattes sont d'un brun roussâtre Elle vit en mai sur la *Viola Montana.*	Elle est très-commune et varie extrêmement. Les femelles surtout offrent une foule de variétés entre elles. Le coude des ailes inférieures la fera toujours distinguer de toutes celles du genre ; mais nous devons dire que chez quelques individus ce coude est moins distinct. Elle habite les prairies élevées des montagnes, aime à se poser sur les fleurs et se laisse prendre facilement. Dalman prétend que la variété 617-618 Hub., doit se rapporter à *Selene.* Nous ne sommes pas de cet avis, car elle offre bien tous les caractères de *Pales.* M. Bugnion nous signale, sous le nom de *Palemelas.* une variété qui s'en rapproche assez et qui nous semble tout-à-fait accidentelle.
Isis. Hub. 38-39. 563-564. *Pales.* var. God. Tr. Bdv. etc.	Plus grande, d'un fauve plus vif et plus rougeâtre; le dessous des inférieures est moins chargé de rouge et la série de points anté-terminaux y est à peine distincte.	Mêmes localités.	
Arsilache. Hub. 36-37. Treits. *Suppl.* p. 12. Schneid. Freyer. *Pales.* var. God. Bdv. *Napæa.* Dup. *Suppl.* pl. 48. fig. 5-6.	Un peu plus grande que *Pales.* Ailes plus larges et *bien plus arrondies ;* supérieures moins aiguës au sommet, coude des inférieures peu sensible; taches noires plus grosses, surtout celles du disque. Dessous des supérieures constamment taché de noir. Le dessous des inférieures est semblable jusqu'à la bande transverse; mais celle-ci est plus régulière, moins coudée au milieu, le reste de l'aile est plus saupoudré de rouge; la bande, d'un blanc vio-	Hongrie, Basse-Saxe. Suisse, environs de Constance. Dans les prairies sylvatiques et dans les plaines basses. En juin.	Elle a un *facies* bien différent de *Pales* et d'*Isis*, et devra probablement constituer une espèce distincte, surtout si l'on considère que ses mœurs sont différentes de celles de ces deux Argynnes. Toutefois la *Pales* varie tellement que nous n'osons l'en séparer avant

	lâtre, y est bien plus distincte ; les points forment une série bien continue, sont souvent pupillés, et la tache jaune du cinquième espace internervural est toujours moins nette, plus rétrécie et très-souvent tout-à-fait nulle.		de connaître les chenilles. Nous avons vu plusieur mâles, mais une seule femelle, qui nous a paru n'en différer que par les caractères ordinaires. Nous ignorons quels sont les motifs qui ont déterminé M. Duponchel à transporter à cette Argynne, le nom de *Napæa* et à cette dernière celui d'*Isis*.
NAPŒA. Hub. 757-758. *Isis.* Dup. *Suppl.* pl. 48. fig. 7-8.	Un peu plus grande que *Pales*. Dessus d'un fauve plus pâle, à taches plus grosses, et saupoudré en grande partie de brun à reflet violâtre ; dessous des inférieures d'un jaune verdâtre peu marqué de rouge sale ou brunâtre, et à taches argentées plus ou moins oblitérées. ♀ Semblable.		Elle se trouve avec *Pales*, mais plus rarement qu'elle.
CHARICLEA. Ochs.? God. *Encycl.* Dup. *Suppl.* pl. 48. fig. 7-8.	Taille de *Pales*, fauve plus terne en dessus. Dessous des supérieures un peu plus lavé de brun pourpre au sommet; dessous des inférieures d'un jaune moins verdâtre, et saupoudré d'un brun pourpre ou violâtre, à peu près comme chez *Amathusia*; bande tranverse ayant la même forme que chez cette Argynne et envoyant au milieu un angle très-aigu et prolongé. Reste de l'aile plus saupoudré de brun que chez *Pales*. Taches terminales semblables, mais surmontées de chevrons plus épais, mieux marqués; série de points bien continue, d'un brun-pourpre foncé; espace jaune comme dans *Pales*.	Laponie.	Nous n'avons vu qu'une femelle de cette Argynne, que nous ne saurions considérer que comme une des innombrables variétés de *Pales*; le dessous participe un peu d'*Amathusia*, mais on y retrouve tous les caractères de *Pales*. Le bord terminal en dessus est continu dans l'individu que nous avons vu; mais Ochsenheimer dit qu'il est ordinairement entrecoupé de jaune, ce qui s'observe chez les femelles de *Pales*. Cette Argynne n'a rien de commun avec notre *Chariclea*, bien qu'elle ait été envoyée en même temps et sous le même nom à M. Lefebvre.
EUPHROSYNE. Lin. Fab. Ochs. Bdv. Hub. 28 à 30. God. pl. 4. fig. 1 et pl. 4 *tert.* fig. 2. *Le Collier argenté.* Engr.	Envergure, 40 mill. — Ailes entières, arrondies, *d'un beau fauve*, avec la base et des taches noires, dont les anté-terminales presque toujours isolées. Dessous des inférieures *d'un jaune citron varié de rouge vif*, avec une bande discoïdale de la première couleur, au milieu de laquelle est *une* tache argentée, et sept taches terminales également argentées et surmontées de chevrons et de points *rouges*. ♀ Plus grande, plus arrondie et ayant ordinairement la base plus largement noirâtre.	Dans toute l'Europe, bois. En mai, juillet et août. Chenille noire, avec une ligne latérale de points blancs, et deux petites lignes blanches qui tendent à se rapprocher sur le dos de chaque anneau. Pattes membraneuses rougeâtres; épines noires, quelquefois jaunes sur le dos et à sommité noire. Tête noire. Vit en juin et septembre sur les *Viola Canina* et *Montana*.	Elle est très-commune et varie peu, du moins dans nos pays. Les individus pris en Laponie sont souvent plus obscurs et présentent quelques variétés, entr'autres une appelée *Fingal* par Laspeyres et citée par Dalman, qui la rapporte à l'Euphrosine.

		Chrysalide obtuse, d'un gris brun, avec plusieurs points argentés sur l'abdomen et les côtés de la poitrine.	
SELENE. Fab. Ochs. Bdv. Hub. 26-27. Var. accid. 732-733. 783. God. pl. 4 *tert.* fig. 4. *Le petit Collier argenté.* Engr.	Envergure, 38 mill. — Ailes presque entières, d'un fauve *un peu terne*, avec la base un peu noirâtre et des taches noires, dont les anté-terminales contiguës. Dessous des inférieures *d'un jaune d'ocre clair, varié de ferrugineux*, avec une bande discoïdale de la première couleur marquée de *trois* taches nacrées, puis une bande également nacrée interrompue au milieu, et une série de sept taches terminales aussi nacrées et surmontées de chevrons et de points *noirs*. ♀ Semblable, mais ordinairement un peu plus terne.	Dans une grande partie de l'Europe, bois. En mai, juillet et août. Chenille noire, rayée de gris obscur, avec les épines d'un jaune roux ciliées de noir et deux taches blanches latérales sur le premier anneau; tête noire, pattes d'un brun rouge. Vit en avril et septembre, sur la violette. Chrysalide d'un brun jaunâtre, avec des taches et des épines noires.	Elle devance un peu la précédente, et est généralement moins répandue qu'elle; elle affectionne surtout les grands bois. Cette Argynne varie beaucoup, et se trouve également en Laponie. En Suisse elle vole sur les Alpes et n'habite pas la plaine.
THALIA. Hub. 57-58.	La partie marginale est beaucoup plus pâle, et coupée par de larges taches noires; le dessous des inférieures est jaune jusqu'au milieu, et le reste est coupé par des taches rayonnées alternativement fauves et argentées et dont l'intermédiaire s'avance plus loin que les autres.		C'est d'après l'autorité d'Ochsenheimer, que nous rapportons à la *Selene* cette variété que nous n'avons pas vue en nature et qui nous semblerait plutôt appartenir à l'*Euphrosyne*. Elle nous paraît accidentelle. *Nota.* On connaît encore plusieurs autres variétés de *Selene*, sous les noms de *Lycorias*, *Plinthus, Marphise, Rinaldus, Julia*, etc., etc. Mais toutes ces variétés qui sont sûrement accidentelles, offrent très-peu d'intérêt.
OSSIANUS. Dup. *Suppl.* pl. 20. fig. 5-6. Bdv. *Icon.* pl. 19. fig. 1-3. *Aphirape.* Hub. 734-735. et *Triclaris.* (Exot. Samml.).	*Envergure*, 38 *mill.* — Ailes entières, *d'un fauve assez vif*, avec la base et de petits points et signes noirs assez rétrécis et dont ceux de la série anté-marginale ordinairement isolés. Dessous des supérieures d'un fauve roussâtre, avec le sommet lavé de rougeâtre. Dessous des inférieures composé jusqu'à moitié de quatre bandes, alternativement d'un *roux vif* et d'un jaune clair; ces dernières liserées de noir et *mélangées de taches légèrement nacrées*; seconde moitié d'un jaune nankin ondé de roux, et ayant au bord terminal un rang de sept taches *un peu réniformes, légèrement nacrées* et surmontées d'un rang de points jaunes *cerclés de noir*. ♀ *D'un fauve plus clair* et un peu plus grande.	Norwége, Laponie, Cap Nord, Ecosse.	Nous avons vu plusieurs individus de cette espèce, tous parfaitement semblables, et elle nous paraît distincte de l'*Aphirape*; toutefois on ne pourra trancher entièrement la question que quand les chenilles seront connues. L'*Ossianus* est très-rare dans les collections.
APHIRAPE. Ochs. Bdv. Hub. 23-25.	Envergure, 40 mill. — Ailes entières, *d'un fauve terne*, avec la base, les nervures et de petits points et signes	Laponie, Suède, Prusse, Bavière, Livonie, départements des	Elle n'est pas très-répandue dans les collections, ce qui nous fait

Var. accid. 811. God. pl. 9 1. fig. 3-4.	*rétrécis* noirs, et dont ceux de la série anté-marginale contigus. Dessous des supérieures d'un fauve clair, avec le le sommet jaune; dessous des inférieures d'un jaune citron ondé de roux vers le bord marginal, avec deux bandes discoïdales fauves, dont l'antérieure peu sinuée, et une série marginale de chevrons noirs, étroits, contigus et surmontés chacun d'un point jaune *cerclé de noir.* ♀ Plus grande, plus pâle et sablée de noir en dessus.	Vosges et de l'Isère? En juin. Chenille courte et épaisse, d'un gris argenté clair, sans ligne dorsale, avec un trait noir accolé à une ligne plus claire, sous chaque épine dorsale, puis une ligne latérale blanche; ventre d'un brun noir, depuis le quatrième jusqu'au huitième anneau. Epines blanchâtres, très-courtes, *et n'étant point plus longues sur le cou.* Tête petite, d'un gris brun. Se trouve en mai. Chrysalide d'un gris pâle, plus clair à la partie postérieure, avec une ligne plus foncée et des taches argentées sur l'abdomen.	douter qu'elle se trouve effectivement en France. La série de points des ailes supérieures est quelquefois pupillée de jaune; ce qui s'observe également chez la précédente. La chenille récemment découverte, forme une exception remarquable dans ce genre, en ce qu'elle manque des deux longues épines du premier anneau; elle a été trouvée à terre entre les herbes, et on ne connait pas au juste sa nourriture.
HECATE. Fab. Ochs. Bdv. Hub. 42-44. God. pl. 9 1. fig. 5-6. *L'Agavé* et *l'Ino?* Engr.	Envergure, 42 mill. — Ailes un peu dentées, d'un fauve foncé, avec la base et des taches noires, dont les anté-terminales rondes ou ovales, jamais chevronnées. Dessous des inférieures ayant la première moitié d'un fauve terne, avec la base, la côte et une bande jaune liserée de noir, et la deuxième moitié d'un jaune clair ondé de fauve terne, avec une ligne anté-terminale de cette couleur, précédée *d'un double rang* de points noirs. ♀ Plus grande, d'un fauve plus clair, avec la base des ailes d'un noir plus verdâtre.	Autriche, Allemagne, Russie, midi de la France. En juin.	Ce qui distingue principalement cette espèce de ses congénères, c'est sa double rangée de points. Le noir du dessus des ailes est souvent un peu chatoyant, surtout chez les femelles, observation qui peut également s'appliquer à l'*Aphirape.* L'*Ino* d'Engramelle nous semble appartenir à cette espèce, mais sa figure est trop grossière pour que nous puissions l'affirmer.

(92) Genre XVI. MELITÆA (MELITÉE).

(Fab. Ochs. Bdv. Dup. Dalm. — *Argynnis*. Lat. God. (Les Damiers).

Caractères principaux. — *Chenille à tubercules charnus et pubescents, d'égale longueur. — Chrysalide arrondie, obtuse antérieurement, garnie sur le dos de boutons non épineux et peu saillants, sans taches métalliques. — Antennes terminées en bouton court aplati ou pyriforme. — Palpes dépassant un peu la tête, velus, écartés à leur extrémité; leur dernier article terminé en pointe et quelquefois velu. — Ailes n'étant jamais marquées en dessous de taches nacrées.*

Caractères secondaires. — *Taille moyenne. — Ailes entières ou dentées régulièrement, fauves, avec des taches noires formant le plus souvent des reseaux. — Abdomen presque toujours aussi long que les ailes inférieures. — Yeux moins gros que dans les* Argynnes. (93)

(93) { Taches noires du dessus des ailes punctiformes et ne formant pas le réseau. . . . . (94)
Taches du dessus des ailes linéaires ou fasciées et formant des réseaux plus ou moins étendus. . . . . (95)

(94) *Taches noires du dessus des ailes punctiformes et ne formant pas le réseau.*

DIDYMA Ochs. Bdv. God. pl. 4 *sec.* fig. 2. et pl. 4 *tert.* fig. 5. *Cinxia*. Hub. 9-10.11	Envergure, 40 mill.—Ailes un peu dentées. *d'un beau fauve rouge*, avec la base, le bord marginal et des taches noirs; celles de la série anté-terminale ordinairement isolées. Dessous des	Suisse, Russie, Autriche, Hongrie, midi, centre et est de la France. Dans les bois secs. Fin de juin	Elle est très-commune dans le midi ainsi qu'aux environs de Neufbrisach et de Châteaudun. Nous ne l'a-

Var. accid. 773-774. *Le Damier*. 5ᵉ espèce. Engr.	inférieures d'un beau jaune citron, avec de nombreux points noirs et deux bandes transverses *d'un fauve rouge*, dont l'antérieure bordée de noir des deux côtés et la postérieure bordée *seulement en arrière* de petits arcs noirs *isolés* surmontant un rang anté-terminal de points *ronds* de la même couleur. Massue des antennes terminée par un *point fauve très-apparent*. Palpes *entièrement fauves*. ♀ Plus grande, *plus pâle* et plus arrondie, *avec plusieurs rangs de points fauves sur l'abdomen*.	Chenille d'un gris ardoisé, avec la partie antérieure de chaque anneau plus foncée, marquée de points blancs et garnie d'un rang d'épines alternativement blanches et fauves à sommité blanche; ventre d'un jaune pâle. Tête et pattes membraneuses fauves, pattes écailleuses noires. Vit en mai sur différentes plantes, telles que *Plantago*, *Linaria vulgaris*, etc. Chrysalide d'un gris ardoisé, avec des points noirs, le ventre jaunâtre et quelques rangées de boutons fauves sur l'abdomen.	vons jamais trouvée plus près de Paris que dans cette dernière localité. Elle varie prodigieusement, tant pour la taille que pour l'intensité des couleurs et la disposition des taches.
ABDUINNA. Fab. Herbst. God. Bdv.	Ne diffère essentiellement de *Didyma* que par une rangée de points noirs placés sur la bande fauve postérieure du dessous des ailes inférieures.	Russie, bords du Volga?	Presque tous les auteurs en font une espèce, mais bien peu l'ont vue en nature; nous sommes dans le même cas. Elle ne figure point dans les catalogues de la Russie méridionale, ce qui nous fait penser qu'elle n'est qu'une variété.
TRIVIA. Ochs. Hub. 11-12. Dup. *Suppl.* pl. 22. fig. 4-5. Bdv. *Icon.* pl. 22. fig. 1-2. *Athalia* et *Fascelis*. Fab. *Didyma*. var. God. *Encyclopédie*. *Le Damier*. Engr. 29 a. b. c. d *bis*. i (non g h.).	Envergure, 36 mill.—Ailes un peu dentées, *d'un fauve jaune terne*, avec la base, le bord marginal et des taches noires dont les anté-terminales *contiguës* et découpant un rang de lunules de la couleur du fond; inférieures ayant le bord abdominal et les nervures noires. Dessous des inférieures d'un jaune pâle, avec de nombreux points noirs et deux bandes fauves dont la postérieure bordée *des deux côtés* d'arcs noirs et surmontant un rang anté-terminal, de points noirs *triangulaires*. Massue des antennes noire, avec un petit point *à peine distinct d'un fauve terne* au sommet. Palpes *noirs* intérieurement. ♀ Tantôt de même taille, tantôt plus grande, *du même fauve que le mâle*, plus arrondie et ayant l'abdomen dépourvu de points fauves.	Piémont, Hongrie, Autriche, dans les années chaudes et sèches. En juillet et août. Chenille d'un gris blanc, avec plusieurs lignes longitudinales et plusieurs points parti brunâtres, partie bleuâtres et plus foncés sur les côtés; épines à base rousse, à sommité blanche, ciliées de noir. Tête rousse, avec des points noirs. Pattes blanches, tachées inférieurement de noir. Vit en société au mois de juin sur le *Verbascum nigrum* et quelquefois sur le *V. Thapsus*. Chrysalide d'un gris bleuâtre, très-ponctuée de noir, avec des points orangés sur l'abdomen et sur la tête.	Elle n'est pas très-commune dans les collections; elle varie assez, surtout pour la taille. Godart fait observer que les différences qui séparent les chenilles des Mel. *Trivia* et *Didyma* sont bien minutieuses : « *On en trouve, dit-il, de plus frappantes dans celles du B. Petit paon.* » Mais elles n'influent pas, comme ici, *d'une manière constante* sur les insectes parfaits. Ces deux espèces sont donc bien distinctes. Nous avons vu un individu de *Fascelis* Fab. au pas de Suze; il ne diffère pas essentiellement de *Trivia*.

(95) *Taches du dessus des ailes linéaires ou fasciées et formant des réseaux plus ou moins étendus.*

CINXIA, Ochs. Bdv.	Envergure, 40 mill.—Ailes un peu dentées, d'un fauve terne, réticulées	France, Hongrie, Suisse, Autriche, Suè-	Elle est très-commune dans les bois. Sa

God. pl. 4 *quart.* fig. 1 et 4 *quint.* fig. 2. *Delia.* Fab. Hub. 7-9. *Le Damier.* 4ᵉ espèce. Engr.	de noir; inférieures un peu aiguës à l'angle anal, ayant le deuxième rang anté-terminal de taches fauves marqué *d'une série de points noirs.* Dessous des inférieures ayant l'extrémité d'un blanc plus ou moins jaunâtre, avec quelques points noirs et deux bandes d'un fauve terne, bordées de noir, dont l'antérieure très-sinueuse et la postérieure marquée *d'une série de petits points noirs.* ♀ Semblable mais plus grande.	de, etc., etc. Dans les bois. En mai, juin et août. Chenille noire, avec les incisions marquées de points blancs. Tête et pattes membraneuses d'un fauve rouge, épines et pattes écailleuses noires. Vit en société au mois d'août, septembre et avril, sur les *Plantago*, l'*Hieracium pilosella*, etc., etc. Passe l'hiver sous une tente soyeuse, et se change à la fin d'avril en une chrysalide d'un brun jaunâtre, piquée de noir et ayant sur le dos plusieurs rangs de tubercules fauves.	chenille est également très-facile à rencontrer; c'est la seule de ce genre et du précédent qui soit dans ce cas. Cette Mélitée varie peu.
PHŒBE. Fab. Ochs. Bdv. Hub. 13-14. God. pl. 4. fig. 2. et 4 *quint.* fig. 3. *Le grand Damier.* Engram.	*Envergure, 40 mill.*—Ailes d'un fauve-jaunâtre pâle, *variées de taches d'un fauve roux* et réticulées de brun; les supérieures *sinuées* au bord marginal, les inférieures légèrement dentées et ayant le bord terminal brun, entier, surmonté d'une série de taches jaunâtres lunulées, puis d'une autre de taches d'un fauve roux, arrondies. Dessous des inférieures d'un jaune très-clair *avec des points ou traits noirs à la base* et deux bandes liserées de noir, dont l'antérieure fauve, très-irrégulière et longée extérieurement par une ligne noire *interrompue*, la postérieure d'un jaune plus foncé que le fond et marquée *de grosses taches rousses très-rondes*; bord terminal longé par un filet noir, *à peine sensible*, souvent nul, surmonté d'une série d'arcs de la même couleur. ♀ Beaucoup plus grande et plus arrondie.	Dans toute la France, etc. Bois secs en juin et août. Chenille noire, ponctuée de blanc, avec une bande latérale fauve, précédée d'une ligne de points d'un brun violet. Dessous du ventre et pattes membraneuses d'un gris roussâtre; épines noires, excepté celles qui sont placées sur la bande fauve et qui sont de cette dernière couleur. Vit en mai et septembre sur la jacée *Centaurea jacea.* Chrysalide d'un gris violâtre, marbrée de brun, avec les incisions brunes et plusieurs rangs de tubercules orangés.	Elle est commune dans le midi, mais dans le centre et le nord on ne la trouve que de loin en loin et dans les bois d'une certaine étendue; elle affectionne les parties sèches et herbues, comme *Didyma*, qu'elle devance chez nous de trois semaines environ. En Suisse, elle donne en juillet et n'habite que les cantons méridionaux.
MELANINA. Luc. Bonaparte. *Phœbe.* var. Dup. *Supplém.* p. 143.	Diffère en ce que les taches jaunes du dessous des inférieures sont remplacées par des taches fauves et par deux bandes d'un brun rouge foncé, l'une médiane et l'autre terminale.	Italie.	Nous extrayons de l'ouvrage de M. Duponchel ce qui est relatif à cette variété, que nous n'avons vue ni en nature ni en figure.
ÆTHERIE. Hub. 875-878.	Le fond est d'un fauve plus foncé et *uniforme*, c'est-à-dire qu'il n'est point ou à peine varié de roux; les taches du	Sicile.	M. Duponchel décrit dans son supplément une sous-variété chez

M. Duponchel (*Suppl.*, p. 341) considère cette *Melitæa* comme étant *la véritable Parthénie*, et ne fait de cette dernière qu'une variété d'*Athalia*. Nous serions très-portés à partager son opinion sur ce dernier point, si Borkausen, Ochsenheimer et tous les auteurs qui l'ont décrite ne décrivaient pas également la chenille qui semblerait différer beaucoup de celle d'*Athalia*; mais nous avons dû respecter le témoignage de ces auteurs et considérer comme distincte la *Parthénie*, malgré la très-grande affinité qu'elle présente avec *Athalia*. Quant à *Deione*, qui est certainement une espèce distincte puisqu'on l'a élevée de chenille, elle ne nous semble point se rapporter aux descriptions que Borkausen, Ochsenheimer et Godart donnent de *Parthenie*, et en conséquence nous ne pouvons la considérer comme identique avec elle, puisqu'il n'y a de *véritable Parthénie* que la Mélitée dont Borkausen a fait, à tort ou à raison, une espèce séparée. Au reste nous faisons des vœux pour que de bons observateurs élèvent de nouveau les chenilles de *Parthénie* et de *Deione*, et nous ne sommes pas éloignés de croire que cette éducation aurait pour but de supprimer l'espèce connue sous le nom de *Parthénie* en la rapportant comme simple variété à l'*Athalia*.

Dup. *Suppl.* pl. 44. fig. 4-5.	disque sont plus petites, plus rares et forment plutôt des traits ou points noirs que des réseaux. Une des bandes médianes brunes est convertie sur les quatre ailes en une série de points contigus ou isolés; en général le brun domine beaucoup moins que chez *Phœbe*; les supérieures sont plus arrondies, moins sinuées au bord terminal. Leur dessous se rapproche de celui d'*Athalia;* celui des inférieures ne diffère pas sensiblement de *Phœbe.* Quelquefois seulement la ligne fauve qui précède intérieurement la deuxième bande est très-large.		laquelle le dernier caractère que nous signalons dans notre description est très-prononcé. Elle a été trouvée dans la Russie méridionale.
DEIONE. Hub. 947-950. Dup. *Suppl.* pl. 44. fig. 1-3. *Parthénie.* id. id. p. 341.	Envergure, 35 mill. — Ailes *d'un fauve-jaunâtre pâle*, variées de taches fauves *à peine plus foncées* et réticulées de brun; les supérieures *arrondies* au bord terminal; les inférieures légèrement dentées, avec le bord terminal brun, souvent *coupé d'une légère ligne fauve* et surmonté d'un rang de taches lunulées, puis d'un autre de taches plus foncées, *presque carrées*, et ayant le bord abdominal *d'un fauve clair.* Dessous des inférieures d'un jaune très-pâle, avec les nervures brunes et deux bandes liserées de noir, dont l'antérieure très-irrégulière, *d'un fauve pâle*, la postérieure d'un jaune clair, marquée d'un rang de taches fauves, arrondies, contiguës au liseré inférieur. Bord terminal longé par deux lignes noires parallèles. ♀ Semblable au mâle, mais un peu plus grande.	France méridionale. En mai et juillet.	Cette espèce intermédiaire entre *Phœbe* et *Parthenie* se distingue facilement de la première par sa taille et les caractères exprimés en italique, et de la deuxième par son fauve plus clair, ses ailes plus oblongues, le bord abdominal des inférieures, qui est noir chez *Parthenie*, etc. Elle est bien caractérisée et sa chenille est connue, quoique sa description n'ait pas encore été publiée. Le papillon est jusqu'ici très-rare dans les collections.
PARTHENIE. Bork. Ochs. Dalm. Bdv. God. pl. 91. fig. 7-8. *Athalia.* Hub. 19-20?	*Envergure*, 35 *mill.* — Ailes légèrement dentées, fauves, avec la base et de *très-légers réseaux* noirs. Dessous des inférieures d'un jaune pâle, avec deux bandes fauves liserées de noir, dont l'antérieure courte, très-sinuée, joignant une troisième à la base, et longée du côté opposé par une ligne noire assez écartée, et la postérieure doublement liserée de noir en dessus et renfermant des espaces plus clairs; frange précédée d'une ligne un peu sinuée, *de la couleur du fond*, entre deux filets noirs; palpes *fauves en dessus.* ♀ Semblable.	France centrale et méridionale, Allemagne, Russie, etc., etc. Dans les bois secs et élevés. En juin et août. Chenille noire, avec de très-petits points blancs à peine distincts, quelques poils fins de cette couleur et une série latérale de taches jaunâtres faiblement exprimées. Vit sur le plantain. Chrysalide obtuse, petite, d'un gris cendré, avec deux rangs de points ferrugineux sur le dos.	Cette espèce, très-voisine d'*Athalia*, s'en distingue par sa taille constamment plus petite, sa couleur toujours bien moins chargée de noir en-dessus, et ses palpes. Nous l'avons prise abondamment près du Hâvre, dans la Sologne et sur le sommet des Pyrénées; Godart nous semble avoir outré la différence de taille qui la sépare d'*Athalia*, du moins n'avons-nous jamais trouvé d'individus aussi petits.
ATHALIA. Ochs. Bdv. God. pl. 4 *tert.* fig. 6 et 4 *quint.* fig. 2. *Maturna.* Fab. Hub. 17-18. *Le Damier.* 3ᵉ espèce. Engr.	Envergure, 38 mill. — Ailes légèrement dentées, arrondies, d'un brun noir, avec de nombreuses taches d'un fauve *uniforme*, disposées par bandes *très-apparentes et assez larges sur les quatre ailes.* Dessous des inférieures d'un jaune pâle ou blanchâtre, avec deux bandes fauves liserées de noir; la supérieure large, se réunissant à une troisième à la base, et longée du côté opposé par une ligne noire, peu écartée; l'inférieure plus	Dans toute l'Europe. En juin et août. Chenille noire, semée de points blancs dans les incisions, hérissée de poils nombreux, blancs et noirs, avec les tubercules nombreux, gros, coniques, d'un fauve clair, les pattes noires et la tête fauve. Elle	Elle est très-commune dans tous les bois. Elle varie beaucoup, surtout pour l'intensité de la couleur, où l'on voit dominer tantôt le fauve et tantôt le noir. Sa chrysalide est une des plus jolies parmi celles des diurnes; nous avons plusieurs

	étroite, doublement liserée de noir supérieurement et marquée de lunules plus foncées, hormis près de la côte; frange précédée d'une ligne sinuée, *un peu plus foncée que le fond*, entre deux filets noirs. Palpes *noirs en dessus*. ♀ Semblable.	vit sur diverses plantes, mais surtout sur le *Plantago* et le *Melampyrum sylvaticum*. On la trouve dans le courant de mai et de septembre. Chrysalide d'un blanc jaunâtre, avec des taches noires et fauves sur l'enveloppe des ailes, cinq rangs de petits tubercules peu sensibles, liés par des bandes fauves et bordés de points noirs sur l'abdomen, et deux taches fauves en forme de C. sur le corselet.	fois élevé la chenille, qui n'est pas très-rare.
PYRONIA. Hub. 585 à 588.	Le fauve remplit *tout le disque* aux supérieures, et ne forme aux inférieures qu'une bande anté-marginale avec quelques points dans la cellule; en dessous la première moitié des quatre ailes est noire, avec quelques espaces fauves; la seconde est fauve aux supérieures, et aux inférieures elle est jaune avec une seule bande, simple, courte, étroite, fauve; la ligne sinuée terminale n'est point filetée de noir supérieurement. ♀ Plus sombre et ayant au-dessus de cette dernière ligne une bande d'atomes noirâtres.	Mêmes localités.	Cette variété est *accidentelle*, quoiqu'on rencontre souvent des individus qui s'en rapprochent plus ou moins. Nous l'avons prise dans les bois de Montivilliers (Seine-Inférieure).
APHÆA. Hub. 738-739. *Alphæa*. (var. *Athalia*). Bdv. *Index*.	Elle ne diffère d'*Athalia* que par ses taches noires, qui sont confondues en-dessus de manière à former des bandes inégales. Le dessous n'est que légèrement modifié.		Elle est aussi accidentelle et bien moins remarquable que la précédente.
HERTHA. Dalm.	Ailes un peu dentées, brunes, supérieures, avec une bande maculaire, inférieure, avec une série de points, fauves. (Traduct. de Dalman, pag. 77).	Suède méridionale.	Elle ressemble, dit Dalman, à une variété de l'*Athalia*, figurée par Herbst.; c'est ce qui nous a engagés à la placer ici, car nous ne l'avons vue ni en nature ni en figure. Il décrit aussi, pag. 77, une autre Mélitée sous le nom de *Fulla*; mais nous ne savons à quelle espèce la rapporter, d'après sa description, qui est très-vague.
CIMOTHOE. Bertholoni.		Italie.	M. Duponchel la regarde comme une variété d'*Athalia*, très-rapprochée de la *Pyronia*, Hub. Nous ne l'avons pas vue.
DICTYNNA. Ochs. Bdv. God. pl. 4. fig. 3 et pl. 4 *quint*. fig. 4.	Envergure, 38 mill. — Ailes légèrement dentées, d'un noir brun, avec des taches disposées par bandes, fauves et étroites sur les supérieures,	Environs de Paris, Nord de la France, Suisse, Hongrie, Autriche, dans les bois	La forêt de Bondy est la seule localité des environs de Paris où nous ayons pris cette Mélitée,

Corythalia. Hub. 15-16. *Le Damier*. 6e espèce. Engr.	*très-petites et d'un fauve blanchâtre sur les inférieures*. Dessous des supérieures d'un fauve *brunâtre*, avec des points noirs et l'angle apical jaune. Dessous des inférieures d'un jaune sale ou blanchâtre, avec deux bandes d'un fauve brunâtre, liserées de noir; la supérieure très-sinuée, se réunissant à une troisième à la base et longée du côté opposé par une ligne noire: l'inférieure très-large et renfermant une série de lunules rousses bordées supérieurement de noir, et marquées au milieu *d'un point noir éclairé de jaunâtre*; frange précédée d'une ligne sinuée fauve, entre deux filets noirs; une tache triangulaire à l'angle anal, *mi-partie de jaune clair et de fauve brun*. ♀ Plus arrondie et un peu moins obscure en dessus.	couverts. En juin. Chenille d'un brun violâtre, ponctuée de gris bleuâtre, avec les épines un peu plus pâles à sommité noire, et trois lignes longitudinales noires; pattes de la couleur du corps; tête noire, avec deux taches d'un gris bleuâtre. Vit en mai, sur la *Veronica Agrestis*.	qui n'y est pas très-rare. Il en est de même dans la forêt de Mormâle, mais elle est généralement peu répandue. Quelquefois la ligne terminale du dessous des inférieures est *seulement teintée* de fauve, mais cela n'arrive jamais à l'*Athalia*. Souvent aussi l'espace compris entre la première bande fauve et la ligne noire qui la suit est plus foncé que le reste de l'aile et découpe ainsi des taches blanchâtres; mais on observe la même chose chez plusieurs autres Mélitées. C'est surtout pour l'intensité du fauve que la *Dictynna* est sujette à varier. Les individus des Alpes sont ordinairement moins rembrunis que ceux de nos environs.
CYNTHIA. Ochs. God. Hub. 608-609. 569-570. et *Mysia*. 939-944. 945-946. Dup. *Suppl*. pl. 21. fig. 3-5. Bdv. *Icon*. pl. 22. fig. 3-5. *Le Damier à taches blanches*. Engr.	Envergure, 40 mil. — Ailes entières d'un brun noirâtre, avec des taches *d'un beau blanc* et des taches fauves, dont la seconde rangée à partir du bord terminal formant une bande étroite, composée de taches *toujours arrondies*, même aux ailes supérieures quand elles y sont visibles, et le plus souvent marquées aux inférieures *de petits points noirs*. Dessous des inférieures d'un fauve roussâtre, avec trois bandes d'un jaune pâle, liserées de noir, dont l'antérieure irrégulière et interrompue, l'anté-marginale lunulée, et la médiane large et divisée par une ligne noire qui la coupe *par la moitié seulement près de la côte*. Antennes à massue un peu oblongue et presque entièrement noires en dessus. ♀ Beaucoup plus grande, plus arrondie, ayant le fond d'un fauve jaunâtre, réticulé de noir, avec des taches d'un fauve plus foncé, répondant à celles du mâle.	Suisse, Tyrol, Savoie, sur les hautes montagnes. En juillet et au commencement d'août. Chenille d'un jaune foncé sur le dos, plus pâle sur les côtés, avec une ligne noire qui sépare les deux nuances; épines noires; tête d'un brun rouge. Vit sur le *Plantago lanceolata*.	Les deux sexes de cette espèce sont très-dissemblables, ainsi qu'on peut le voir par la description. Les mâles varient beaucoup, les uns ont beaucoup de taches fauves, d'autres en sont presque entièrement dépourvus; mais celles de l'intérieur des cellules et de la série des inférieures manquent très-rarement. Elle n'est pas très-rare dans les localités qu'elle habite.
IDUNA. Dalman. *Maturna*. Hub. 807-808. An ♀. 600-601?	La couleur brune est plus pâle et un peu transparente; les taches blanches sont remplacées par du jaunâtre très-clair, et forment, ainsi que les taches fauves, des séries bien continues et coupées seulement par les nervures; les inférieures sont toujours dépourvues de points sur les taches fauves; ces caractères se répètent en dessous; la ligne noire de la bande médiane des inférieures (quand elle existe) la coupe bien par la moitié dans toute sa longueur, et la bande fauve qui la suit est bordée de noir des deux côtés. En général, le dessin est plus net et mieux marqué,	Laponie méridionale.	Cette Mélitée semble au premier coup d'œil bien distincte de *Cynthia*, et devra probablement former par la suite une espèce séparée. Le principal caractère invoqué par Dalman pour la séparer de *Maturna* (l'absence de la ligne noire sous les inférieures) n'est pas constant, ainsi qu'on peut le voir par notre description. Elle a d'ail-

	surtout en dessous, où les nervures sont aussi plus noires. Enfin la ligne terminale fauve est bien marquée de part et d'autre.		leurs bien plus de rapports avec *Cynthia*. Nous ne connaissons pas la femelle, qui est peut-être celle que figure Hubner, n° 600-601.
ICHNEA. Bdv. *Icon.* pl. 23. fig. 5-6.	Diffère de *Cynthia* en ce que les deux sexes sont *semblables*. Le mâle ressemble à la femelle de celle-ci; mais il est plus foncé, d'un fauve plus uniforme, le brun y domine davantage, surtout sur les inférieures, où les bandes médiane et anté-terminale sont presque effacées; la bande jaune anté-terminale du dessous des inférieures est plus étroite, et composée de taches plus réniformes; la bande médiane est plus étroite, et les points noirs qu'on voit sur la partie fauve sont beaucoup plus gros. ♀ Encore plus obscure et plus arrondie.	Laponie boréale.	C'est d'après M. Bdval que nous décrivons cette Mélitée, que nous n'avons point vue en nature; nous pensons du reste, ainsi que lui, qu'on ne pourra l'ériger en espèce distincte que quand on connaîtra sa chenille.
MATURNA. Lin. Ochs. God. Bdv. *Icon.* pl. 23. fig. 3-4. Dup. *Suppl.* pl. 22. fig. 1-3. *Cynthia* Hub. [illegible] *Le Damier à taches fauves.* Engr.	Envergure, 43 mill.—Ailes entières, les supérieures *aiguës au sommet*; les quatre d'un brun noirâtre, avec des taches d'un beau fauve vif formant des bandes, dont l'anté-terminale composée de taches petites et isolées; la précédente formée de taches *larges, presque carrées et divisées seulement par les nervures*, et la précédente composée en grande partie de taches jaunes, dont les plus grandes et les plus claires à la côte des supérieures. Dessous des inférieures *d'un fauve rouge très-vif*, avec trois bandes jaunes liserées de noir, dont l'antérieure très-interrompue, l'anté-terminale étroite et lunulée, et la médiane régulière, d'égale largeur et souvent divisée par une ligne noire qui la coupe par moitié dans toute sa longueur. Antennes ayant le sommet de la massue largement fauve. ♀ Plus grande, plus arrondie, avec la deuxième bande anté-terminale encore plus large.	Suède, Laponie, Carniole, Saxe, Hongrie, Livonie, Russie, dans les bois touffus. En juin. Chenille noire, avec trois bandes maculaires d'un jaune soufre, dont la dorsale divisée par une ligne noire; tête et épines noires. Vit en mai sur les *Plantago*, la *Scabiosa succisa*, et même dit-on, sur le tremble; mais cette dernière assertion mérite confirmation, aucune espèce voisine ne vivant sur les arbres. Chrysalide jaunâtre ou verdâtre, ponctuée de noir.	La dernière série anté-terminale de taches est beaucoup plus pâle et même blanchâtre. Plusieurs espèces de *Melitæa* et même d'*Argynnis* offrent le même accident. Le véritable nom de cette mélitée est *Manturna*, ainsi que l'écrit Dalman, mais le nom de *Maturna* existant depuis longtemps, nous avons cru devoir le laisser subsister. Elle n'est pas commune. On a dit qu'elle se trouvait dans le département de l'Isère; mais il n'est pas à notre connaissance qu'elle y ait eté prise. Les nôtres viennent de la province du Bannat, en Hongrie.
MYSIA. Hub. 3.	C'est une variété dont plusieurs des taches discoïdales sont blanches.		Nous avons vu en nature des variétés de *Maturna*, qui se rapprochaient beaucoup de cette figure; nous croyons donc que c'est ici qu'elle doit se rapporter. Il n'en est pas de même de *Mysia*, 939-944, etc.
MATURNA. Hub. 598 599.	La troisième série anté-terminale est entièrement blanche aux supérieures, et grisâtre aux inférieures; on voit aussi sur les premières deux autres taches blanches, dont une dans la cellule et une au bord interne. La deuxième sé-		Nous n'avons pas vu en nature cette remarquable variété. Nous ne sommes donc pas certains qu'elle doive se rapporter à *Maturna*;

	rie anté-terminale de taches fauves des inférieures est plus étroite et placée beaucoup plus haut; le dessous des premières ailes se rapproche de *Cynthia*, celui des secondes ne diffère de *Maturna* qu'en ce que sa bande anté-terminale est blanche.		elle pourrait appartenir à *Cynthia*. Quant à la femelle, représentée sur la même planche (nos 600 et 601), elle nous paraît bien plus voisine de l'*Iduna*, ainsi que nous l'avons dit à son article.
DESFONTAINII. God. *Encycl.* *Desfontainesi.* Bdv. pl. 23. fig. 1-2.	*Envergure*, 48 *mill.* — Ailes entières *d'un beau rouge-fauve vif*, variées de jaune et réticulées de noir, avec deux taches dans la cellule et une large bande anté-marginale de couleur plus vive; *cette dernière marquée d'une série de points, jaunes sur les supérieures, noirs sur les inférieures.* Dessus de ces dernières ayant le disque noir, avec beaucoup de taches irrégulières de la couleur du fond, dont les externes plus claires et disposées en bande; dessous des mêmes ailes d'un rouge fauve, avec trois bandes d'un jaune clair liserées de noir, la première droite et accompagnée d'une tache au milieu, la seconde courbe et s'étendant à l'angle anal, la troisième *terminale*, lunulée et surmontée d'une série de points noirs cerclés de jaunâtre. ♀ Plus grande, plus claire et à ailes supérieures plus arrondies. Le fauve et le jaune y sont plus tranchés.	Espagne, environs de Cadix et d'Algesiras.	Nous avons vu une paire bien conservée de cette Mélitée, qui nous semble assez distincte d'*Artemis.* Le mâle surtout se rapproche davantage de *Maturna*; la rangée antéterminale de points jaunes sur la bande des supérieures y est très-peu apparente, et il est probable qu'elle doit quelquefois s'étioler tout-à-fait. Ce n'est donc point là, comme le prétend M. Bdv., le caractère qui sépare cette espèce d'*Artemis* chez laquelle cette rangée de points existe quelquefois d'une manière très-prononcée. Nous ignorons aussi pourquoi cet auteur a changé le nom qui avait été imposé à cette Mélitée par Godart, qui l'a fait connaître le premier. Nous le lui avons restitué.
ARTEMIS. Fab. Ochs. Bdv. Hub. 4-5. God. pl. 4 *sec.* et 4 *tert.* fig. 3. *Le petit Damier à taches fauves.* Engr.	Envergure, 35 mill.—Ailes entières; les supérieures un peu anguleuses, les inférieures arrondies, les quatre d'un fauve rougeâtre clair, *variées de jaune* et réticulées de noir; supérieures ayant la deuxième bande anté-terminale étroite, maculaire et souvent marquée de points jaunes; inférieures ayant la même bande large, continue et marquée *d'une série de points noirs.* Dessous des inférieures *d'un fauve roussâtre pâle*, avec trois bandes d'un jaune très-clair, liserées de noir, dont l'antérieure très-maculaire, la médiane étroite *et n'étant traversée d'aucune ligne*, et la postérieure *terminale*, traversée d'une petite ligne noire et surmontée *d'un rang de points noirs cerclés de jaune.* ♀ Semblable, mais à ailes supérieures plus arrondies.	Dans presque toute l'Europe, dans les bois. En mai et août. Chenille noire, avec trois bandes longitudinales et maculaires composées de petits points blancs; pattes membraneuses fauves. Tête et épines noires. Vit, en société dans le jeune âge, sur la *Scabiosa succisa.* En avril, juillet et septembre. Chrysalide d'un blanc jaunâtre, avec des taches noires et des taches fauves.	Elle est très-commune dans les bois un peu étendus. Sa chenille, qu'on confondrait d'abord avec celle de *Cinxia*, en diffère par sa tête, qui est fauve chez cette dernière. Le papillon varie beaucoup, surtout pour les couleurs du fond, qui sont souvent confondues ensemble.
MEROPE. *De Prun.* Dup. *Suppl.* pl. 21. fig. 1-2. Treits. *Suppl.* p. 4.	Plus petite : toutes les taches, à l'exception de la série qui porte les points aux inférieures et deux ou trois autres à la base, sont d'un jaune pâle et comme étiolé.	Hautes Alpes de la Suisse, de la Savoie, du Piémont. En juillet et août	M. Bugnion, de Lausanne, nous mande que cette espèce diffère d'*Artemis* par son vol et ses mœurs, qui res-

Bdv. *Icon.* pl. 22. fig. 6-7. *Artemis.* Hub. 653.			semblent davantage à ceux de *Cynthia* ; il la considère comme espèce distincte : nous attendrons pour partager son avis la découverte de la chenille.	
PROVINCIALIS. Bdv.		Provence, Suisse.	Nous n'avons pas vu cette Mélitée, que M. Bdv. rapporte à l'*Artemis* dans son *Index* et qu'on nous assure n'en être qu'une variété méridionale. Elle est plus grande que les individus ordinaires.	

(96) *Chenilles complétement dépourvues d'épines ou de tubercules, et ayant l'extrémité de l'abdomen divisée en deux pointes* *. — *Cellule discoïdale des secondes ailes toujours fermée.* . . . . (97)

(97) Genre XVI. SATYRUS (SATYRE). **

(Lat. God. — *Hipparchia.* Ochs. Tr. — *Erebia.* Dalm. — *Satyrides* (tribu des) Bdv.)

Caractères principaux. — *Chenille assez courte, un peu renflée au milieu, très-atténuée postérieurement, ayant l'anus garni de deux pointes formant une petite fourche.* — *Chrysalide assez ramassée, peu anguleuse ou tout-à-fait obtuse.* — *Palpes assez grêles, hérissés de poils en avant, comprimés latéralement et dépassant le chaperon.* — *Antennes de forme variable.*

Caractères secondaires. — *Chenilles vivant exclusivement de graminées, presque toujours rugueuses et pubescentes, quelquefois rases.* — *Taille variable.* — *Ailes assez arrondies, souvent dentées ; les supérieures ayant à l'angle apical un petit œil visible en dessous, plus ou moins apparent en dessus, et très-souvent l'une ou l'autre des principales nervures renflée à sa base ; les inférieures ayant en dessous trois lignes plus ou moins visibles (quelquefois effacées), et dont les deux intérieures forment souvent entre elles une bande plus foncée* ***. — *Vol irrégulier, peu soutenu.* — *Ailes supérieures plus ou moins cachées par les inférieures dans le repos.* . . . . (98)

(98) **** { Antennes n'étant pas bien nettement annelées de blanc dans toute leur longueur. . . . . (99)
Antennes très-distinctement annelées de blanc dans toute leur longueur en dessus et en dessous. . . . . (118)

(99) *Antennes n'étant pas bien nettement annelées de blanc dans toute leur longueur.* . . (100)

(100) {
Chenille pubescente. — Nervure costale seule renflée à la base des supérieures. — Antennes épaisses, longues, droites, à massue grossissant insensiblement et fusiforme. — Ailes dentées, blanches, avec des dessins et taches noirs. — Taille un peu au-dessus de la moyenne. . . . . (101)
Chenille pubescente. — Aucune des trois nervures des supérieures n'étant bien sensiblement renflée à la base. — Antennes grêles, à massue oblongue, ovale, aplatie. — Ailes rarement dentées, arrondies, d'un brun foncé ou noir, ayant presque toujours de larges bandes anté-terminales d'un roux ferrugineux, chargées de points ou d'yeux noirs. — Taille moyenne ou au-dessous. . . . . (105)
Chenille glabre. — Nervure costale très-renflée à la base, la médiane seulement un peu dilatée. — Antennes grêles, à massue pyriforme. — Ailes arrondies, d'un brun-noir uni dans les mâles. — Taille au-dessus de la moyenne. (109)
Chenille glabre. — Nervures costale et médiane également très-renflées à leur base ; couleurs variées. — Taille moyenne et au-dessus. . . . . (110)

* Nous devons faire observer que, dans le genre suivant, les Chrysalides ne sont pas toujours suspendues par la queue. Quelquefois elles ne sont fixées par aucun lien et posées immédiatement sur la terre sous des touffes d'herbes, quelquefois même elles sont enterrées peu profondément. Ces espèces forment donc une exception dans les Nymphalides, comme le genre *Parnassius* dans les Papillonides, et nous fournissent de nouveau la preuve que la nature se refuse à toute espèce de classification absolue.

** Nous aurions voulu pouvoir adopter quelques-uns des genres qu'on a créés aux dépens de celui si nombreux des Satyres ; mais ces genres, appuyés seulement sur la conformité du *facies* des insectes parfaits, nous ont paru avoir des bases trop peu solides, et nous nous sommes bornés, à l'exemple de M. Duponchel, à diviser le genre *Satyrus* en groupes dont nous lui avons emprunté la majeure partie, sans pour cela les caractériser toujours comme lui.

*** Pour abréger le plus possible nos descriptions, nous nommerons *ligne basilaire* celle qui est la plus rapprochée de la base, *ligne médiane* celle qu'on remarque vers le milieu de l'aile et qui est souvent éclairée de blanc, et *ligne anté-terminale* celle qui longe le bord terminal et qui est souvent interrompue. Ces lignes déterminent presque toujours les dessins des ailes inférieures, et avec un peu d'attention on en retrouvera la trace chez presque tous les *Satyrus*. La basilaire est la seule qui disparaisse parfois complétement. (*Voyez* la planche explicative.)

**** Ces deux divisions sont très-artificielles et souffrent quelques exceptions, surtout dans certaines femelles de Negres (*Erebia.* Bdv.). Nous ne les donnons donc que comme un moyen de scinder un peu les groupes nombreux qui composent ce genre, afin d'en rendre la recherche plus facile aux commençants.

(101) *Chenille pubescente.* — *Nervure costale (des supérieures) seule renflée à la base.* — *Antennes épaisses, longues, droites, à massue grossissant insensiblement et fusiforme.* — *Ailes dentées blanches, avec des dessins et des taches noirs.* — *Taille un peu au-dessus de la moyenne.*

Genre ARGE. Bdv. — *Hipparchia.* fam. D. Ochs. — *Satyres Leucomelaniens.* Lefebv. — Les *Graminicoles.* Dup. *Satyres blancs* vulgairement. (102)

(102) {Ligne noire terminale des secondes ailes n'étant jamais double. . . . . (103)
Ligne noire terminale des secondes ailes toujours double. . . . . (104)

(103) *Ligne noire terminale des secondes ailes n'étant jamais double.*

LACHESIS. Ochs. Bdv. Hub. 186-189. God. pl. 19 s. fig. 1-2. *Le Demi-Deuil.* var. Engram. fig. 60 e. f. pl. 30.	Envergure, 55 mill. — Ailes d'un blanc un peu jaunâtre, avec la base à *peine grisâtre et sans taches*, et des dessins noirs. Côte des supérieures blanche ou seulement un peu grisâtre dans les deux sexes. Tache du disque des premières ailes nettement exprimée, et figurant grossièrement une boule appuyée sur l'extrémité d'un rectangle assez long. Dessous des inférieures avec des dessins gris formant une bande médiane *interrompue au milieu*, et cinq yeux anté-terminaux pupillés de bleu pâle. ♀ Plus grande, et ayant le dessous des inférieures lavé de jaune d'ocre.	Sud-Ouest de la France et de l'Europe, environs de Nîmes, de Perpignan, etc. En mai et juin.	Il est commun dans les pays qu'il habite. Nous l'avons récolté abondamment près de Montpellier. La base de ses quatre ailes le fait distinguer au premier coup d'œil de ses congénères. Godart s'est trompé en disant qu'Engramelle n'a pas connu cette espèce, c'est elle sans nul doute que représente sa figure 60. e. f.
GALATHEA. Lin. Fab. Hub. 183-184. God. pl. 8. fig. 2. *Galatea.* Ochs. Bdv. *Le Demi-Deuil.* Engr.	Envergure, 47 mill. — Ailes d'un blanc *soufré*, avec des taches noires et la base de la même couleur entourant le commencement de la cellule, qui est de la couleur du fond; tache annulaire* *n'étant jamais arrondie* ni évidée au milieu; un petit point noir au sommet des supérieures, souvent confus en dessus et parfois ocellé en dessous. Bordure noire des secondes ailes bien marquée, nettement coupée supérieurement et renfermant les yeux, qui sont peu visibles en dessus, très-visibles mais fort peu épais en dessous. Bande médiane du dessous des mêmes ailes *interrompue au milieu.* ♀ Plus grande, et ayant le dessous des inférieures et la côte des supérieures lavés de jaune d'ocre roussâtre.	Habite presque toute l'Europe, dans les bois secs et herbus. En juin et juillet. Chenille verte ou roussâtre, avec une ligne dorsale plus foncée et plusieurs autres lignes latérales semblables, dont quelques-unes liserées de couleur pâle, et entre lesquelles se voit un espace livide renfermant les stigmates, qui sont roux et marqués d'un point noir; tête et pattes écailleuses roussâtres, membraneuses de la couleur du fond. Vit en avril et mai sur les graminées. Chrysalide épaisse, obtuse, à ventre renflé, d'un gris roussâtre, avec l'enveloppe des ailes plus claire et un stigmate noir très-saillant à leur naissance. Non suspendue et cachée sous des touffes d'herbes.	Il est très-commun. Le blanc et le noir dominent plus ou moins suivant la latitude, et constituent les variétés suivantes.

* M. Lefebvre a donné le nom de *tache annulaire* à celle qui est à l'extrémité de la cellule des supérieures et qui s'appuie sur une autre tache souvent carrée. L'ensemble de ces deux taches, qui sont toujours plus ou moins réunies, forme la tache discoïdale; nous comprenons en général sous ce dernier nom toute tache qui se trouve sur le milieu de l'aile. (*Voyez* la planche explicative.)

LEUCOMELAS*. Esp. Bork. Hub. 517-518. Bdv. *Ic.* pl. 25. fig. 3-4. Dup. *Suppl.* pl. 45. fig. 3-4.	Le dessous des inférieures est d'un jaunâtre ou d'un jaune ochracé uniforme (suivant le sexe), et les dessins y ont presque complétement disparu, surtout les yeux. Le dessus est souvent aussi plus chargé de noir.	Hongrie, Croatie, midi de la France.	C'est surtout des femelles qu'on rencontre dans cette variété, et les mâles sont très-rares.
GALENE. Ochs. *Galatea.* var. Ochs. Tr.	Diffère de *Galathea*, en ce que la bande anté-marginale du dessous des inférieures est maculaire et sans yeux. Cette variété se rapproche beaucoup de *Leucomelas*; mais ce sont surtout des mâles qu'on rencontre, tandis que c'est le contraire chez la première.		Elle avait été érigée en espèce par Ochs., qui plus tard la rapporta à *Galatea*. M. Treitschke l'a trouvée plusieurs fois accouplée avec *Galatea* ainsi que *Leucomelas*.
PROCIDA. Herbst. Hub. 658-659. Bdv. *Icon.* pl. 25. fig. 5-6. Dup. *Suppl.* pl. 45. fig. 5-6. *Galaxera.* Esp.	Tantôt de même taille que *Galathea* et tantôt un peu plus grand. Le noir domine bien davantage sur ses quatre ailes et absorbe presque complétement en dessus les taches blanches anté-marginales.	Piémont, Italie, midi et quelquefois centre de la France.	Nous l'avons pris aux environs de Chartres. Les individus qu'on prend dans le îles de la Grèce et aux environs de Constantinople sont particulièrement très-grands et très-chargés de noir.
HERTA. Dahl. Hub. 900-903. Bdv. *Icon.* pl. 28. fig. 1-3. Treits. *Suppl.* p. 39. *Larissa.* Lefeb. *Ann. de la Soc. Entom. de France.* pl. 2. fig. 5.	Envergure, 52 mill. — Ailes d'un blanc assez pur, avec la base d'un gris obscur et des taches noires. Supérieures ayant à l'angle anal un point noir et dans la cellule une petite ligne *étroite*, *filiforme*, *coudée au milieu*; tache annulaire arrondie, plus claire au centre; lunules anté-terminales des inférieures grandes, bien marquées et surmontées de deux ou trois yeux placés sur une bande noire plus ou moins épaisse et qui remonte presque sans interruption jusqu'à la côte. Dessous des supérieures n'ayant de bien marqué en noir que l'angle interne et la ligne médiane. Dessous des inférieures avec les lignes basilaire et médiane bien marquées en noir et formant une bande *non interrompue* depuis la côte jusqu'à l'angle anal; ligne anté-terminale nette, et surmontée des yeux, qui sont grands et bien marqués. Antennes noires, à massue souvent blanchâtre, avec l'extrémité ferrugineuse. ♀ Plus grande, plus jaunâtre et un peu plus marquée de noir que le mâle.	Dalmatie, Grèce, Morée, Turquie, etc. En juin.	Cette espèce, connue dans beaucoup de collections sous le nom de *Larissa*, était désignée depuis très-longtemps sous celui de *Herta* par Dahl, suivant le témoignagne de M. Boisduval, qui le lui restitue. Nous avons suivi son exemple. NOTA. Plusieurs auteurs modernes donnent sous les noms de *Darceti*, *Titea* et *Hylata*, un satyre voisin de celui-ci; mais ils lui assignent tous pour patrie la Syrie et le Mont-Liban. Il sort donc tout-à-fait de notre cadre, malgré la ressemblance de son *facies* avec celui des espèces de cette section.

* M. Boisduval dit, en parlant de ce Satyre, qu'il est une variété *accidentelle et constante* du *Galathea* (*Icon.*, p. 133). Sans prétendre blâmer aucunement cet entomologiste, nous devons faire observer à nos lecteurs que nous n'entendons pas ces deux expressions dans le même sens que lui, et nous prendrons occasion de cette note pour réparer une omission que nous avons faite à ce sujet dans notre préface.

Suivant nous, une variété *accidentelle* (en latin *aberratio*) est une déviation purement fortuite du type commun, un véritable monstre, qui, tout en s'éloignant quelquefois prodigieusement de l'espèce ordinaire, n'en diffère cependant au fond que par la prédominance de certains dessins, couleurs, etc., sur les autres, ou par l'étiolement de quelques-uns de ses caractères. Cette sorte de variété, qui est le fruit d'un caprice de la nature ou la suite de circonstances exceptionnelles dans lesquelles l'insecte s'est trouvé sous ses premiers etats, peut sans doute offrir quelquefois deux individus très-semblables, mais par le seul effet du hasard. Une variété constante, au contraire, forme pour ainsi dire une race à part, offrant toujours les mêmes caractères et différant constamment du type par les mêmes exceptions; elle est due à l'influence du climat ou a d'autres causes souvent inexplicables, et ne diffère d'une *espèce distincte* qu'en ce que ses premiers états sont semblables à ceux de l'espèce typique; car si elle s'en distinguait aussi constamment sous la forme de chenille et de chrysalide, elle constituerait pour nous une espèce séparée, sans que nous cherchions à nous enquérir si ces modifications sont dues à l'influence du climat ou à toute autre cause, question que nous considérons comme purement physiologique.

Il résulte de ce que nous venons de dire: 1° que nous ne saurions qualifier un lépidoptère de variété à la fois constante et accidentelle, comme le fait M. Boisduval, puisque, dans notre système, ces deux termes impliquent contradiction; 2° que l'histoire des variétés *accidentelles* est d'un intérêt très-borné pour le collecteur et l'iconographe, tandis qu'il offre au contraire un vaste champ au physiologiste; 3° que celle des variétés *constantes* intéresse au contraire les deux premiers au plus haut point, puisque de la solution des questions qu'elles font naître dépend la fixation invariable des espèces. Ces principes sont ceux qui nous guideront dans le courant de cet ouvrage, et il etait d'autant plus necessaire de les expliquer ici, qu'ils diffèrent à quelques égards de ceux adoptés par plusieurs iconographes.

LARISSA. Pareyss. Lefebv. Hub. 896-899. Bdv. pl. 28. fig. 4-6. Dup. *Suppl.* pl. 26. fig. 1-4.	Les ailes sont un peu plus jaunâtres et plus chargées de noir en dessus. Cette couleur envahit presque totalement les lunules anté-terminales, et en dessous des supérieures la ligne qui précède l'anté-terminale est presque aussi marquée de noir que la médiane.	Mêmes localités.	Cette variété est à *Herta* ce que *Procida* est à *Galathea*, et se fond insensiblement avec lui par des individus intermédiaires.
CLOTHO. Ochs. Lefebv. Hub. 190-191. Dup. *Suppl.* pl. 25. fig. 1-4. Bdv. *Icon.* pl. 25. fig. 1-2. *Arge.* Fab. God. *L'Éclair.* Engr.	Envergure, 60 mill. — Ailes d'un blanc pur ou légèrement jaunâtre, avec la base obscure, et une bordure anté-terminale *réduite à une simple ligne* et découpant des lunules grandes et bien marquées; supérieures *un peu anguleuses au sommet*, où elles sont marquées d'un point noir précédé d'une ligne courte, et ayant une petite ligne *en zig-zag* dans la cellule avant la tache annulaire, qui est arrondie, évidée au milieu et qui commence une espèce de bande étroite, très-sinuée et irrégulière, dont on voit une semblable sur le disque des inférieures (où elle est souvent coupée de petites taches blanches). Yeux anté-marginaux bien pupillés et entourés seulement d'un léger cercle noirâtre. Dessous des inférieures ne différant du dessus que par la bande médiane, qui est vide au milieu, et les yeux qui sont bien plus marqués et lavés de jaune; antennes ferrugineuses en dessous et au sommet. ♀ Plus grande.	Russie, Hongrie, Piémont, Calabre. En juin et juillet.	Cette jolie espèce, une des plus tranchées de cette division, commence à se répandre dans les collections.
CLEANTHE. Bdv. *Icon.* pl. 26. fig. 1-3. *Clotho.* var. Lefebv. Dup. *Suppl.* pl. 25. fig. 5-6.	Plus petit; base des ailes plus noire et plus couverte de poils, les supérieures *moins anguleuses au sommet*, ligne en zig-zag plus épaisse et brisée au milieu, tache annulaire des supérieures ayant la partie postérieure en carré long, dessins généralement plus épais; yeux des inférieures saupoudrés de noir à l'entour. Ailes d'un blanc très-pur, rarement jaunâtre en dessous. ♀ Un peu plus grande et plus marquée de noir.	Alpes de la France. Environs de Digne.	On distingue souvent aussi dans ce Satyre un petit point noir intermédiaire s'alignant avec les yeux des inférieures tant en dessus qu'en dessous. Il est possible qu'il doive constituer une espèce séparée, ce que la connaissance de sa chenille nous apprendra.
LYSSIANASSA. Dahl. *Atropos.* Hub. 192-193. *Clotho.* var. Lef. Bdv.	Taille de *Lachesis*; ailes de même forme que celles de *Cleanthe*, mais ayant au contraire le fond d'un blanc très-jaunâtre; taches noires, généralement plus dilatées en dessus et altérant par conséquent beaucoup la pureté de la ligne anté-terminale et la netteté des lunules blanches. Yeux des inférieures très-entourés d'atomes noirs. ♀ Analogue.	Sicile, Calabre.	Nous croyons devoir considérer comme identiques le *Lyssianassa* de Dahl et l'*Atropos* d'Hubner. Ils ont un facies assez différent de *Clotho*, mais on les reconnaîtra toujours au moyen de la ligne en zig-zag des ailes supérieures.

(104) *Ligne noire terminale des secondes ailes toujours double.*

ARGE. Ochs. Herbst. Lef. Dup. *Suppl.* pl. 26. fig. 5-6.	Envergure, 52 mill.—Ailes blanches, arrondies, grisâtres à la base, avec la ligne anté-terminale très-peu empâtée de noir aux supérieures, très-nette aux inférieures, et découpant des lunules blanches, larges et bien marquées; su-	Calabre, Sicile, Italie méridionale. En juin.	Cette belle espèce est celle de toute la section où le blanc domine le plus. Elle est rare dans les collections et offre un assez

AMPHITRITE *. God. Hub. 194-195. Bdv. *Icon.* pl. 27. fig. 1-2. *Le Demi-Deuil aux yeux bleus.* Engr.	périeures ayant dans la cellule une tache noire, *virgulaire et n'atteignant pas la nervure médiane.* Tache annulaire irrégulière, anguleuse intérieurement, évidée au centre et jetant à sa partie postérieure *un simple rameau* sinué, aigu par en bas. Tache noire apicale marquée *d'un ou deux points assez larges d'un beau bleu.* Dessous des inférieures marqué des yeux ordinaires, qui sont roux, pupillés de bleu et cerclés de jaune et de brun, et de deux lignes brunes partant de la côte et formant près du bord abdominal une espèce de parenthèse. Tous ces caractères se répètent en dessus, mais les lignes ne s'y voient qu'en transparence. ♀ Plus grande et encore moins marquée de noir.		grand nombre de variétés, soit pour le nombre et la grandeur des yeux, soit pour la netteté et l'intensité des dessins.
PHERUSA. Dahl. Bdv. *Icon.* pl. 26. fig. 4-6. *Psyche.* var. Lefebv. *Arge.* var. Treitschke.	Diffère d'*Arge* par le noir, qui domine davantage surtout à la base, par la tache noire du bord interne des supérieures, qui est plus large et se lie avec les précédentes, par la ligne anté-terminale qui forme des lunules plus aiguës, et en ce que tous les yeux, tant aux supérieures qu'aux inférieures, sont réduits à de simples points dont les deux de la côte des supérieures plus petits. En dessous ce satyre se rapproche beaucoup de *Psyche*, dont il ne diffère que par les dessins roux plus étroits, plus pâles, surtout aux inférieures, où toutes les lignes sont bien moins prononcées et où les yeux sont plus petits et presque isolés. ♀ Plus grande, ayant les dessins plus marqués, les yeux plus grands et souvent pupillés en dessus.	Sicile.	Il participe à la fois d'*Arge* et de *Psyche.* Nous en avons vu quatre exemplaires, deux pris par M. Lefebvre en Sicile, et qui se rapprochaient beaucoup de *Psyche*, et deux autres envoyés par Dahl et qui ont plus de rapports avec *Arge*. Il nous serait donc fort difficile de trancher la question qui partage à ce sujet deux de nos plus savants entomologistes; mais M. Treitschke, qui a comparé un très-grand nombre d'individus, pense que le *Pherusa* n'est qu'une variété d'*Arge*, avec lequel nous devons dire qu'il a beaucoup de rapports, surtout par la ligne intra-cellulaire.
PSYCHE. God. pl. 19 s. fig. 3-4. Hub. 198-199. Var. accid. 676-677. 696-697. *Syllius.* Ochs.	Envergure, 50 mill. — Ailes un peu allongées, d'un blanc pur; supérieures ayant le bord interne noirâtre, une bordure anté-marginale assez large, surtout à l'angle interne, découpant des lunules petites et inégales, et dans le milieu de la cellule une ligne sinuée, terminée supérieurement en crochet *et se joignant inférieurement à la tache annulaire,* qui est arrondie, bien évidée au milieu et appuyée sur une tache carrée à partie inférieure virgulaire; inférieures ayant la double ligne marginale surmontée d'anneaux noirs, sur lesquels sont les yeux, grands, bien pupillés et saupoudrés à l'entour de noirâtre. Dessous des supérieures avec les nervures, la bordure, les anneaux, deux lignes partant de la côte, deux parenthèses au	Midi de la France, Dalmatie, Sardaigne, etc. En juin et juillet.	Il n'est pas rare aux environs de Montpellier.

* Les personnes qui adopteront le genre *Arge* de M. Boisduval devront prendre ce dernier nom pour éviter la répétition.

	bord abdominal *d'un brun ferrugineux*, et les yeux très-grands, d'un roux pâle, pupillés de bleu, cerclés de jaunâtre et entourés de brun. *Antennes très noires.* ♀ Semblable, mais à dessins plus épais.		
IXORA. Bdv. *Icon.* pl. 27. fig. 3-4. *Psyche.* Hub. 694-695?	Un peu plus empâté de noir au bord terminal des supérieures et sans yeux tant en dessus qu'en dessous.	Midi de la France et de l'Europe.	Variété *accidentelle* pour laquelle on pouvait s'épargner la peine de créer un nom; la fig. 694-695 d'Hub. a beaucoup d'analogie avec elle.
INÈS. Hoffm. Lefeb. Dup. *Suppl.* pl. 24. fig. 1-4. Bdv *Icon.* pl. 27. fig. 5-6. *Thetis.* Hub. 196-197.	Envergure, 47 mill.—Ailes blanches, d'un gris obscur à la base; les supérieures avec la ligne anté-terminale très empâtée de noir et découpant des lunules petites et inégales; milieu de la cellule marqué d'une ligne noire, *épaisse, coudée et anguleuse au milieu et atteignant les deux nervures*, contiguë inférieurement à une autre plus fine qui va rejoindre le gris du bord interne. Dessous des supérieures avec des dessins noirs bien marqués, *la côte striée de noir* et un œil apical ferrugineux. Dessous des inférieures avec deux lignes noires médianes, dont l'extérieure plus longue et répétée en dessus et cinq yeux *vivement colorés*, rouges, à prunelle bleue et cerclés de jaune et de noir; *antennes fauves en dessous.* ♀ Plus grande, plus jaunâtre et ayant le dessous des inférieures ochracé.	Espagne et Portugal.	Il est très-rare dans les collections.

(105) *Chenille pubescente.— Aucune des trois nervures des supérieures n'étant bien sensiblement renflée à la base.—Antennes grêles, à massue oblongue, ovale, aplatie.— Ailes rarement dentées, arrondies, d'un brun foncé ou noir, ayant presque toujours de larges bandes anté-terminales d'un roux ferrugineux chargées de points ou d'yeux noirs. — Taille moyenne ou au-dessous.*

Genre EREBIA. Bdv. — *Hipparchia.* fam. E. F. Ochs. — *Satyres mélaniens.* Lefeb. — Les *Alpicoles.* Dup. — *Satyres nègres* vulgairement. . . . . (106)

(106) { Frange des quatre ailes n'étant pas entrecoupée de gris et de noir, du moins dans les mâles. . . . . . (107)
Frange des quatre ailes entrecoupée de gris et de noir dans les deux sexes. . . . . (108)

(107) *Frange des quatre ailes n'étant pas entrecoupée de gris et de noir, du moins dans les mâles.*

CASSIOPE. Fab. Ochs. Bdv. Hub. 626-629. God. pl. 15 o. fig. 1-2. *Le petit Nègre à bandes fauves.* Engr.	*Envergure*, 33 *mill.* — Ailes d'un brun noir, les supérieures avec une bande ferrugineuse, un peu maculaire, peu tranchée, marquée de trois à quatre points noirs *non ocellés* dont les apicaux plus gros et le troisième rejeté vers le bord; inférieures avec une série de taches petites, arrondies, marquées chacune d'un point noir *non ocellé*. Dessous des supérieures ne différant du dessus qu'en ce que les taches ferrugineuses y sont confluentes. Dessous des inférieures *avec la base plus foncée jusqu'au-delà du milieu*, mais sans bande sensible, avec les points du dessus rarement cerclés de ferrugineux. ♀ Un peu plus pâle, ayant les points	Styrie, Pyrénées, Alpes de la Suisse, du Tyrol, etc. En juillet.	Habite à une assez grande élévation et varie assez, principalement pour les ailes inférieures, dont les points noirs sont souvent oblitérés, surtout en dessus. Il n'est pas très-commun, les femelles surtout sont difficiles à obtenir.

	noirs plus apparents, le disque du dessous des supérieures roussâtre et le fond de cette surface d'un brun plus jaunâtre.		
NELAMUS. Bdv. var. *Cassiope*.	Nous ne l'avons pas vu. Il ne diffère, dit-on, qu'en ce que les points noirs sont en totalité ou en partie effacés.	Alpes du Dauphiné.	
EPIPHRON. Knoch. Ochs. Treits. *Janthe*. Hub. 402? God. pl. 16 P. fig. 3-4?	Les points des ailes supérieures sont généralement plus sentis, souvent pupillés de blanc, et le troisième est aligné avec les autres au lieu d'être rejeté en arrière; les points des femelles sont presque toujours pupillés de blanc.	Montagnes du Hartz, clairières des bois de sapin, dans les lieux exposés au soleil.	Les différences que nous signalons ici ont été observées par M. Lefebvre sur les individus du musée de Vienne et sur ceux de la collection de M. Treitschke, qui en tenait un de Knoch et d'Ochs. Pour nous, on nous a communiqué quatre *Epiphron*; mais deux ne différaient point de *Cassiope*, et les deux autres étaient des *Melampus*. Nous ne saurions donc regarder cette espèce comme bien authentique, d'autant plus que M. Treitschke lui-même dit dans son supplément qu'elle n'est probablement qu'une variété locale de *Cassiope*, assertion que confirme encore sa rareté et la localité circonscrite dans laquelle on l'a trouvée jusqu'ici.
MELAMPUS. Ochs. God. pl. 16 P. fig. 5-6. Bdv. *Icon*. pl. 35. fig. 5-6. *Janthe*. Hub. 624-625. *Le Montagnard*. Engr.	*Envergure*, 30 *mill*.—Ailes d'un brun noir; les supérieures avec une bande ferrugineuse, divisée par les nervures en taches presque rectangulaires, dont trois ou quatre marquées d'*un très-petit point noir*, les inférieures avec une bande semblable, mais dont les taches sont bien plus arrondies, surtout les anales, et marquées aussi de points noirs. Dessous d'un brun roux, avec les mêmes taches, mais plus claires et ordinairement plus incertaines, vu le moins d'intensité du fond, surtout vers le disque des supérieures. ♀ D'un brun moins foncé; plus ponctuée, avec le disque des supérieures plus roux et les inférieures grisâtres en dessous.	Prairies des Alpes de la Suisse, de la Savoie, de la France, du Tyrol, de la Carinthie, etc. En juillet.	Sa petite taille est son principal caractère distinctif, car il varie assez pour la forme de la bande ferrugineuse. Il aime à se poser sur les fleurs, et se laisse aborder et prendre assez facilement.
PHARTE. Ochs. God. Hub. 491-494. Bdv. *Icon*. pl. 35. fig. 7-8. Dup. *Suppl*. pl. 34. fig. 1-2.	Un peu plus grand. Taches ferrugineuses tout-à-fait dépourvues de points noirs, celles des ailes supérieures étant encore plus rectangulaires que dans *Melampus*, celles des inférieures un peu ovales, l'anale toujours plus petite et manquant quelquefois complétement.	Mêmes époques et localités.	Mêmes mœurs que *Melampus*. Cette variété étant très-constante, il est possible qu'elle doive former une espèce; mais on ne pourra décider cette question que lorsqu'on connaîtra les chenilles.

MNESTRA. Ochs. God. Hub. 540-543. Bdv. *Icon.* pl. 35. fig. 1-4. Dup. *Suppl.* pl. 34. fig. 3-4.	Envergure, 32 mill.—Ailes arrondies, d'un brun noir; supérieures avec une bande ferrugineuse *s'étendant sur le disque du côté interne*, coupée par les nervures en taches rectangulaires presque égales, dont la deuxième et la troisième souvent marquées chacune d'un point noir très petit; inférieures avec une bande semblable, mais plus courte et sans points noirs. Dessous des supérieures avec *tout le disque ferrugineux* et la côte et une bande marginale *bien arrêtée*, d'un brun clair teinté de roussâtre. Dessous des inférieures du même brun, avec un sentiment de bande anté-terminale. ♀ D'un brun plus clair, avec la bande plus pâle, visible en dessous et marquée de part et d'autre, aux supérieures, de deux gros points ordinairement oculés et souvent aux inférieures, en dessus seulement, de trois points semblables.	Prairies des montagnes de la Suisse et de la Savoie. En juillet.	On le rencontre dans quelques localités des alpes des cantons de Berne, Uri et Valais, mais sa véritable patrie est la Savoie, dans le voisinage du Mont-Blanc. Il n'habite point le Jura. On trouve souvent une variété mâle, absolument sans points noirs; nous en avons plusieurs sous les yeux. Il n'est pas très-commun.
MNEMON. Haw.		Ecosse.	Nous n'avons pas vu cette variété.
PYRRHA. Ochs. Bdv. Hub. 235-236. 616. God. pl. 15. fig. 3-4. Sat. *Machabée.* God. *Encycl.* *Le petit Nègre hongrois.* Engr.	Envergure, 40 mill.—Ailes d'un brun noir (les inférieures légèrement polygonées), avec une bande ferrugineuse, formant aux supérieures des taches ovales, dont les deux premières et quelquefois la quatrième marquées d'un point noir, et aux inférieures de petites taches rondes, souvent marquées chacune d'un point noir. Dessous d'un brun *mêlé de ferrugineux* avec les mêmes bandes, mais *plus claires*, surtout aux inférieures, où elles forment *une bande* d'un fauve jaunâtre, *large, souvent continue et plus prononcée à la côte*, ces dernières ailes ayant souvent aussi *à la base deux ou trois taches* ferrugineuses. ♀ Plus pâle, ayant le dessous des inférieures d'un brun jaunâtre, avec la bande toujours continue et d'un jaune d'ocre, et la base du même ton et dessinant par en haut la ligne basilaire.	Styrie, Carinthie, Hongrie, Suisse, Alpes, Pyrénées, etc., etc. En juillet et août.	Ce Satyre est assez commun dans les Alpes de la Suisse. Il n'habite pas à une grande élévation; son vol a quelques rapports avec celui de *Blandina.* Peu de Satyres nègres varient autant que lui; les individus des Pyrénées, du Piémont et de l'Auvergne sont ordinairement moins marqués de fauve et constituent souvent la variété suivante.
CŒCILIA. Hub. 213-214. Bdv. *Icon.* pl. 33. fig. 5-6. Dup. *Suppl.* pl. 48. fig. 1-2.	Diffère de *Pyrrha* en ce qu'il est entièrement d'un brun terne en dessus et en dessous, sans aucune tache; quelquefois cependant on remarque quelques petits traits fauves en dessous, à la place qu'occupent ordinairement les bandes, surtout dans la femelle.	Mêmes localités, mais particulièrement Pyrénées, et surtout Auvergne.	Il n'est bien certainement qu'une variété de *Pyrrha*, avec lequel il se lie par une foule de variétés intermédiaires.
BUBASTIS. Meisner. (Trans. de la Soc. Helvét., an. 1827, p. 78.)		Alpes de la Suisse.	Nous ne l'avons point vu en nature; mais M. Treitschke assure qu'il n'est qu'une simple variété de *Pyrrha.*
ŒME. Ochs. God. Hub. 530-533. Bdv. *Icon.* pl. 34. fig. 5-8.	Envergure, 38 mill.—Ailes entières, *un peu oblongues*, d'un brun noir; les supérieures marquées à l'angle apical d'*une* tache ferrugineuse, géminée, portant deux petits yeux noirs qui se répètent toujours en dessous. Dessous d'un	Alpes de la France, de la Suisse, du Tyrol et de la Savoie. Fin de juin et premiers jours de juillet.	Il habite les mêmes localités que *Pyrrha*, mais il est moins répandu; il le précède et dure peu de temps. Nous possédons une va-

Dup. *Suppl.* pl. 34. fig. 5-8.	brun un peu plus terne que le dessus, *uni, sans aucune bande;* les inférieures ayant ordinairement en dessus et en dessous quatre taches ferrugineuses rondes, marquées chacune d'un œil noir dont le deuxième et le quatrième (en partant de la côte) plus grands. ♀ Plus pâle, ayant les yeux bien plus marqués, surtout aux inférieures. Dessous plus jaunâtre et un peu roux sur le disque, aux supérieures.		riété qui est entièrement dépourvue d'yeux en dessus.
CETO. Hub. 578-579. Ochs. Bdv. God. pl. 16 P. fig. 1-2.	Envergure, 40 mill.—Ailes d'un brun noirâtre, *un peu plus intense et très-fourni de poils à la base,* avec une série de taches ferrugineuses, *petites, oblongues,* et dont plusieurs *aiguës du côté interne,* et chargées chacune d'un *petit* œil noir pupillé de blanc et au nombre ordinairement de six sur chaque aile. Dessous plus terne et offrant les mêmes caractères; les inférieures sans bande sensible. ♀ Plus grande, plus pâle, ayant les taches plus jaunes et les ailes inférieures légèrement polygonées.	Alpes du Dauphiné, de la Suisse et du Tyrol. En juillet.	Cette espèce n'est pas commune et ses localités sont assez restreintes en Suisse. Son vol est analogue à celui de *Blandina.* Elle aime à se poser sur les fleurs et se laisse approcher facilement.
MEDUSA. Fab. Ochs. Bdv. Hub. 203-204. God. pl. 15 o. fig. 5-6? *Le Franconien.* Engr.	Envergure, 42 mill.—Ailes entières, arrondies, d'un brun noir, avec une bande maculaire d'un ferrugineux plus ou moins jaunâtre, composée de taches dont les premières, quatrième et sixième plus petites aux ailes supérieures, quand elles y existent, et les deux dernières *très-arrondies et très-isolées* et dont les deuxième, troisième et cinquième (quelquefois même la sixième) chargées chacune d'un œil noir, dont ceux du sommet rapprochés, mais non confluents; inférieures ayant trois à quatre taches anté-terminales fauves, arrondies, assez égales et chargées chacune d'un œil noir. Dessous d'un brun un peu moins intense, un peu teinté de roux et offrant les mêmes caractères que le dessus, seulement les yeux apicaux des supérieures sont souvent seuls visibles *et toujours séparés.* ♀ D'un brun plus pâle et plus jaunâtre, avec les taches fauves plus pâles et les yeux plus grands.	Allemagne, Suisse, est de la France, etc., dans les bois élevés. En mai et juin. Chenille d'un vert tendre, avec une bande dorsale d'un vert foncé liserée de blanc et trois autres lignes latérales du même vert dont l'inférieure également liserée de blanc; tête et pattes vertes. Vit en avril et mai sur le *Panicum sanguinale.*	Il n'est pas rare. On le trouve d'ordinaire dans les prairies des montagnes, cependant il descend quelquefois en plaine. Il varie beaucoup, surtout pour le nombre des taches fauves, et pour le ton de leur couleur. N'ayant pas vu en nature l'individu figuré par Godart, nous ne savons si c'est une variété de *Medusa* ou bien un *Ceto* mâle.
HIPPOMEDUSA.	N'en diffère que par une taille beaucoup plus petite.	Alpes de la Styrie.	
PSODEA. Ochs. God. Hub. 497-499. Bdv. *Icon.* pl. 34. fig. 3-4. Dup. *Suppl.* pl. 40. fig. 1-2. *Eumenis.* Dahl.	Les taches fauves sont plus grandes, presque contiguës; aux supérieures elles portent cinq yeux, dont les deux apicaux beaucoup plus grands, confluents et surmontés souvent d'un sixième plus petit; les inférieures ont également les yeux plus grands. Le dessous est un peu plus terne et les inférieures y sont marquées de six yeux. ♀ Plus pâle, plus jaunâtre, avec les taches fauves plus grandes, plus pâles et les yeux plus grands.	Styrie et Hongrie. En juillet.	L'*Eumenis* de Dahl, que nous avons sous les yeux, n'est pas même variété du *Psodea,* dont les individus diffèrent seulement un peu entre eux par la taille et la vivacité des taches fauves. Nous pensons que la connaissance de la chenille est indispensable pour séparer le *Psodea* du *Medusa,*

			dont certaines variétés se confondent avec lui.
STYGNE. Ochs. Bdv. God. pl. 14 N. fig. 1-2. *Pyrene.* Hub. 223-224.	Envergure, 42 mill.—Ailes entières, arrondies, d'un brun noir; supérieures avec une bande d'un ferrugineux *foncé*, très-légèrement sinuée extérieurement, *profondément dentée intérieurement*, ce qui la fait paraître maculaire, surtout par en bas, chargée de trois yeux, dont les deux du sommet contigus et le dernier isolé, et souvent d'un ou deux autres plus petits, dont l'un apical et plus petit, l'autre intermédiaire et souvent sans pupille. Dessus des inférieures avec une bande maculaire chargée de trois à cinq yeux. Dessous des supérieures brun, ayant la bande ferrugineuse *entière, large, bien tranchée*, et sur laquelle ne paraissent point les deux yeux accidentels du dessus. Dessous des inférieures du même brun, avec une bande anté-marginale un peu plus claire, *à peine sensible*, sur laquelle sont les yeux du dessus, mais plus petits et presque toujours sans iris ferrugineux. Antennes brunes en dessus, blanches en dessous. ♀ Plus terne, avec les yeux accidentels plus marqués en dessus et ayant en dessous le sommet des supérieures et le fond des inférieures saupoudrés de gris, qui dessine souvent sous ces dernières la ligne médiane en l'éclairant de blanchâtre, et parfois, mais plus légèrement, la basilaire.	Alpes, Pyrénées, Suisse, Tyrol, Piémont, Styrie, etc., etc. Fin de juin et courant de juillet.	Il n'est pas rare. Il a le vol et les mœurs de *Pyrrha*. Il présente une assez grande quantité de variétés surtout dans les femelles, qui sont tantôt semblables aux mâles et tantôt très-différentes.
MELAS. Ochs. God. pl. 17 Q. fig. 1-2. Bdv. *Icon.* pl. 33. fig. 3-4. Dup. *Suppl.* pl. 39. fig. 1-4.	Envergure, 47 mill. — Ailes un peu oblongues, *noires;* supérieures avec deux yeux apicaux *contigus*, très-pupillés de blanc et un troisième plus petit et isolé; inférieures avec trois yeux pareils. Dessous noir; les supérieures avec un sentiment de bande un peu plus claire et quelquefois légèrement ferrugineuse; les inférieures avec *une bande anté-terminale* à peine sensible et les yeux du dessus. ♀ D'un brun noir, avec les yeux apicaux des supérieures saupoudrés à l'entour de ferrugineux et un quatrième œil aux inférieures. Dessous des supérieures brun, à sommet cendré, avec une large bande ferrugineuse bien entière. Dessous des inférieures d'un gris cendré, strié de brun, avec la ligne médiane plus foncée et les yeux du dessus.	Montagnes de la Hongrie, environs de Media. En juin et juillet.	Il est encore rare dans les collections. Toutes les femelles que nous avons vues différaient extrêmement des mâles, ainsi qu'on peut le voir par notre description; cependant M. Boisduval dit qu'elles en diffèrent peu, ce qui fait penser que sa description a été faite sur une variété. Cette espèce est bien voisine de *Stygne*, dont elle diffère surtout par l'absence du ferrugineux; mais on nous assure que le mâle a quelquefois un léger iris de cette couleur autour des yeux apicaux. Il serait donc possible que le *Melas* fût une variété locale et très-constante de *Stygne*. Toutefois comme les auteurs modernes, et surtout M. Treitschke, qui en a vu une énorme quantité, persistent à les séparer, nous avons suivi leur

			exemple. Le *Melas* de Godart, que nous avons vu dans sa collection, est bien le véritable.
LEFEBVREI. Bdv. *Icon.* pl. 33. fig. 1-2. Dup. *Suppl.* pl. 35. fig. 3-4 et 39. fig. 5-6. Treits. *Suppl.* *Nelo.* Hub. 105-106? *Alecto.* God. pl. 14 N. fig. 5-6.	Envergure, 42 mill.—Ailes entières, d'*un noir brun ;* les inférieures sans bande fauve, les supérieures en ayant quelquefois des traces plus ou moins sensibles, avec des yeux semblables pour le nombre et la disposition à ceux de *Stygne*, mais souvent plus grands. Dessous des inférieures d'un noir *plus foncé et plus velouté qu'aux supérieures, mais sans aucune bande sensible.* Antennes d'*un noir brun* en dessus et *en dessous*, avec le côté externe de la massue teinté de gris ou de roussâtre. ♀ Plus pâle, ayant toujours la bande fauve apparente, surtout en dessous, souvent les yeux plus grands et plus nombreux et quelquefois des traces de bande sous les inférieures.	Hautes - Pyrénées, pics de Levitz et du midi, cascades de Gavarni, Pyrénées espagnoles. A la fin de juillet.	Il ressemble beaucoup au *Melas*, mais on l'en distinguera toujours facilement par les antennes et l'absence de bande sous les inférieures dans les mâles. Il est possible que le *Nelo* d'Hubner doive se rapporter au *Melas*. Quant à *Alecto* de Godart, il est d'autant plus probable qu'il se rapporte ici, qu'à son retour des Pyrénées, en 1822, M. Lefebvre, qui avait pris plusieurs *Lefebvrei*, donna une grande quantité de doubles à Godart ; l'un d'eux lui aura donc probablement servi de modèle pour sa figure d'*Alecto*. Le *Lefebvrei* est encore rare dans les collections.
ALECTO Ochs. Hub. 515-516. 528-529. Bdv. *Icon.* pl. 32. fig. 4-7. Dup. *Suppl.* pl. 33. fig. 1-4.	Envergure, 49 mill.—Ailes un peu oblongues, d'un brun noir, tantôt *sans aucune tache*, tantôt avec une légère éclaircie ferrugineuse près de l'angle apical; tantôt enfin, mais plus rarement, avec deux petits yeux apicaux à peine sensibles. Dessous des supérieures à peu près du même ton que le dessus, avec un sentiment de bande plus claire ou légèrement ferrugineuse. Dessous des inférieures d'*un noir velouté, sans bande ni taches.* ♀ Plus grande, plus claire, avec la bande fauve plus sensible et se continuant souvent sur les inférieures. Dessous des supérieures avec le disque plus ou moins rougeâtre. Dessous des inférieures d'un brun terne, un peu sablé de blanchâtre, avec une bande terminale plus claire, mais peu sensible.	Alpes de la France, de la Suisse et du Tyrol. En juin et août.	Il vole dans les endroits rocailleux les plus élevés des Hautes-Alpes, près des neiges éternelles, et n'est pas commun. Il est bien certain que cette espèce est quelquefois oculée, car M. Lefebvre a vu deux mâles qui offraient cette particularité; la figure d'Hubner n'est donc pas fautive, comme on l'a prétendu. Cette observation nous prouve de nouveau que tous les Nègres tendent à se rapprocher d'un type commun, et c'est ce qui les rend si difficiles à étudier. M. Lefebvre s'est assuré chez M. Escher que les Papillons *Glacialis* et *Tisiphone* d'Esper sont bien des *Alecto*. Quant à Godart, il n'a pas connu cette espèce.
PLUTO. Esp.	C'est à peine une variété. Il est seulement d'un ton plus foncé et sans apparence de bande.	Sommet des alpes du canton de Berne.	
ARACHNE. Fab. Bdv. Hub. 215-217. God. pl. 10 P. fig. 7-8. *Pronoe.* Ochs.	Envergure, 45 mill.—Ailes entières, un peu oblongues, d'un brun noir; les supérieures avec une bande ferrugineuse peu large, rétrécie inférieurement et chargée de trois yeux, dont les deux du sommet	Pyrénées, Hongrie, etc., etc., dans les prairies des montagnes. Première quinzaine d'août.	Il est assez répandu, et varie suivant les localités. Dans les Pyrénées et en Allemagne, il s'écarte peu de cette des-

	contigus et plus grands; les inférieures avec trois yeux plus petits, placés chacun sur une tache ronde ferrugineuse. Dessous des supérieures avec la bande plus large et *marbré de gris rosé* à l'angle apical. Dessous des inférieures sans yeux, d'*un gris rosé*, strié et ondé de de brun, avec deux bandes d'un brun rougeâtre; la première médiane, large et sinueuse, la seconde terminale et plus étroite. ♀ D'un brun plus pâle et jaunâtre, avec les yeux plus grands et l'inférieur suivi quelquefois d'un quatrième plus petit. Dessous des supérieures ayant le disque ferrugineux, la bande plus jaunâtre, le gris rosé remplacé par du gris jaunâtre et les bandes brunes plus claires et non rougeâtres.		cription; en Suisse, au contraire, il en est assez différent et constitue presque toujours la variété suivante. Le bord marginal des quatre ailes en dessus est souvent saupoudré de gris cendré.
PITHO. Hub. 574-577.	Ailes moins oblongues, bande ferrugineuse des supérieures réduite à deux taches à l'angle apical et quelquefois tout-à-fait nulle. Yeux plus petits et souvent non pupillés; inférieures sans yeux. Dessous d'un ton plus chaud. ♀ Analogue à la précédente.	Alpes de la Suisse, Jura, etc.	
BLANDINA. Fab. Bdv. God. pl. 7 *quart.* fig. 3 et 7 *quint.* fig. 3. *Æthiops.* Id. *Encycl.* *Medea.* Ochs. Hub. 220-222. *Le grand Nègre à bandes fauves.* Engr.	Envergure, 44 mill.—Ailes d'un brun noirâtre; supérieures *plus obscures sur le disque*, avec une bande ferrugineuse assez courte, *arrondie, déprimée au milieu intérieurement et extérieurement* et imitant grossièrement une semelle, sur laquelle sont quatre yeux, dont les deux supérieurs plus gros et réunis, l'inférieur isolé, et l'intermédiaire très-petit, quelquefois nul, presque toujours sans prunelle et rejeté à l'extérieur; inférieures légèrement dentées, avec trois ou quatre yeux sur autant de taches ferrugineuses. Dessous des supérieures plus clair que le dessus et mêlé de ferrugineux. Dessous des inférieures *d'un rouge brun*, avec deux bandes blanchâtres, dont l'une basilaire, l'autre antéterminale, plus apparente, sinuée, point ou peu denticulée en dedans, et sur laquelle sont les yeux du dessus, dont la pupille est seule bien apparente. ♀ Plus grande, plus claire, ayant la frange d'un blanc jaunâtre et le dessous des inférieures d'un ton jaunâtre ou verdâtre, les bandes plus blanches et plus prononcées, surtout celle de la base, et les yeux ordinairement plus apparents et s'élevant quelquefois jusqu'à cinq.	Allemagne, Suisse, est et centre de la France, etc., etc. En juillet et août.	C'est le plus commun des Satyres Nègres. Il habite la plaine et surtout les bois; il aime à se poser sur les graminées et est facile à prendre. Il dure très longtemps, puisqu'on le trouve quelquefois jusqu'à la fin de septembre. Il varie peu; aussi n'a-t-on point encore formé d'espèce à ses dépens.
NEORIDAS. Bdv. *Index. Icon.* pl. 29. fig. 1-4. Dup. *Suppl.* pl. 36. fig. 5-6. Treitsch. *Suppl.*	Envergure, 41 mill.—Ailes *très-entières*, très-arrondies, d'un brun noirâtre, avec une bande d'un fauve ferrugineuse, large aux supérieures, surtout par en haut, *un peu aiguë par en bas et atteignant presque le bord interne*, ayant quelquefois une légère échancrure à son milieu, *mais seulement du côté externe*; chargée d'yeux pareils pour le nombre	Départements de l'Isère, de la Drôme, de la Lozère et des Basses-Alpes. Depuis la fin de juin jusqu'à la mi-août.	Il a à peu près les mœurs du précédent, mais il préfère les montagnes sèches, quoiqu'il n'habite jamais à une très-grande élévation. Il n'est pas encore très-répandu dans les collections, sans doute parce

	et la disposition à ceux de *Blandina*, mais dont l'intermédiaire manque presque toujours. Inférieures marquées de trois yeux sur des taches ferrugineuses. Dessous des supérieures d'un brun un peu rougeâtre et marqué de gris cendré à l'angle apical. Dessous des inférieures d'un brun grisâtre terne, avec une bande anté-terminale plus claire, médiocrement marquée, légèrement violâtre, fortement dentée en dedans, un peu fondue extérieurement et sans yeux. ♀ Plus petite, ayant les bandes fauves plus claires, le disque des supérieures roussâtre en dessous, et les inférieures d'un gris-verdâtre pâle, avec la bande blanchâtre.		qu'on l'aura confondu avec *Blandina*, dont notre description le fera facilement distinguer.
NERINE. Treits. Bdv. pl. 31. fig. 6-7. Dup. *Suppl.* pl. 34. fig. 5-6.	Envergure, 44 mill.—Ailes entières, d'un brun noir; les supérieures un peu aiguës au sommet et ayant une bande d'un ferrugineux foncé, légèrement maculaire, un peu rétrécie inférieurement, et marquée de deux yeux contigus; les inférieures avec une bande semblable, plus maculaire, *formant* quatre taches, dont les trois postérieures marquées chacune d'un œil. Dessous des supérieures *d'un ferrugineux foncé*, avec la bande plus claire, plus large qu'en dessus et coupée nettement, *et presque droit* par le bord terminal, qui est brun. Dessous des inférieures d'un brun noir jusqu'à la ligne médiane, qui est *dentée intérieurement et suivie de quelques atomes blanchâtres*, puis un peu plus clair, avec les yeux du dessus, mais sans bande fauve. Antennes grises en dessous. ♀ Avec les ailes supérieures plus arrondies, les inférieures dentées, les quatre avec la frange entrecoupée, d'un brun beaucoup plus clair et plus jaunâtre que le mâle, les bandes fauves moins rouges, moins maculaires; les yeux du sommet plus grands, réunis et accompagnés ordinairement d'un troisième plus bas. Dessous des supérieures d'un fauve jaunâtre à sommet gris; dessous des inférieures gris jusqu'à la ligne médiane, *qui est coupée bien net*, puis blanchâtre, *avec deux à cinq yeux bien marqués*. Ligne anté-terminale bien visible, continue et exactement parallèle aux dentelures du bord terminal.	Alpes de la Carinthie, Hongrie ? En août et septembre.	Il est fort rare et encore peu répandu dans les collections. Nous avons longuement décrit la femelle, parce qu'elle est encore peu connue, surtout en France. Elle diffère autant du mâle que celle de *Melas*. Le mâle, au contraire, pourrait être confondu avec celui de *Scipio*, mais on l'en distinguera par le dessous des inférieures, où les yeux du dessus se répètent, et dont la ligne médiane est dentée et suivie d'atomes blanchâtres. Les femelles se distingueront facilement par la ligne médiane du dessous des inférieures, qui n'existe point d'une manière sensible chez *Scipio*. Le *Nerine* varie en ce qu'on voit quelquefois un quatrième œil, mais plus petit, sur la bande fauve des inférieures.
STYX. Escher.	Plus grand (50 mill.), plus arrondi; bande ferrugineuse plus large, plus vive, mieux tranchée, et chargée de quatre yeux plus grands. Dessous des supérieures ayant la bordure marginale brune plus large et plus foncée; dessous des inférieures d'un brun plus foncé et noirâtres, avec les lignes moins distinctes. Antennes brunes en dessous. ♀ Un peu plus petite, d'un brun plus pâle, avec les bandes d'un fauve jaunâtre, et offrant quelques atomes grisâtres sous les inférieures.	Suisse, canton des Grisons et du Tessin, dans la plaine. En juillet et août.	Nous n'avons point vu ce Satyre, et les différences que nous donnons ici nous ont été communiquées par M. Bugnion, qui les a fait également insérer dans les Annales de la Société Entomologique. Depuis il a trouvé la femelle, qui, nous dit-il, diffère de son mâle comme *Goante* femelle diffère du sien.

			Sa description est trop courte pour que nous puissions juger si le *Styx* constitue une espèce distincte du *Nerine*, ou seulement une variété locale.
SCIPIO. Bdv. *Icon.* pl. 30. fig. 1-6. Dup. *Suppl.* pl. 38. fig. 5-6.	Envergure, 44 mill. — Ailes brunes; les supérieures un peu aiguës au sommet, avec une bande ferrugineuse assez large, droite, continue, coupée seulement par les nervures, et marquée de trois yeux *presque contigus* et assez bien alignés; inférieures avec la même bande fauve, mais plus maculaire et ordinairement sans yeux. Dessous des supérieures ferrugineux, avec la côte et une bande marginale brunes, et deux points noirs oculés. Dessous des inférieures d'un brun noir, avec une bande antémarginale plus claire, *légèrement marquée, non dentée intérieurement* et sans yeux. ♀ Plus pâle, à frange entrecoupée, ayant souvent aux supérieures un quatrième œil et trois aux inférieures, dessous de ces dernières *d'un gris cendré uni, sans aucune ligne*, avec un à quatre points noirs sans pupille. Inférieures légèrement dentées.	Département des Basses-Alpes et de l'Isère? En juillet.	Ce Satyre varie en ce que les ailes inférieures du mâle sont quelquefois marquées de trois yeux, mais plus petits qu'aux supérieures, et en ce que celles-ci ont quelquefois, au lieu du troisième œil, un petit point noir sans pupille. La femelle nous a été communiquée par M. Lefebvre, qui la possède depuis fort long-temps et croit l'avoir prise aux environs de Grenoble. Le *Scipio* est encore très-rare dans les collections.
DROMUS. Fab. Bdv. God. *Encyclopédie.* *Cleo.* Hub. 209-212. God. pl. 17. fig. 5-6. *Tyndarus.* Ochs.	Envergure, 33 mill. — Ailes arrondies, d'un brun-noirâtre très-chatoyant au vert, avec une bande d'un ferrugineux foncé, sur laquelle on voit aux supérieures deux yeux apicaux contigus. Inférieures tantôt sans yeux, tantôt avec trois à quatre placés sur des taches d'un ferrugineux foncé. Dessous des supérieures d'un rouge brun, avec la côte et le bord d'un gris cendré, une lunule fermant la cellule, puis un trait, bruns, et les deux yeux du dessus. Dessous des inférieures d'un *cendré* plus ou moins blanchâtre, avec une large bande médiane *denticulée des deux côtés* et plus foncée sur les bords, puis une terminale de la même couleur, mais moins arrêtée. Palpes et dessous des antennes *d'un gris blanc.* ♀ Ayant la bande fauve plus pâle et les yeux plus gros. Dessous plus pâle; supérieures avec les traits bruns plus prononcés, formant quelquefois une bande plus foncée sur ses bords et renfermant la lunule discoïdale; inférieures plus pâles.	Alpes, Pyrénées, Suisse, Italie, Styrie, etc. En juin et juillet.	Il est commun et varie à l'infini, tant pour les yeux que pour la taille et l'intensité des couleurs. La figure de Godart a été faite sur des individus pris dans les Pyrénées et très-oculés; dans les montagnes plus froides les yeux deviennent plus petits, et leur pupille disparaît; enfin ils s'effacent quelquefois complétement, comme dans la variété ci-dessous. On distinguera toujours sûrement tous ces individus des espèces voisines par leur petite taille, la couleur grise du dessous des inférieures, etc. Le *Dromus* habite les plus hautes montagnes, mais jamais à une très-grande élévation; son vol est rapide, mais il se pose souvent par terre ou sur les pierres.
CŒCODROMUS. Lefeb. *Collect.* Nobis.	Variété plus petite, plus foncée, ayant à peine quelques traces de la bande ferrugineuse et complétement dépourvue d'yeux. Dessous plus foncé. ♀ Semblable.	Mont Talèfre.	

CASSIOIDES. Esp. *Neleus*. Freyer.	Plus grand; bande fauve du dessus plus claire, plus vive et plus large; yeux apicaux tout-à-fait confluents. Dessous d'un gris mêlé de jaune. ♀ Encore plus claire et à bande fauve très-jaunâtre.	Hongrie, Dalmatie, Autriche, etc.	
MANTO. Fab. Ochs. Bdv. Hub. 512-514. Var. accid. 207-208. God. pl. 17. fig. 7-8. *Le grand Nègre bernois*. Engr.	Envergure, 40 mill. — Ailes arrondies, un peu oblongues, d'un brun terne, avec une bande d'*un ferrugineux noirâtre*, peu arrêtée sur ses bords et chargée de points noirs *non ocellés*, au nombre de quatre aux supérieures, et le plus souvent de trois aux inférieures. Disque des premières un peu roussâtre en approchant de la bande, et souvent marqué de traits noirs dans la cellule. Dessous des inférieures d'*un gris brunâtre*, avec les lignes basilaire et médiane brunes, sinuées et formant une bande qui se rétrécit au bord abdominal. Palpes d'un brun noirâtre. Antennes à massue ferrugineuse en dessous. ♀ Plus terne, plus pâle en dessous, avec les lignes des inférieures mieux marquées.	Alpes, Pyrénées, Suisse, Laponie, etc. En juillet et août.	Il se distingue du précédent par sa taille et ses points, qui ne sont jamais oculés. Il habite le sommet des Alpes, auprès des neiges éternelles. Son vol est rapide et il aime à se poser sur les rochers. Il varie peu. Cependant on rencontre des individus qui n'ont que deux points aux supérieures, et d'autres dont le dessous n'offre point de lignes plus foncées. Hubner en a figuré un (207-208) dans lequel ces lignes forment au contraire une bande très-prononcée.
ARETE. Hub. 231-232. Ochs. God. Bdv.	Envergure, 33 mill.—Ailes entières, d'un brun noirâtre; supérieures un peu anguleuses au sommet, avec une bande ferrugineuse, continue, marquée de trois points noirs, dont les deux apicaux oculés; inférieures avec cinq points oculés, placés tous, excepté l'anal, chacun sur une tache ferrugineuse. Dessous des premières ailes d'un roux clair, avec la côte verdâtre et la trace des yeux apicaux. Dessous des inférieures entièrement d'*un gris verdâtre*, avec les points du dessus marqués *en blanc* et ombrés intérieurement de noir.	Alpes autrichiennes.	Nous ne connaissons ce Satyre que par la figure d'Hubner, qui a été faite sur un individu femelle unique que possède le Musée impérial de Vienne. Aussi son excessive rareté ne nous a-t-elle pas permis de juger s'il constitue une espèce distincte.
STIRIUS. God. *Encycl.* *Parmænio*. Bœb. Bdv.	Malgré toutes nos recherches, nous n'avons pu parvenir à nous procurer cette espèce, qui n'a jamais été figurée. En voici une description d'après Godart. Envergure, 2 pouces environ. — Ailes d'un noir brun, avec une bande ferrugineuse chargée aux supérieures de deux yeux dont l'antérieur double, aux inférieures de quatre. Dessous des supérieures ferrugineux, avec les bords cendrés. Dessous des inférieures entièrement cendré, avec une bande anté-terminale plus claire et sinuée, sur laquelle sont quatre yeux correspondants à ceux du dessus.	Russie, Styrie.	L'individu femelle unique sur lequel Godart a fait sa description, appartient à M. Dejean. Dans son *Index* M. Boisduval assure qu'il n'est qu'une variété du *Parmænio* de Bœber. Cependant il est surprenant que cet entomologiste n'ait donné dans son *Icones* ni l'un ni l'autre de ces Satyres si peu connus.
GORGE. Ochs. Bdv. Hub. 502-505. God. pl. 14 N. fig. 3-4?	*Envergure*, 37 *mill.* — Ailes un peu anguleuses, d'un brun noir; supérieures avec une bande ferrugineuse foncée, large, continue, traversée seulement par les nervures, bien arrêtée extérieurement et se fondant un peu intérieurement dans la couleur du fond, marquée à l'angle apical de deux yeux ordinaire	Alpes de la Suisse et du Tyrol, Pyrénées. En juillet et août.	Il n'est pas très-commun. Il habite le sommet des montagnes, et préfère les endroits rocailleux. Son vol est plus rapide que celui de ses congénères. Il se distinguera des suivants

	ment très-petits, rapprochés, mais séparés, et rarement d'un troisième; inférieures avec la bande ferrugineuse plus arrêtée intérieurement et souvent chargée à son extrémité marginale de trois petits yeux. Dessous des supérieures ferrugineux, avec la bande un peu plus claire, denticulée extérieurement, la côte et le bord marginal d'un brun légèrement strié de gris. Dessous des inférieures d'un brun noir, strié de gris, avec les trois lignes plus foncées, *découpées en dents aigues,* la médiane et l'anté-terminale laissant entre elles une bande plus claire. ♀ Plus pâle, avec la frange légèrement entrecoupée, la bande ferrugineuse des supérieures plus pâle, s'étendant un peu sur le disque par en haut, et dont le bord intérieur est plus denticulé; dessous plus pâle; celui des inférieures plus clair, plus jaunâtre, avec les lignes plus visibles et quelquefois les yeux du dessus.		par sa taille et le ton foncé du dessous des inférieures. La figure de Godart est très-mauvaise et en donne une fausse idée. Peut-être se rapporte-t-elle à *Gorgone.*
ERYNNIS. Esp.	N'en diffère que parce qu'il est dépourvu d'yeux en dessus et en dessous.		Cette variété ressemble un peu, en dessus, au *Mnestra.*
GORGONE. Bdv. *Icon.* pl. 29. fig. 5-8.	Envergure, 36 mill. — Ailes *entières, arrondies,* d'un *brun noir plus foncé sur le disque,* avec une bande maculaire *d'un rouge brun foncé* se confondant presque avec la couleur du fond, chargée aux supérieures de trois yeux, dont les deux apicaux contigus mais non réunis, le troisième plus éloigné et quelquefois nul, et aux inférieures de trois yeux et souvent d'un point noir antérieur. Dessous des supérieures ayant le disque *d'un ferrugineux foncé,* avec la côte et le bord terminal d'un brun noirâtre légèrement strié de blanchâtre, et les yeux du dessus. Dessous des inférieures de cette dernière couleur, avec la ligne médiane et l'anté-marginale seules apparentes, laissant entre elles une bande plus claire surmontant les yeux du dessus. ♀ De la même taille, *à ailes plus oblongues;* plus claire, avec la bande, d'un ferrugineux jaunâtre, plus large non maculaire, plus détachée du fond et portant quatre à cinq yeux. Dessous *d'un gris jaunâtre,* avec le disque des supérieures ferrugineux, et aux inférieures les trois lignes visibles; les deux postérieures laissant entre elles une bande plus claire et très-nettement marquée.	Pyrénées. En juillet.	Il existait dans beaucoup de collections, confondu avec *Gorge* et *Goante,* dont M. Boisduval l'a séparé avec raison. Il s'en distingue au premier coup d'œil par sa taille supérieure au premier, inférieure au second, son reflet vert bien vif, le ton de sa bande ferrugineuse, et par les ailes de sa femelle, qui sont oblongues, non dentées, ni à frange entrecoupée. Nous avons vu une variété mâle dont les yeux aux supérieures étaient séparés par un point noir.
GOANTE. Ochs. Bdv. God. pl. 17 q. fig. 3-4. *Scæa.* Hub. 233-234.	*Envergure,* 42 *mill.* — Ailes brunes, sans reflet bien vif; supérieures avec une bande *continue d'un fauve-ferrugineux* vif, *presque droite intérieurement,* dentée extérieurement et chargée de trois yeux assez grands, dont deux apicaux souvent réunis, et un autre éloigné	Alpes du midi de la Suisse, de la Savoie, du Piémont, etc. En juillet.	Le ferrugineux de ce Satyre est d'un ton plus ou moins chaud suivant les localités, mais il n'atteint jamais l'intensité de celui de *Gorgone.* Le nombre des

	plus petit. Inférieures avec la même bande chargée de trois à quatre yeux. Dessous des supérieures d'un fauve ferrugineux, plus foncé jusqu'à la bande, avec la côte et le bord marginal d'un brun clair strié de blanchâtre. Dessous des inférieures de ces dernières couleurs, avec les trois lignes, dont la médiane plus distincte et plus bordée de blanchâtre, et trois ou quatre petits yeux. ♀ Plus claire, ayant quelquefois un petit œil au-dessus des deux apicaux. Dessous beaucoup plus marqué de blanchâtre, avec *les nervures* des inférieures de cette couleur. Inférieures dentées, frange légèrement entrecoupée.		yeux des ailes supérieures s'élève quelquefois jusqu'à cinq ou six et est une nouvelle preuve de cette observation, déjà bien connue, que le nombre des yeux ne saurait être invoqué comme un caractère bien constant dans les Satyres nègres. Le *Goante* n'est pas fort commun; il habite les prés, le bord des chemins pierreux et des torrents; il a le vol et les mœurs de *Blandina*. La figure de Godart est fort bonne.
EVIAS. Lefeb. *Ann. de la Soc. Linnéenne.* God. Bdv. *Icon.* pl. 31. fig. 3-5. Dup. *Suppl.* pl. 37. fig. 1-2. Treitsch. *Suppl.* *Bonellii.* Hub. 892-895.	Envergure, 45 mill. — Ailes entières, arrondies, brunes, avec une bande d'un fauve ferrugineux; supérieures ayant cette bande large, mais assez courte, continue, *arrondie inférieurement*, marquée de cinq yeux noirs, dont les deuxième et troisième plus gros, réunis, confluents, placés un peu obliquement, le quatrième et le cinquième isolés; inférieures avec la bande plus étroite, parfois maculaire et marquée de quatre à six yeux. Dessous des supérieures *semblable au dessus.* Dessous des inférieures d'un brun foncé velouté, légèrement strié de blanchâtre, avec une bande anté-marginale sinueuse, plus claire, plus striée de blanc, et sur laquelle se voient plus ou moins les yeux du dessus. ♀ Plus pâle, ayant le disque lavé de ferrugineux en dessous, et les inférieures plus pâles, surtout à la base.	Pyrénées, Vosges, alpes de la Suisse. En juillet.	On pourrait décrire le dessous des ailes inférieures de cette espèce (ainsi que de plusieurs analogues) en disant qu'elles sont d'un brun pâle, strié de blanc, avec une bande médiane large, sinueuse, plus foncée, surtout sur ses bords, et une autre terminale plus étroite; ce qui serait exact, surtout pour la femelle. Mais la base de l'aile dans les mâles est quelquefois si chargée de brun, que la partie interne de la bande médiane y devient fort peu distincte. Nous avons donc préféré considérer le brun foncé comme le fond de la couleur. L'*Evias* n'est pas commun.
EPISTYGNE. Bdv. *Index Icon.* pl. 31. fig. 1-2. Hub. 855-858 et *Stygne.* 639-640. Dup. *Suppl.* pl. 37. fig. 3-6.	Envergure, 43 mill. — Ailes entières, arrondies, d'un brun noirâtre; supérieures avec *une éclaircie dans la cellule* et une bande anté-terminale *d'un jaune d'ocre pâle;* cette dernière large, longue, déchiquetée intérieurement, rétrécie par en bas et chargée de cinq à six yeux dont les trois supérieurs confluents, les deuxième et troisième plus gros, placés très-obliquement; inférieures avec une bande un peu maculaire, *d'un roux obscur* et marquées de cinq à six yeux. Dessous des supérieures ferrugineux, avec une tache costale et le bord interne noirs, et les yeux du dessus. Dessous des inférieurs d'un brun clair très-strié de blanchâtre, *avec les nervures de cette couleur*, une large bande médiane plus foncée, et les yeux très-petits et à peine visibles. ♀ Plus pâle, avec la bande jaune plus large, mieux arrêtée inférieurement,	Département du Var et des Basses-Alpes. Italie. En mars.	Il n'est pas encore très-répandu dans les collections. Son vol est lourd et il se laisse facilement approcher. Il dure très-peu de jours et n'a qu'une seule génération par an. Il est sujet à graisser, surtout les femelles.

	plus pâle aux inférieures, les yeux plus grands, l'inférieur souvent bipupillé et le dessous des secondes ailes plus clair.		
AFRA. Fab. God. Bdv. *Afer*. Ochs. Duponc. *Suppl*. pl. 35. fig. 1-2. *Phegea*. Hub. 500-501. 749-751.	*Envergure*, 40 mill.—Ailes entières, assez larges, d'un brun noirâtre, *avec l'extrémité grisâtre*, surtout aux supérieures, celles-ci marquées de six yeux à iris fauve dont deux au sommet réunis, rentrant en dedans, et surmontés d'un autre plus petit *et très-rejeté extérieurement;* les trois autres égaux, alignés, et dont le dernier quelquefois double; inférieures marquées aussi de six yeux. Dessous des supérieures ayant le disque légèrement ferrugineux. Dessous des inférieures brun, *avec les nervures blanchâtres, deux traits de cette couleur dans la cellule* et sept à huit yeux entourés de gris ou de fauve et dont les extrêmes souvent sans pupille. ♀ Plus grande, avec l'extrémité des ailes d'un gris plus jaunâtre et les yeux plus grands.	Russie méridionale, Dalmatie, Crimée, Caucase. En juin et juillet.	Cette belle espèce, bien tranchée, se rapproche beaucoup de *Phryne* par le dessous des inférieures; elle paraît varier fort peu, du moins tous les individus que nous avons vus sont-ils très-semblables. Elle est jusqu'ici très-rare dans les collections.
DALMATA. God. *Encycl*. *Afra*. Bdv. *Icon*. pl. 34. fig. 1-2?	Variété femelle dont les yeux des supérieures sont contigus, à l'exception de l'apical, et dont l'inférieur manque en dessous.	Dalmatie.	

(108) *Frange des quatre ailes entrecoupée de gris et de noir dans les deux sexes.*

EURYALE. Ochs. Bdv. Hub. 789-790. God. pl. 13. fig. 3-4.	*Envergure*, 42 *mill*.—Ailes d'un brun noir avec une bande ferrugineuse; celle des supérieures rétrécie au milieu, chargée de trois à quatre points noirs, petits, *ordinairement non oculés*; celle des inférieures chargée aussi de trois à quatre variant de taille et plus souvent oculés; ces dernières dentées. Dessous d'un brun très-mélangé de ferrugineux, surtout sur le disque des supérieures, où la bande est toujours plus claire. Dessous des inférieures avec une bande anté-marginale d'un gris brun plus clair que le fond, sur laquelle se voient les yeux du dessus, plus petits, souvent cerclés de ferrugineux et dont l'anal plus gros. ♀ Plus pâle en dessus et plus souvent oculée. Dessous des inferieures d'un brun-verdâtre pâle, avec la bande blanche ou blanchâtre, beaucoup mieux tranchée du côté de la ligne médiane où elle est très-dentée, surtout vis-à-vis de la cellule.	Alpes, Pyrénées, etc., etc. En juillet et août.	Il n'est pas rare et fréquente de préférence les prairies des montagnes. Il varie prodigieusement, et plusieurs de ses variétés se rapprochent du *Ligea;* mais il est constamment plus petit, et le mâle n'a point de bande blanche en dessous. Les individus d'Allemagne diffèrent à quelques égards de ceux qu'on trouve en France. Les points noirs manquent quelquefois complétement. Nous signalons cette espèce comme une des plus importantes à étudier parmi les Satyres nègres.
PHILOMELA. Hub. 218-219.	Très-légère variété femelle qui a les yeux un peu plus grands, ceux du sommet toujours confluents et un quatrième œil intermédiaire sur les supérieures, oculé ou non.		
ADYTE. Hub. 759-760.	Ordinairement plus petit qu'*Euryale* (33 à 35 mill.). Ailes supérieures un peu plus arrondies et marquées des mêmes points, mais plus gros et constamment		

	oculés aux quatre ailes. Les deux de l'angle apical réunis.		
LIGEA. Lin. Fab. Ochs. Bdv. Hub. 225-227. God. pl. 13. fig. 1-2. *Le grand Nègre hongrois.* Engr.	*Envergure*, 48 *mill.*—Ailes d'un brun noir, avec une bande ferrugineuse bien tranchée aux quatre ailes, continue, sinuée des deux côtés et un peu rétrécie au milieu sur les supérieures, où elle est marquée de quatre points noirs *très-gros, oculés,* mais à pupille petite, et bien visible seulement sur les deux supérieurs, qui sont aplatis, contigus et souvent réunis; chargée aux inférieures de trois yeux égaux, bien pupillés; ces mêmes ailes dentées, ayant le dessous d'un brun roussâtre, avec une *bande médiane blanche,* étroite, irrégulière, interrompue, partant de la côte, où seulement elle est bien visible *et se perdant vers le milieu de l'aile,* et les yeux du dessus. ♀ Plus terne, avec les yeux mieux pupillés, encore plus visibles, surtout en dessous, et souvent accompagnés aux supérieures d'un point noir placé sous le dernier œil. Bande blanche des inférieures se répétant du côté de la ligne basilaire.	Hongrie, forêts du nord et de l'est de la France, etc., etc. En juillet et août. Chenille épaisse, courte, d'un gris-jaunâtre clair, avec une ligne d'un brun foncé sur le vaisseau dorsal, bordée de deux lignes plus claires, puis deux autres lignes de ce dernier ton, sous la dernière desquelles sont les stigmates, qui sont nettement marqués en noir; tête et pattes de la couleur du fond. Se trouve en septembre, puis en mars et avril, sur les graminées. Chrysalide renflée, d'un brun jaunâtre, ponctuée de noir, avec plusieurs traits de cette couleur. Se trouve cachée entre les herbes et non suspendue.	Il est commun. Ses mœurs sont celles du *Blandina.* Il habite de préférence les bois situés au pied des montagnes, mais il descend aussi dans la plaine; c'est un des plus grands de cette division.
EMBLA. Thunberg. Nobis. *Ethus.* Fab. *Dioxippe.* Hubn. 538-539. Dup. *Suppl.* pl. 36. fig. 1-2.	Envergure, 44 mill.—Ailes d'un brun roussâtre; les supérieures légèrement saupoudrées de gris au sommet, surtout en dessous, et chargées de part et d'autre de quatre points noirs à iris d'un fauve jaunâtre, dont les deux supérieurs *beaucoup plus gros,* réunis, *à iris commun, très-rentrants en dedans,* toujours oculés, et les deux autres plus petits, souvent sans pupille; inférieures légèrement polygonées, *avec trois à quatre points noirs à iris fauve* et quelquefois oculés. Dessous des inférieures brun, saupoudré de gris au bord terminal et à lignes ordinairement non visibles, mais indiquées par deux ou trois taches d'atomes blancs, plus serrés et plus apparents à celle du bout de la cellule; *des points noirs correspondant aux yeux du dessus.* ♀ Plus terne, avec les yeux plus grands, un peu plus égaux, à iris confluents et accompagnés d'un cinquième au bord interne des supérieures.	Laponie, environs de Torneo, Dalécarlie. A la fin de juin.	Cette espèce et la suivante ont été confondues par presque tous les auteurs, sans doute à cause de leur grande rareté, et leur synonymie était fort embrouillée. Nous avons vu les deux sexes de l'un et de l'autre, et nous pensons, avec M. Duponchel, qu'elles doivent former deux espèces distinctes; seulement, il est fâcheux que cet auteur n'ait pas figuré les deux sexes, qui sont fort différents, ainsi qu'on peut en juger par notre description. Nous avons dû restituer à ces Satyres les noms que Thunberg, qui les a bien décrits, leur a imposés le premier.
DISA. Thunberg. Nobis. *Griela.* Fab. God. Hub. 228-229. *Sthens.* Hub. 601-602. *Embla.* Ochs. Bdv. *Icon.* pl. 32. fig. 1-3. Dup. *Suppl.* pl. 37. fig. 3-4.	Envergure, 44 mill.—Ailes *entières*, d'un brun terne; les supérieures saupoudrées de gris au sommet et marquées d'une bande *continue*, courbe, d'un ferrugineux clair, qui est chargée de quatre points noirs isolés, *rarement ocellés*, et dont les deux premiers très-peu rentrants et presque alignés, surtout en dessous; inférieures *sans aucune tache.* Dessous des supérieures différant	Laponie méridionale. En juillet.	Cette espèce n'est pas moins rare que la précédente, mais elle est plus répandue qu'elle dans les collections, où elle porte à tort le nom d'*Embla.* Elle offre quelques variétés, mais peu tranchées. Tel est le *Stheno* d'Hubner, qui a

	du dessus en ce que la bande fauve est maculaire et forme un iris à chaque œil. Dessous des inférieures brun, très-saupoudré de blanc et paraissant cendré, avec les *trois* lignes bien visibles, la basilaire et la médiane formant entre elles une bande large, dentée, plus foncée, bordée extérieurement de cendré plus blanchâtre que le fond, surtout près de la côte, et l'anté-terminale isolée, étroite et *nettement détachée des deux côtés*. ♀ Plus terne, plus roussâtre, à bande ferrugineuse plus pâle et comme salie, avec les points plus gros et légèrement ocellés.		seulement les points noirs des supérieures plus gros et plus nombreux (au nombre de cinq, dont l'inférieur double).

(109) *Chenille glabre.—Nervure costale très-renflée à la base, la médiane seulement un peu dilatée.—Antennes grêles, à massue pyriforme.—Ailes arrondies, d'un brun noir uni dans les mâles.—Taille au-dessus de la moyenne.*

Les *Ericicoles*. Dup. *

PHÆDRA. Lin. Ochs. Bdv. Hub. 127-129. God. pl. 7 *quart.* fig. 2. *Le grand Nègre des bois.* Engr.	Envergure, 55 mill. —Ailes dentées, d'un brun noirâtre, ayant quelquefois une ligne anté-terminale plus foncée, mais peu distincte ; supérieures avec deux grands yeux noirs à pupille bleuâtre et cerclés de jaunâtre en dessous; inférieures avec un seul, beaucoup plus petit, près de l'angle anal. Dessous des inférieures d'un brun plus clair, légèrement strié, avec la ligne anté-terminale plus marquée, et la médiane sinuée et éclairée d'atomes blanchâtres. ♀ Plus grande, moins foncée, avec les yeux proportionnellement plus grands et mieux pupillés.	Bois du centre et de l'est de France, Allemagne, etc., etc. En juillet et août. Chenille d'un gris cendré ou roussâtre pâle, avec une ligne dorsale noire et deux lignes latérales d'un gris bleuâtre, stigmates noirs; tête marquée de six lignes brunes, pattes écailleuses brunes. Vit en juin sur l'*Avena elatior*. Chrysalide arrondie, d'un fauve clair, couchée à terre entre les herbes.	Il est commun et aime à se poser sur la bruyère. Quelquefois un des deux yeux des supérieures est accompagné d'un autre plus petit. Telle est la femelle figurée par Godart. Le même auteur parle dans l'*Encyclopédie* d'une variété prise par lui dans les environs d'Auxerre, et dans laquelle les ailes du côté gauche sont traversées de part et d'autre par une large bande blanche; tandis que, du côté droit, elles sont comme dans les individus ordinaires. Engramelle a aussi figuré cette singulière variété.
CORDULA. Fab. Treits. Bdv. God. *Encycl.* Ochs. Hub. 149-150. Var. ♀. 619-620. *Bryce.* Ochs. Hub. 724-727. God. pl. 12 L. fig. 3-4. *Ferula.* Fab.	Envergure, 55 mill.—Ailes d'un brun-noir chatoyant en violet; supérieures arrondies, entières, avec *deux* yeux noirs séparés par deux points blancs; inférieures polygonées ou légèrement dentées, avec un petit œil près de l'angle anal. Dessous des supérieures avec l'œil apical plus grand et cerclé de jaune. Dessous des inférieures brun, strié de brun plus foncé, avec les lignes médiane et anté-terminale plus foncées, bordées extérieurement de stries blanchâtres, et le plus souvent deux points noirs entre elles, près de l'angle anal. ♀ D'un brun jaunâtre, avec *une bande fauve* plus ou moins marquée, mais formant toujours, au moins aux supérieures, un iris à chacun des yeux; inférieu-	Alpes, Piémont, Suisse, Espagne, etc. En juin et juillet.	Cette belle espèce n'est pas très-rare; nous l'avons vue voler fréquemment dans les montagnes de la Catalogne. Presque tous les auteurs en ont fait deux espèces; cela vient de ce qu'on rencontre quelquefois des mâles avec un peu de jaune sous les ailes supérieures. Le nombre des yeux varie et s'élève parfois jusqu'à quatre, au moyen de ce que les points blancs intermédiaires sont cernés de noir;

* M. Boisduval, en partageant le genre *Satyrus* en neuf races (*Icones*, p. 199), n'a fait aucune mention des trois espèces qui composent cette division. Nous ignorons si c'est un simple oubli ou s'il a voulu créer avec elles un nouveau genre; cette dernière supposition nous semble peu probable.

	res dentées. Disque des supérieures d'un jaune fauve en dessous. Dessous des inférieures d'un gris-brunâtre clair, avec les lignes très-éclairées de blanc.		cela arrive surtout dans les femelles. Le *Cordula* habite de préférence les vallées chaudes, au pied des montagnes.
PÆAS. Hub. 122-123.	Est une femelle beaucoup plus pâle que les individus ordinaires.		
HIPPODICE. Hub. 718-719. *Cordula*. God. pl. 12 L. fig. 3-4??	Diffère de *Cordula* femelle en ce que ses ailes sont plus oblongues, les supérieures plus aiguës au sommet, et en ce que les deux yeux ne sont point entourés de jaune en dessus.		Nous n'avons vu cette variété que dans Hubner. Il se pourrait, malgré la grosseur de son abdomen (caractère souvent exagéré par les iconographes), que ce ne fût qu'un mâle de *Cordula*, teinté de jaune sous les inférieures; il correspondrait alors à la figure de Godart, à la coupe d'ailes près, qui le rapproche un peu d'*Actæa*. Nous ne saurions rien décider avant de l'avoir vu en nature.
ACTÆA. Ochs. Bdv. Hub. 151-152, 610-611. God. pl. 7 *quart*. fig. 1 et 7 *quint*. fig. 2. *L'Acteon*. Engr.	Envergure, 50 mill.—Ailes entières, d'un brun-noir chatoyant en violet; supérieures *un peu aiguës à l'angle apical*, avec la côte plus claire et striée de brun, et *un* œil noir apical. Dessous des mêmes ailes d'un brun plus clair, avec des traits noirs dans la cellule, l'œil sur un iris jaune et accompagné inférieurement de deux points blancs. Dessous des inférieures d'un brun clair strié de blanc, avec les lignes médiane et anté-terminale plus foncées, et éclairées, la première d'une bande assez large, la seconde d'une série d'atomes, d'un blanc légèrement violâtre. ♀ Plus claire, plus arrondie, ayant souvent deux yeux noirs et deux points blancs aux supérieures. Dessous d'un gris-brun jaunâtre; les inférieures avec la ligne basilaire visible et éclairée aussi d'atomes blancs.	Italie, midi et quelquefois centre de la France. En juin et juillet.	Il est commun et aime à se poser sur la bruyère. Il arrive souvent que le premier des points blancs intermédiaires des supérieures en dessous est placé sur la prunelle noire de l'œil apical, ce qui le fait paraître bipupillé. Il serait très-possible que le Sat. *Hippodice* d'Hubner fût une variété femelle de cette espèce, ce que nous ne pouvons décider sur la figure seule.
PODARCE. Ochs. God.	Ne diffère d'*Actæa* qu'en ce que les nervures du dessous des inférieures sont saupoudrées de blanc.	Montagnes du Portugal.	Nous ne l'avons point vu; mais M. Lefebvre, qui l'a examiné en nature à Vienne, nous assure qu'il n'est qu'une variété bien légère d'*Actæa*.

(110) *Chenille glabre ou pubescente.—Nervures costale et médiane également très-renflées à la base.—Couleurs variées.—Taille moyenne et au-dessus.* . . . . (111)

(111) { Antennes à massue en bouton, distincte de la tige. . . . . (112)
{ Antennes à massue grossissant insensiblement et confondue avec la tige. . . . . (120)

(112) *Antennes à massue en bouton, distincte de la tige.*

Les *Rucipoles*. Dup. . . . (113)

(113)	Ailes d'un brun-cendré foncé, sans bandes blanches ni fauves; supérieures ayant deux yeux noirs, séparés ordinairement par deux points blancs, au moins en dessous.	(114)
	Ailes d'un brun foncé, traversées par une bande d'un blanc jaunâtre ou fauve.	(115)
	Ailes d'un brun-cendré jaunâtre, traversées par une bande fauve.	(119)

(114) *Ailes d'un brun-cendré foncé, sans bandes blanches ni fauves; supérieures ayant deux yeux noirs, séparés ordinairement par deux points blancs, au moins en dessous.*

FAUNA. Fab. Bdv. God. pl. 7 *tert.* fig. 3 et 7 *quint.* fig. 1. Hub. 507-509. *Statilinus.* Ochsenhei. Treits. *Le Coronis* et *le Faune.* Engr.	Envergure, 46 mill.—Ailes d'un brun cendré; supérieures plus foncées et plus velues sur le disque, avec deux gros points noirâtres anté-marginaux, quelquefois pupillés de blanc, surtout l'antérieur, et séparés par deux petits points blancs; inférieures avec la ligne anté-terminale un peu plus foncée et un point noir près de l'angle anal. Dessous d'un gris cendré, plus foncé jusqu'au milieu; les supérieures avec les yeux du dessus cerclés de jaune; les inférieures avec la moitié postérieure nébuleuse, et une bande d'un cendré blanchâtre longeant la ligne médiane. Frange des quatre ailes *d'un gris sale.* ♀ A peine aussi grande, ayant une large bande anté-terminale d'un jaune d'ocre saupoudré de brun.	Dans une grande partie de l'Europe. En août.	Il n'est pas rare. On voit souvent sur les inférieures une série de points blanchâtres au-dessus de la ligne anté-terminale. Il habite les endroits arides et couverts de bruyères, vole peu, et se pose de préférence sur les pierres en cachant ses ailes supérieures avec ses inférieures.
ALLIONIA. Ochs. Treits. Hub. 818-819 et *Fauna.* 510-511. *L'Arachne.* Engr.	Plus grand, plus foncé en dessus, beaucoup plus obscur en dessous, où le deuxième œil des supérieures est ordinairement sans iris jaune; lignes ou traits de l'intérieur de la cellule plus marquées. Inférieures très-foncées en dessous, avec la ligne basilaire toujours bien marquée.	Italie, midi de la France, Hongrie, etc., etc.	La connaissance de la chenille nous paraît indispensable pour l'ériger en espèce séparée.
AUTONOE. Fab. God. Treits. Hub. 137-138. Bdv. *Icon.* pl. 41. fig. 5-6. Dup. *Suppl.* pl. 28. fig. 3-4. *L'Icare.* Engr.	Envergure, 53 mill.—Ailes d'un brun cendré, avec *la frange très-blanche,* entrecoupée de brun; supérieures avec une large bande anté-terminale plus claire, sinuée, nettement coupée intérieurement, fondue extérieurement et portant deux yeux noirs écartés; inférieures avec la même bande, légèrement striée, marquée près de l'angle anal d'un petit œil, et suivie d'une ligne anté-terminale interrompue, plus foncée. Bande du dessous des supérieures lavée de jaune d'ocre. Dessous des inférieures d'un brun clair *très-strié de blanc,* avec *les nervures blanches,* les trois lignes plus foncées et éclairées de blanc, surtout la médiane, qui est suivie d'un rang de très-petits points blancs. ♀ Plus grande, avec la bande jaunâtre et s'étendant sur le disque des supérieures.	Steppes de la Russie méridionale, depuis le Don jusqu'au Caucase? bords du Volga, Crimée? En juillet.	Il se rapproche beaucoup en dessus de *Fidia.* On voit souvent, entre les yeux des supérieures en dessous, deux points blancs comme dans *Fauna;* mais le mâle que nous avons vu en était totalement dépourvu. On observe également sur le disque des supérieures un épi velu et noirâtre, mais plus large et plus foncé que dans *Fidia.* *Autonoe* est fort rare dans les collections, quoique commun, à ce qu'il paraît, dans les localités qu'il habite. L'individu décrit par Ochsenheimer n'est qu'une variété de *Semele.*

FIDIA. Lin. Fab. Ochs. Bdv. Hub. 147-148. God. pl. 11 K. fig. 3-4. *Le Faune*. Engr.	Envergure, 57 mill.—Ailes d'un brun cendré, ayant *la frange très-blanche*, entrecoupée de brun, avec une apparence de bande anté-terminale, large, et distincte par *des places plus claires* de son côté interne, bordée de son côté externe par une ligne onduleuse noirâtre; supérieures ayant cette bande chargée de deux gros points noirs faiblement pupillés de blanc et séparés par deux *gros* points blancs; inférieures ayant un petit point noir près de l'angle anal et parfois une série de petits points blancs. Dessous des supérieures gris, avec des taches blanchâtres et les yeux cerclés de jaune. Dessous des inférieures varié de gris et de blanchâtre, avec les trois lignes marquées en noir; la médiane formant un *angle très-saillant* vis-à-vis l'extrémité de la cellule. ♀ Plus grande et plus arrondie.	Italie, Portugal, France méridionale, etc. En juillet.	Il est très-commun dans les endroits secs et pierreux des environs de Montpellier, où nous l'avons pris abondamment. Il a les mœurs de *Fauna*.

(115) *Ailes d'un brun foncé, traversées par une bande d'un blanc jaunâtre ou fauve*. . . . . (116)

(116) { Bande transverse d'un blanc plus ou moins jaunâtre. . . . . (117)
Bande transverse fauve au moins dans la femelle. . . . . (118)

(117) *Bande transverse d'un blanc plus ou moins jaunâtre*.

BRISEIS. Lin. Fab. Ochs. Bdv. Hub. 130-131. God. pl. 7. fig. 1. *L'Hermite*. Engr.	Envergure, 50 mill. — Ailes brunes, avec une bande transverse d'un blanc jaunâtre; supérieures *avec la côte jaunâtre*, le disque velu, et la bande divisée par les nervures et marquée de deux yeux noirs: inférieures à bande continue et fondue extérieurement, avec un petit œil près de l'angle anal. Dessous *d'un jaune d'ocre très-pâle*, avec les bandes continues et des taches brunes; inférieures avec les lignes médiane et basilaire laissant entre elles une bande brune *interrompue dans la cellule*, et formant ainsi deux grosses taches. Antennes d'un gris blanchâtre. ♀ Beaucoup plus grande, avec les bandes plus larges, mieux arrêtées, et les inférieures n'ayant pas les deux taches noires près de la base, mais seulement les lignes plus obscures.	Dans une grande partie de l'Europe. En juillet et août.	Il est commun dans les endroits pierreux et arides. En Dalmatie et en Turquie les individus sont plus grands que dans le centre de l'Europe et atteignent presque la taille de *Circe*.
PIRATA. Esp. Hub. 604-605.	Variété femelle plus grande, d'un ton plus chaud, avec la bande d'un jaune d'ocre foncé de part et d'autre. Dessous des inférieures d'un gris plus cendré.	France méridionale, Bohême. En juillet et août.	Nous l'avons souvent pris sur les rochers des montagnes, à Castelnau, près Montpellier.
ANTHE. Ochs. God. Bdv. pl. 40. fig. 3-4. Dup. *Suppl.* pl. 27. fig. 3-4. *Persephone*. Hub. 589-590. 710-711.	Envergure, 65 mill. — Ailes brunes, avec une bande d'un blanc jaunâtre et la frange entrecoupée; supérieures cendrées à la base, avec la bande divisée en taches par les nervures, l'apicale *joignant la côte en se recourbant intérieurement*, et marquée d'un gros point noir *non pupillé*, la suivante très-petite ou nulle, et la quatrième marquée pareillement d'un gros point noir, non pupillé; inférieures	Russie méridionale, Syrie. En juillet.	Il est encore très-rare dans les collections. Les individus sur lesquels nous faisons notre description ont été pris sur le mont Liban, le 21 juillet. Ce Satyre offre aussi, comme *Briseis*, une variété dont les bandes sont d'un jaune

	dentées, avec la bande continue comme dans *Briseis*. Dessous des supérieures varié de gris et de jaunâtre strié, avec les yeux *pareillement aveugles*. Dessous des inférieures gris, strié de brun, avec *les nervures détachées en blanchâtre*. ♀ Semblable.		ochracé. La figure 589-590 d'Hubner est dans ce cas.
CIRCE. Fab. Bdv. God. pl. 7 *sec.* fig. 1. *Proserpina*. Ochs. Hub. 119-121. *Le Silène*. Engr.	Envergure, 72 mill.—Ailes d'un brun noir, avec une bande transverse *blanche*, et la frange entrecoupée de brun et de blanc; supérieures ayant la bande divisée par les nervures en taches dont l'apicale marquée d'un gros point noir, parfois oculé, les troisième et quatrième *pyriformes ou aiguës extérieurement;* inférieures dentées, avec la bande continue. Dessous des supérieures avec la même bande, l'œil toujours pupillé, et *deux taches blanches* dans la cellule. Dessous des inférieures strié de gris blanc et de brun, avec la bande du dessus, et de plus, la ligne basilaire très-éclairée de blanc. Massue des antennes noire, *à sommité fauve*. ♀ Plus grande, ayant ordinairement à la côte des supérieures une tache blanche qui va rejoindre intérieurement la tache qui porte l'œil, et quelquefois un second œil sur la quatrième.	Allemagne, France méridionale, etc., etc. De la mi-juin à la mi-août. Chenille rase, épaisse, luisante, d'un gris livide, striée par places de roussâtre, avec trois bandes d'un noir verdâtre, dont une dorsale plus foncée, et, au-dessus des pattes, une bande de jaunâtre sur laquelle sont placées les stigmates, qui sont noirs. Tête rousse, rayée de noir; ventre et pattes d'un gris-rougeâtre livide. Vit en mai sur plusieurs graminées, et se cache sous les pierres pendant le jour. Chrysalide arrondie, d'un brun rougeâtre, avec les stigmates, et surtout ceux du cou, grands et saillants. Dans une petite cavité, sous la terre et sans être attachée.	Il est commun dans le midi de la France, où il habite de préférence les collines pierreuses. Il aime également à se poser sur le tronc des arbres cariés. Nous l'avons souvent pris ainsi aux environs de Montpellier.
HERMIONE. Lin. Fab. Ochs. Bdv. Hub. 122-124. God. pl. 7 *sec.* fig. 2. *Le Sylvandre*. Engr.	Envergure, 70 mill.—Ailes d'un brun noir, avec une bande transverse *d'un blanc enfumé*, et la frange entrecoupée; supérieures ayant la bande presque continue, à peine interrompue par les nervures, *très-saupoudrée d'atomes bruns*, surtout vers le haut, où elle est chargée d'un œil brun; inférieures dentées, avec la bande continue et un petit œil près de l'angle anal. Dessous des supérieures ayant la bande *teintée de jaune*, l'œil noir et distinct et le sommet strié de blanc. Dessous des inférieures brun, strié de gris, avec les trois lignes marquées en noir et l'œil anal. Massue des antennes toute *noire*. ♀ Plus grande, avec la bande des supérieures moins obscure et souvent marquée de deux yeux noirs.	Dans une grande partie de l'Europe, bois secs et pierreux. En juillet et août. Chenille rase, ridée transversalement, d'un gris roussâtre, avec un double filet dorsal brun et une bande latérale d'un gris cendré bordée d'une ligne noire liserée de blanc. Tête d'un jaune d'ocre, rayée de noir. Vit en mai sur plusieurs graminées. Chrysalide et mœurs semblables à celles de *Circe*.	Il est commun dans une grande partie de la France. Il a les mœurs du précédent.
ALCYONE. Ochs. Hub. 125-126. Dup. *Suppl.* pl. 27. fig. 1-2. Bdv. *Icon.* pl. 40. fig. 5-6. *Hermione*. var. God. *Le petit Sylvand.* Engr.	Plus petit (60 mill.).—Bande des inférieures plus obscurcie du côté externe, ce qui la fait paraître plus étroite et plus éloignée du bord; bande des supérieures marquée, souvent dans le mâle et toujours dans la femelle, de deux yeux. Dessous des inférieures plus marqué de noir.	Allemagne, Dalmatie, Italie, midi de la France, Suisse, etc., etc. En juillet et août.	Presque tous les auteurs en font une espèce séparée; et M. Boisduval, tout en hésitant à suivre leur exemple, annonce qu'il donnera sa chenille incessamment. Nous attendrons qu'elle ait été fidèlement com-

			parée avec celle d'*Hermione* pour ériger *Alcyone* en espèce distincte, car ses caractères sont bien fugitifs.

(118) *Bande transverse fauve, au moins dans la femelle.*

NEOMIRIS. God. *Encycl. Hist. nat.* pl. 11 K. fig. 1-2. Bdv. *Icon.* pl. 42. fig. 6-8. *Marmoræ.* Hub. 814-817.	Envergure, 50 mill.—Ailes d'un brun noir, avec la frange entrecoupée et une bande fauve transverse; supérieures ayant cette bande maculaire inférieurement, très-saupoudrée de brun qui la cache en partie supérieurement, et marquée d'un œil noir apical et quelquefois d'un point noir sur la partie fauve; inférieures un peu dentées, ayant la bande fauve large, plus claire intérieurement et marquée auprès de l'angle anal d'un point noir. Dessous des supérieures avec la bande fauve nette, large et seulement un peu teintée de brun par en haut, où l'œil apical est renfermé entre deux traits blanchâtres. Dessous des inférieures brun, strié de plus foncé, avec une bande blanche nettement coupée par la ligne médiane, fondue de l'autre côté, l'œil du dessus et une série de petits points blancs peu marqués. ♀ Avec la bande fauve nette aux supérieures, où elle est toujours marquée de deux yeux. Dessous des inférieures plus clair.	Corse et Sardaigne, sur les hautes montagnes En juillet.	Ce Satyre a des rapports très-marqués avec le précédent, et nous ignorons pourquoi les auteurs modernes l'en ont tant éloigné. Il n'est pas commun dans les collections, à cause des localités assez circonscrites qu'il habite. Il vole ordinairement sur les montagnes à 5 ou 600 toises d'élévation, mais il descend aussi quelquefois en plaine. La chenille a été découverte par M. Rambur, mais n'a pas encore été publiée. NOTA. Plusieurs auteurs citent comme synonymie de cette espèce un Sat. *Iolaus* d'Hubner. Ce Satyre n'existe point dans cet auteur; mais le *Neomiris* y est très-bien figuré sous le nom de *Marmoræ*, du nom de celui qui l'a trouvé le premier.
ANTHELEA. Lefeb. Bdv. *Icon.* pl. 41. fig. 1-4. ♂ Hub. 861-862. Dup. *Suppl.* pl. 27. fig. 5-6. ♀ *Telephassa.* Hub. pap. exot. Dup. *Suppl.* pl. 28. fig. 1-2.	Envergure, 50 mill. — Ailes brunes, avec une large bande irrégulière, blanche, lavée de roux extérieurement et la frange entrecoupée; les supérieures entières, avec *un large trait noir longitudinal dans la cellule*, et la bande rétrécie au milieu et marquée de deux gros yeux noirs écartés, quelquefois sans pupille; inférieures dentées, avec la bande interrompue avant le bord abdominal, plus large en cet endroit et y portant un petit œil sur la partie rousse. Dessous des inférieures d'un brun strié, avec la ligne médiane bien marquée et éclairée par un *large espace blanc* correspondant à la bande du dessus. ♀ Plus grande, plus arrondie, ayant les bandes du dessus *fauves;* celle des supérieures se prolongeant sur le disque, et deux points blancs entre les yeux. Dessous des supérieures fauve au milieu. Dessous des inférieures d'un gris mêlé de jaunâtre et strié de brun, sans espace blanc, et avec les lignes peu marquées.	Midi de la Hongrie? En juin.	Les deux sexes de ce Satyre sont si différents, qu'Hubner en avait fait deux espèces; mais M. Lefebvre les a pris, le 12 juin, accouplés aux environs de Smyrne, où il n'existait point de mâle à bande fauve, ce qui lève tout doute à cet égard. La véritable patrie de ce Satyre est l'Asie-Mineure, et il n'est pas bien sûr qu'il ait été pris en Hongrie; cependant, comme cette localité est indiquée par plusieurs auteurs, nous avons dû l'admettre dans nos tableaux. Il est rare dans les collections.
TELEPHASSA. ♂ Hub. pap. exot.	Ailes un peu plus claires, bande du dessus entièrement fauve et quelquefois		Nous n'avons pas vu en nature cette variété.

	aussi deux points blancs entre les yeux des supérieures.		M. Boisduval observe qu'on devrait peut-être la regarder comme l'espèce typique.

(119) *Ailes d'un brun-cendré jaunâtre, traversées par une bande fauve.*

ARETHUSA. Fab. Ochs. Bdv. Hub. 154-155. 937-938. God. pl. 7 *tert.* fig. 2. *Le petit Agreste.* Engr.	Envergure, 45 mill. — Ailes d'un brun-jaunâtre clair, avec une bande *étroite, maculaire*, d'un jaune fauve, et la frange entrecoupée; supérieures avec la bande formant cinq ou six taches *bien nettement séparées*, et dont la première marquée *d'un* gros point noir; inférieures ayant la bande d'un fauve plus vif, formant quatre à cinq taches ovales-oblongues, excepté l'anale, qui est ronde et marquée d'un point noir. Dessous des supérieures d'un jaune d'ocre, strié de gris à la côte et au sommet, avec l'œil du dessus pupillé. Dessous des inférieures d'un gris brun très-strié de brun plus foncé, avec les lignes assez confuses, la médiane courbe, *légèrement sinueuse* et éclairée de gris blanchâtre. ♀ Un peu plus grande, plus claire, avec la bande fauve plus large, moins maculaire et souvent marquée aux supérieures d'un second point noir. Dessous plus jaunâtre.	Dans une grande partie de l'Europe, bois secs et élevés. En août.	Il est commun dans les localités qu'il habite. Ses mœurs diffèrent peu de celles de ses analogues. Toutefois, il se prend, non-seulement sur les rochers, mais encore dans les bois ombragés. Les femelles sont moins communes que les mâles. Chez celles-ci l'œil apical est souvent pupillé en dessus. NOTA. Plusieurs auteurs rapportent ici la var. *Aristæus* Bonelli, mais elle appartient évidemment à l'espèce suivante.
ERYTHIA. Hub. 591-592.	D'un ton généralement plus chaud. Bande transverse réduite à des taches fort petites et arrondies; quelques-unes des supérieures marquées de petits points noirs. Disque des supérieures d'un jaune vif en dessous. Dessous des inférieures plus foncé, avec les trois lignes nettes, distinctes, fortement ombrées de brun foncé, la médiane et la basilaire formant entre elles une bande brune, l'anté-terminale surmontée d'une série de petits points blancs, comme dans *Neomiris.*	France méridionale, Italie.	
SEMELE. Lin. Fab. Ochs. Bdv. Hub. 143-144. Var. accid. 826-827. 832-835. God. pl. 7 *tert.* fig. 1. *L'Agreste.* Engr.	Envergure, 50 mill. — Ailes d'un brun-jaunâtre clair, avec la frange entrecoupée; supérieures aiguës au sommet et ayant une bande anté-terminale large, *presque insensible* et chargée de *deux* yeux bruns écartés et légèrement éclairés de jaune; inférieures dentées, avec la même bande, mais plus distincte et marquée près du bord terminal *de quatre taches d'un jaune d'ocre*, dont la dernière chargée d'un œil noir. Dessous des supérieures d'un jaune d'ocre, plus foncé à la base, avec les yeux du dessus écrits en noir. Dessous des inférieures d'un gris cendré très-strié de brun, avec les trois lignes, dont la médiane distincte, *très-sinueuse* et éclairée d'une *large bande blanche.* ♀ Plus grande, avec la bande des supérieures bien marquée en jaune d'ocre, et les yeux noirs. Bande blanche du dessous des inférieures moins apparente.	Dans toute l'Europe, dans les bois secs et rocailleux. En juillet et août. Chenille d'un brun cendré ou jaunâtre, avec cinq lignes plus ou moins marquées, dont une rougeâtre latérale, et une autre liserée de blanc, qui porte les stigmates; tête pâle, avec trois lignes brunes; pattes roussâtres. Vit en avril et mai sur les graminées. Chrysalide courte, épaisse, non suspendue, roussâtre, avec l'enveloppe des ailes plus claire et le dos fortement caréné.	Il est commun et aime à se poser sur le tronc des arbres cariés. On rencontre parfois des individus plus grands et dont les taches oculaires sont d'une taille démesurée. Nous avons au contraire trouvé un individu chez lequel ces taches sont très-petites et sans pupille.

ARISTÆUS. Bonelli.	Plus grand et plus vivement coloré. ♀ Plus grande, avec les bandes bien nettes, d'un fauve très-vif; celle des supérieures envahissant en outre une partie du disque; celle des inférieures entièrement fauve, et n'offrant point, par conséquent, de taches de cette couleur. Yeux noirs et bien marqués. Dessins du dessous très-prononcés.	Corse, Sicile, Sardaigne. M. Rambur a élevé la chenille, et il assure qu'elle ne diffère point de celle de *Semele*.	Le fauve domine tellement chez la femelle de cette belle variété, qu'on pourrait dire avec justesse qu'il forme le fond de la couleur.
HIPPOLYTE. Ochs. Bdv. *Icon.* pl. 42. fig. 1-2. Dup. *Suppl.* pl. 28. fig. 5-6. *Agave.* Hub. 139-140. *Alcyone.* Fab. God. *L'Hippolyte.* Engr.	Envergure, 50 mill.—Ailes un peu oblongues, brunes, avec une bande d'un fauve jaunâtre, liserée de noir, dentée intérieurement, marquée aux supérieures de deux gros points noirs écartés, et dont l'antérieur pupillé en dessous, et aux inférieures d'un très-petit point près de l'angle anal. Dessous des inférieures d'un gris brun strié, avec les nervures blanchâtres, les lignes peu marquées; la médiane un peu éclairée de blanchâtre à la côte; l'anté-terminale composée d'une suite de chevrons peu marqués, et le point du dessus accompagné d'un autre plus petit. ♀ Inconnue.	Russie méridionale.	Cette espèce est extrêmement rare. Nous ne l'avons pas vue en nature, et nous la décrivons sur les figures et description de M. Boisduval, qu'il assure être très-exactes et faites sur le seul individu existant en France et appartenant à M. Chardiny, de Lyon.

(120) *Antennes à massue grossissant insensiblement et confondue avec la tige.*

(Les *Herbissées*, Dup.)

NARICA. Hub. 704-707. Bdv. *Icon.* pl. 42. fig. 3-5. Dup. *Suppl.* pl. 29. fig. 1-3.	Envergure, 42 mill.—Ailes supérieures entières, fauves, avec la côte, le bord interne et l bord marginal bruns, et ayant sur le disque *une bande oblongue noirâtre*, partant du bord interne et s'avançant obliquement jusqu'au bout inférieur de la cellule, puis à l'angle apical un œil noir, aveugle en dessus, pupillé en dessous; inférieures légèrement dentées, brunes, sans taches. Dessous des supérieures privé de la bande noire du dessus. Dessous des inférieures d'un gris brun sablé de noirâtre, avec les *nervures plus claires*, les trois lignes sensibles, la basilaire et la médiane formant entre elles *une bande plus fonode et éclairée de blanc des deux côtés*, l'anté-terminale sinueuse et un peu éclairée de blanc extérieurement. ♀ Ayant les ailes supérieures dépourvues de la bande noire discoïdale, et marquées près du bord interne d'un second point noir plus petit et non visible en dessous.	Russie méridionale, entre le Volga et les monts Ourals.	Il est aussi extrêmement rare. Toutefois l'assertion de M. Boisduval, qu'il n'existe en France que les exemplaires de M. Chardiny et ceux de M. Franck, est dénuée de fondement, puisque nous avons fait notre description sur un mâle appartenant à M. Lefebvre. Il n'est pas exact non plus de dire que cette espèce est asiatique, puisqu'elle figure sur les catalogues des bords du Volga et de l'Oural. Nous n'avons pas vu la femelle *.
EUDORA. Fab. Ochs. Bdv. Hub. 163-164. God. pl. 18 B. fig. 1-3. *Le Misis.* Engr.	Envergure, 42 mill.—Ailes d'un brun jaunâtre; supérieures aiguës au sommet, avec le disque velu et marqué d'un épi grisâtre *sans poil*, et un point noir *aveugle* à l'angle apical; inférieures dentées, d'un brun uni. Dessous des supé-	Allemagne, Suisse, midi de la France, etc. En juillet et août. Chenille pubescente, verte, avec une large ligne latérale, variée de	Il est très-commun et a les mêmes mœurs que *Janira*. Les femelles varient pour la largeur de la bande fauve des supérieures et la taille

* La nature semble avoir pris plaisir à marquer d'un signe commun les espèces de la même contrée; ainsi la plupart des *Satyrus* propres à la Russie méridionale ont les nervures du dessous des inférieures détachées en blanc, comme on peut l'observer chez *Anthe, Autonoe, Hippolyte, Narica, Phryne, Afra*, etc., etc., quoique ces espèces fassent partie de groupes éloignés entre eux.

	rieures d'un jaune d'ocre encadré de gris, avec l'œil pupillé. Dessous des inférieures cendré, légèrement strié, avec les lignes à peine sensibles. Massue des antennes *d'un fauve clair* en dessous. ♀ *Plus petite*, ayant le disque des supérieures d'un jaune d'ocre, avec la base plus ou moins grisâtre, jusqu'à une ligne médiane plus foncée, et formant ainsi une bande jaune marquée de *deux* yeux noirs.	jaune et de ferrugineux, au-dessus de laquelle est une ligne blanche; tête verte, avec un trait roux bordé de blanc; pattes vertes; pointes caudales ferrugineuses. Vit en mai et juin sur plusieurs graminées. Chrysalide suspendue, entièrement verte ou d'un brun roux, avec des lignes longitudinales blanchâtres.	des yeux, surtout de l'inférieur, qui s'oblitère parfois. Nous avons un mâle au contraire, où ce second œil paraît sur une bande légèrement fauve. La taille de ce Satyre varie aussi et égale parfois celle du suivant. Il a d'ailleurs comme lui sa variété *Hispulla*.
JANIRA. Ochs. Bdv. God. pl. 7 *sec.* fig. 1. *Janira* ♀ et *Jurtina* ♂. Lin. Fab. *Jurtina.* Hub. 161-162. *Le Mirtil.* Engr.	Envergure, 46 mill.—Ailes brunes; supérieures entières, avec *un épi velu* et plus foncé sur le disque, et un œil apical à iris fauve, souvent suivi de quelques taches de cette couleur; inférieures dentées, d'un brun uni. Dessous des supérieures d'un jaune fauve encadré de gris jaunâtre, avec l'œil du dessus. Dessous des inférieures *d'un gris jaunâtre*, plus foncé jusqu'à *la* ligne médiane, qui est suivie *de un à trois points noirs* cerclés de jaune, et dont l'anal, quand il existe, plus petit. Massue des antennes d'un *roux obscur* en dessous. ♀ *Plus grande*, ayant aux supérieures une bande anté-terminale fauve, qui s'étend plus ou moins sur le disque, et sur laquelle est l'*œil* apical souvent géminé, et aux inférieures une bande anté-terminale un peu plus claire que le fond. Dessous des inférieures plus clair.	Dans toute l'Europe, bois, prés, etc., etc. En juin et juillet. Chenille verte, un peu velue, avec une ligne plus foncée sur le vaisseau dorsal, et deux autres latérales blanchâtres, tête et pattes vertes; pointes caudales mêlées de roussâtre. Vit sur les graminées, en avril et mai. Chrysalide suspendue, d'un vert pâle, avec des tubercules jaunâtres sur le dos et deux lignes brunes sur l'enveloppe des ailes.	Il est extrêmement commun. La femelle a souvent la bande des inférieures teintée de fauve, mais jamais autant que la variété suivante. Engramelle figure une foule de variétés accidentelles. Godart rapporte à cette espèce l'*Érymanthea* d'Esper; ne l'ayant jamais vu, nous ne pouvons dire si c'est ici ou à l'*Eudora* qu'il faut le rapporter, ou même s'il ne constitue pas une espèce distincte.
HISPULLA. Esp. Illig. Hub. 593-596.	Plus grand. Dessous des inférieures plus jaunâtre et marqué ordinairement de quatre points. ♀ Plus grande, ayant la bande des inférieures entièrement fauve, ainsi que le disque des supérieures. Dessous des inférieures parfois un peu violâtre, et lavé de jaune près de la ligne médiane.	Midi de la France, Espagne, Portugal, Sicile, etc.	On rencontre parfois cette variété aux environs de Paris, mais elle n'y est jamais bien tranchée.
TITHONIUS. Lin. God. pl. 7. fig. 2. *Tithonus.* Ochs. Bdv. *Pilosellæ.* Fab. *Herse.* Hub. 156-157. 612. *L'Amarillis.* Engr.	Envergure, 37 mill.—Ailes fauves, encadrées de brun; supérieures ayant sur le disque une tache *oblongue, velue*, moins foncée sur ses bords et partant du bord interne, et un œil noir apical bipupillé; inférieures obscures à la base et légèrement dentées. Dessous des supérieures sans tache discoïdale. Dessous des inférieures d'un gris roussâtre, avec la ligne médiane éclairée d'une bande d'un jaune d'ocre, sur laquelle sont placés *trois à quatre points blancs largement cerclés de roussâtre*, et dont les deux supérieurs isolés. ♀ Plus grande, d'un fauve plus clair, et dépourvue de tache noire discoïdale sur les supérieures.	Dans une grande partie de l'Europe, dans les bois. En juillet et août. Chenille couverte de petits poils courts et bifides, verte ou roussâtre, avec une ligne dorsale rousse, puis une latérale semblable, puis une autre au-dessus des pattes, accolée à une raie d'un blanc jaunâtre; tête rousse, rayée de brunâtre; pattes et pointes caudales de la couleur du corps. Vit en mai et juin sur les graminées. Chrysalide suspendue, grisâtre ou rougeâtre, avec des lignes et des points brunâtres.	On le voit voler par milliers dans les bois de nos environs. Il préfère ceux qui sont secs et couverts de bruyères, mais il s'accommode également des autres et même des chemins bordés de haies. Le mâle a souvent, et la femelle presque toujours, un petit œil près de l'angle anal des secondes ailes en dessus.

IDA. Fab. Ochs. Bdv. Hub. 158-159. God. pl. 18 B. fig. 4-5.	Envergure, 34 mill.—Ailes arrondies, fauves, encadrées de brun; supérieures ayant sur le disque une tache brune partant du bord interne, *coupée carrément au sommet* et interrompue par les nervures, et un œil apical noir bipupillé. Dessous des supérieures dépourvu de la tache discoïdale. Dessous des inférieures d'un gris-brun nébuleux, avec la ligne médiane coudée au tiers, éclairée de gris satiné et d'une tache jaune au bout de la cellule; base des mêmes ailes nuancée du même gris; ligne anté-terminale peu sensible et perdue dans un espace d'un brun foncé : le tout *sans yeux*. ♀ Plus grande, plus claire, et dépourvue de tache discoïdale sur les supérieures.	Midi de l'Europe, bois montueux. En juin. Chenille couverte de poils courts et bifides, d'un gris roussâtre, avec une ligne dorsale noirâtre, puis une bande plus claire marquée de six ou sept points noirs, puis au-dessus des pattes une ligne blanchâtre bordée d'une ligne rousse; tête grise, rayée de noir et de blanchâtre; pointes anales de cette dernière couleur; pattes de la couleur du fond. Vit en avril et mai sur les graminées, et surtout sur le *Triticum cespitosum*. Chrysalide suspendue, courte, épaisse, d'un brun jaunâtre, avec des points et des stries noirâtres.	Il n'est pas rare dans les garigues de Montpellier, où nous l'avons pris en quantité.
PASIPHAE. Ochs. Bdv. Hub. 167-159. *Bathseba*. Fab. God. pl. 18 B. fig. 6-7. *Salome*. Fab. *Le Titire*. Engr.	Envergure, 42 mill. — Ailes arrondies, d'un jaune fauve, encadrées de brun; supérieures ayant depuis la base jusqu'au milieu une large place brune légèrement coupée par les nervures, et à l'angle apical un œil noir ordinairement bipupillé; inférieures un peu dentées, avec la base obscure et *une série de petits yeux noirs*, dont le deuxième plus petit et souvent nul. Dessous des inférieures d'un brun clair, avec la ligne médiane suivie *d'une bande d'un jaune clair*, et surmontant une série d'yeux noirs à iris fauve, dont les deux supérieurs séparés des autres par *une tache blanchâtre*. ♀ Plus grande, d'un fauve plus clair, avec le disque des supérieurs non coupé par une tache brune et seulement un peu teinté de grisâtre.	Espagne, France méridionale, sur les montagnes boisées. En juin et juillet.	Il est fort commun dans les environs de Montpellier, où nous l'avons pris abondamment volant avec *Ida*. Chez la femelle, l'œil apical est quelquefois accompagné d'un point noir.

(121) *Antennes très-distinctement annelées de blanc dans toute leur longueur en dessus et en dessous.* . . . (122)

(122)
- Chenille pubescente. — Nervure costale très-renflée à son origine, la médiane également renflée, quoique moins fortement. — Taille moyenne et au-dessus. . . . . (123)
- Chenille....—Toutes les nervures sans renflement brusque à la base; la costale un peu dilatée, mais faiblement et longuement; la médiane à peine plus forte que les autres.—Antennes à massue grossissant insensiblement, peu distincte de la tige et courbée à l'extrémité. — Taille moyenne. . . . . (131)
- Chenille glabre et luisante. — Les trois nervures des supérieures très-renflées à leur origine, au moins dans les mâles. — Massue des antennes distincte de la tige. — Taille petite. . . . . (132)

(123) *Chenille pubescente. — Nervure costale tres-renflée à son origine; la médiane également renflée, quoique moins fortement. — Taille moyenne et au-dessus.* . . . . (124)

(124)
- Antennes annelées de blanc seulement dans la femelle, à massue distincte de la tige, mais un peu allongée.—Taille au dessus de la moyenne. . . . . (125)
- Antennes annelées dans les deux sexes, terminées brusquement en bouton aplati.—Taille moyenne. . . . . . . (126)
- Antennes annelées dans les deux sexes, à massue grossissant insensiblement et non distincte de la tige. — Ailes brunes en dessus. — Taille moyenne. . . . . (127)

(125) *Antennes annelées de blanc seulement dans la femelle, à massue distincte de la tige, mais un peu allongée. — Ailes inférieures fortement dentées. — Taille au-dessus de la moyenne.*

CLYMENE. Fab. Ochs. God. Hub. 165-166. Bdv. *Icon.* pl. 41. fig. 4-6. Dup. *Suppl.* pl. 29. fig. 4-7.	Envergure, 52 mill.—Ailes d'un brun-jaunâtre clair, avec la frange entrecoupée; supérieures ayant le disque fauve, avec plusieurs taches apicales de la même couleur, dont une ou deux marquées d'un point noir; inférieures avec trois points noirs anté-terminaux sur des taches fauves. Dessous des supérieures fauve, encadré de gris jaunâtre. Dessous des inférieures d'un jaune-verdâtre sale, avec une série anté-marginale de sept yeux noirs à iris fauve, et une éclaircie près de la côte. ♀ Plus grande, plus pâle; taches apicales d'un jaune blanchâtre. Dessous des inférieures d'un cendré clair, avec la ligne médiane et l'anté-terminale distinctes.	Russie méridionale, Turquie, Hongrie, Volhynie. En juin.	Il a été fort rare dans les collections, et n'est pas encore très-répandu, quoiqu'on le prenne communément sur les frontières de la Turquie. La femelle est plus rare que le mâle et vole un peu plus tard.
ROXELANA. Fab. Ochs. God. Hub. 680-683. Dup. *Suppl.* pl. 30. fig. 1-4. Bdv. *Icon.* pl. 43. fig. 1-3.	Envergure, 56 mill. — Ailes d'un brun-jaunâtre clair, avec la frange entrecoupée; supérieures ayant le disque fauve, avec une *large tache costale brune,* un point noir apical, et *la nervure inférieure très-sinuée;* inférieures très-dentées, avec quelques yeux bruns cerclés de grisâtre et peu marqués. Dessous des supérieures beaucoup plus clair que le dessus et sans tache costale. Dessous des inférieures cendré, avec les lignes basilaire et médiane sinuées et peu marquées en brun, l'anté-terminale double, plus claire au milieu et surmontée d'une série de sept yeux; les deux premiers et les trois derniers grands, noirs, cerclés de jaune, et les deux autres petits, gris et à peine visibles; une tache blanchâtre au bout de la cellule. ♀ Plus grande, ayant la tache discoïdale des supérieures coupée par les nervures et par une ligne transverse brunes, et en outre plusieurs taches apicales d'un jaune clair. Inférieures avec les yeux mieux marqués; dessous de celles-ci d'un gris varié de blanchâtre, avec les lignes et les yeux mieux marqués.	Grèce, Hongrie, Turquie, Crimée. En mai, juin et juillet.	Ce beau Satyre n'est pas encore très-répandu dans les collections. Il a les mêmes mœurs que *Mæra.* En Hongrie on le trouve volant avec *Clymene,* mais bien plus rarement. Il est aussi bien plus difficile de se procurer des femelles que des mâles. Les antennes de ceux-ci sont d'un brun roux sans annelures bien distinctes, avec la massue noire à sommité fauve, tandis que celles de la femelle sont annelées très-visiblement, comme celles de *Mæra, Megæra,* etc.

(126) *Antennes annelées dans les deux sexes, terminées brusquement en bouton aplati. — Taille moyenne.*

(Les *Vicicoles.* Dup.)

MŒRA. Lin.? Fab.? Bdv. God. pl. 7 *sec.* fig. 2. *Adrasta.* Ochs. Hub. 836-839. *Le Satyre.* Engr. pl. 26. fig. 50 C. D. E. F. et 50 *bis* B. C.	Envergure, 43 mill.—Ailes d'un brun jaunâtre, avec une bande anté-terminale maculaire d'un jaune fauve; celle des supérieures large, coupée inférieurement par une ligne brune, et marquée supérieurement d'un grand œil noir *bipupillé,* surmonté d'un autre très-petit; celle des inférieures, qui sont légèrement dentées, étroite, composée de quatre taches, dont les deux anales ar-	Parties méridionales et centrales de l'Europe. Mêmes époques et localités que *Megæra.* Chenille d'un vert clair, avec une ligne dorsale brune liserée de blanchâtre, et une ligne latérale blanchâtre; tête et pattes vertes. Vit sur	Il est moins commun que *Megæra.* Il arrive assez souvent que la pupille inférieure de l'œil apical est supprimée. La teinte du dessous des inférieures varie aussi du gris-blanc argenté au gris violâtre un peu sou-

	rondies et marquées chacune d'un œil noir. Dessous des supérieures ayant la ligne qui précède l'œil longue, brisée, mais *ne formant point d'angle au bout de la cellule*. Dessous des inférieures d'un gris *blanchâtre uni*, avec les trois lignes dont l'anté-terminale double, *sinuée*, *nullement ombrée de roux* et surmontée de six yeux *presque contigus*, entourés de plusieurs cercles bruns et jaunâtres, et dont l'anal double. ♀ *Plus grande*, avec la bande des supérieures plus large et s'étendant sur tout le disque; celle des inférieures ayant quelquefois cinq taches. Yeux du dessous des inférieures encore plus grands et plus contigus.	les graminées, en avril et juin. Chrysalide suspendue, d'un vert clair ou d'un noir verdâtre, avec deux rangées de boutons fauves sur le dos.	poudré, mais jamais autant que dans *Megæra*, et d'ailleurs il n'est jamais teinté de fauve. Il est difficile de savoir ce qu'il faut considérer comme le *Mæra* typique. Les auteurs allemands donnent le nom d'*Adrasta* à notre *Mæra* et *vice versa :* aussi faudrait-il peut-être faire d'*Adrasta* l'espèce typique; mais le nom de *Mæra* est si généralement adopté pour l'espèce que nous décrivons, que nous n'avons pas cru devoir le changer.
ADRASTA. Dup. *Suppl.* pl. 46. fig. 1-2. *Mæra*. Ochs. Hub. 174-175. *Le Némusien*. Engr. pl. 26. fig. 51 A. B.	Un peu plus grand; brun plus foncé et envahissant aux supérieures la partie de la bande fauve qui est en deçà de la ligne sinueuse; cette bande d'un fauve plus roux et formant aux inférieures des taches isolées et ordinairement au nombre de trois seulement. Dessous des supérieures plus vif. Dessous des inférieures d'un gris foncé, très-saupoudré de brunâtre ou de violâtre, et laissant mieux voir une tache plus blanche à la côte. ♀ Partageant tous ces caractères et ayant à peine le disque des supérieures d'un fauve très-roussâtre.	Parties froides et montueuses de l'Europe.	Ce n'est qu'une légère variété de *Mæra*, avec lequel il se fond par des individus intermédiaires; et ce qui le prouve jusqu'à l'évidence, c'est qu'il a été élevé de la même chenille.
HIERA. Ochs. Treits. Hub. 176. Bdv. *Icon.* pl. 44. fig. 1-3. Dup. *Suppl.* pl. 46. fig. 3-4. *Mæra*. var. God.	Envergure, 40 mill. — Ailes d'un brun-*noirâtre* terne, avec la frange plus claire; supérieures avec un œil *unipupillé*, surmonté d'un autre plus petit et placé sur une tache d'un fauve terne audessous de laquelle se trouvent quelquefois deux autres taches semblables; inférieures avec une série de taches antéterminales du même fauve, chargées de trois à cinq yeux noirs. Dessous des supérieures d'un *brun terne*, avec les taches fauves plus grandes et précédées d'une ligne *formant un angle au bout de la cellule*. Dessous des inférieures d'un gris un peu rosé, *très-saupoudré de noirâtre*, avec les trois lignes dont la médiane éclairée à son sommet d'une tache blanchâtre, et suivie d'un rang d'yeux assez petits, ordinairement isolés, entourés de plusieurs cercles bruns et jaunâtres, et dont l'anal double. ♀ *De la même taille*, avec les taches fauves plus grandes aux supérieures, et formant bande. Elle ressemble beaucoup, en dessus, au mâle de *Mæra*.	Suisse, Allemagne, Italie, Servie, Autriche. En mai et août.	Il n'est pas encore très-répandu dans les collections, parce que jusqu'ici on l'a regardé comme simple variété de *Mæra;* mais M. Boisduval, *qui en a élevé la chenille*, pense, avec M. Treitschke, qu'il forme une espèce distincte. De pareilles preuves et de pareils témoignages ne peuvent rien laisser à désirer sur son authenticité.
MEGÆRA. Lin. Fab. Ochs. Bdv. Hub. 177-170. God. pl. 7 *sec.* fig. 3.	Envergure, 40 mill. — Ailes d'un jaune fauve, avec les nervures et des lignes transverses brunes; supérieures en ayant une plus large et plus terne sur le disque, et au sommet un grand œil	Dans toute l'Europe, au bord des chemins, le long des murs, dans les bois, etc. En mai et juillet.	Il est extrêmement commun, surtout le long des habitations. On voit quelquefois un point noir au-dessous

Le Satyre. Engr. pl. 26. fig. 50 A. B.	noir *unipupillé*, surmonté d'un autre apical très-petit. Inférieures légèrement dentées, *d'un jaune fauve*, avec la première moitié plus foncée jusqu'à la ligne médiane, puis traversées *d'une autre ligne* incertaine, découpant souvent des taches sur lesquelles sont quatre à cinq yeux. Bord terminal brun, traversé par une ligne *plus claire*. Dessous des inférieures d'un gris *jaunâtre saupoudré de brun*, avec les lignes basilaire et médiane bien marquées, très-dentées, *éclairées de fauve;* puis six yeux *très-petits, isolés*, entourés de plusieurs cercles bruns et jaunâtres. Ligne anté-terminale double, très-dentée et *rousse* inférieurement. ♀ Plus grande, dépourvue de la ligne plus terne des supérieures, et avec les yeux des inférieures également *petits et isolés.*	chenille d'un vert d'eau, avec une ligne dorsale plus foncée et liserée de blanchâtre des deux côtés, une ligne latérale blanchâtre, surmontée d'une ou deux autres lignes également blanchâtres et un peu sinuées. Tête, pattes membraneuses et pointes anales vertes, pattes écailleuses brunâtres. Vit en mars, avril et juin sur les graminées. Chrysalide d'un vert pâle ou d'un noir verdâtre, avec deux rangs de tubercules jaunâtres sur le dos. Suspendue le long des murs, des arbres, etc., etc.	de l'œil apical des supérieures.
TIGELIUS. Bonelli. Rambur. Bdv. *Icon.* pl. 45. fig. 1-3. Dup. *Suppl.* pl. 30. fig 5-7. *Paramegæra.* Hub. 842-844.	Plus petit, ailes un peu plus arrondies, d'un fauve plus clair, avec la bande médiane des supérieures chez le mâle plus rétrécie par en haut; inférieures manquant absolument de la ligne brune qui précède les yeux, et ayant le bord terminal traversé et interrompu par une ligne fauve. ♀ Analogue à la précédente.	Corse et Sardaigne. Presque toute l'année dans les parties chaudes et aux mêmes époques que *Megæra* dans les montagnes.	M. Rambur a élevé la chenille de ce Satyre; mais, en suivant attentivement sa description sur plusieurs chenilles de *Megæra*, nous nous sommes convaincus qu'elle convenait parfaitement à beaucoup d'individus de celle-ci; il en est de même de la chrysalide. D'une autre part, nous avons pris avec des *Megæra* ordinaires un individu qui offre tous les caractères de *Tigelius.* Celui-ci n'est donc pour nous qu'une variété locale. Peut-être devrait-on lui restituer le nom de *Paramægera*, mais nous ne sommes par sûrs que ce nom d'Hubner soit antérieur à celui de Bonelli.
LYSSA. Pareyss. Bdv. *Icon.* pl. 44. fig. 4-6.	Il diffère à peine de *Megæra* par le dessous des inférieures, qui est d'un gris blanchâtre uniforme, comme dans *Mæra.*	Dalmatie.	Il y a dans la pl. 44 de M. Boisduval une erreur : la fig. 6 représente la var. *Lyssa* mâle et non le *Xiphia.*

(127) *Antennes annelées dans les deux sexes, à massue grossissant insensiblement et non distincte de la tige. — Ailes brunes en dessus. — Taille moyenne.* . . . . (128)

(128) { Supérieures avec un seul œil apical. . . . . (129)
Supérieures avec une série de quatre à cinq yeux. . . . . (130)

(129) *Supérieures avec un seul œil apical.*

ÆGERIA. Lin. Fab. Ochs. Bdv. Hub. 181-182.	Envergure, 40 mill. — Ailes dentées, brunes, avec des taches arrondies d'un jaune pâle et la frange blanche. Sommet	Nord et centre de la France et de l'Europe. En avril et juillet.	Il est très-commun dans les parties couvertes et ombra-

God. pl. 8 *sec.* fig. 1. *Le Tircis.* Engr.	des supérieures marqué d'un œil noir; inférieures en ayant trois ou quatre posés sur les taches jaunes anté-marginales. Dessous des inférieures d'un *jaune sale*, avec le bord marginal teinté de *gris violâtre* et surmonté de quatre à cinq points jaunes, cerclés de brun mais peu nettement; ligne médiane éclairée extérieurement de jaune plus pâle que le fond. ♀ A ailes un peu plus arrondies, avec les taches jaunes plus grandes et plus pâles.	Chenille ridée transversalement, d'un vert pâle, avec une ligne dorsale d'un vert foncé, doublement liserée de blanc, et une autre ligne blanche au-dessus des pattes. Tête et pattes vertes. Vit en mai et septembre sur les graminées. Chrysalide suspendue, grisâtre ou verte, avec le dos renflé et quelques lignes noires sur l'enveloppe des ailes.	gées de tous les bois.
MEONE. Ochs. Treits. Hub. 179-180. *Ægeria.* var. God. Bdv.	Les taches, au lieu d'être d'un jaune pâle, sont d'un fauve jaunâtre, un peu plus grandes, surtout aux inférieures, où les yeux sont plus prononcés; le dessous est, comme le dessus, plus chaud de ton et celui des inférieures est plus largement violâtre; la frange est d'un brun fauve.	Midi de la France, Suisse, Allemagne, etc., etc.	
XIPHIA. Fab. God. Bdv. *Icon.* pl. 44. fig. 7. Dup. *Suppl.* pl. 46. fig. 5 6.	Diffère peu en dessus de la variété précédente. Il est peut-être encore d'un ton plus chaud; les supérieures sont plus aiguës au sommet et les inférieures plus prolongées à l'angle anal. En dessous, toutes les parties qui sont violâtres chez *Meone* sont d'un roux vif chez *Xiphia*. Les lignes de l'intérieur de la cellule des supérieures sont plus droites; la ligne médiane des inférieures est moins dentée, circonscrit très-bien la partie rousse de la base et est éclairée par une bande d'un blanc sale, courte, partant de la côte, où elle est plus large, et se terminant au bout de la cellule par un petit crochet.	Espagne, Portugal.	Cette variété est bien tranchée et devra peut-être constituer une espèce séparée. Espérons que M. Rambur, qui visite en ce moment une partie de l'Espagne, résoudra complétement la question.

(130) *Supérieures avec une série de deux à cinq yeux.*

(Les *Ramicoles*. Dup.)

HYPERANTHUS. Lin. Fab. Ochs. Bdv. God. pl. 7. fig. 3. *Polymeda.* Hub. 172-173. *Le Tristan.* Engr.	Envergure, 40 mill. Ailes arrondies, *d'un brun-noir uni*, avec quelques points plus foncés et la frange d'un gris-blanc; dessous d'un brun jaunâtre, avec une série anté-terminale d'yeux noirs à iris jaune, au nombre de deux à quatre aux supérieures, et aux inférieures de cinq, dont les deux premiers isolés. Lignes médiane et anté-terminale un peu visibles. ♀ Plus grande, plus oculée et dont les yeux paraissent davantage en dessus.	Dans une grande partie de l'Europe. En juin. Chenille pubescente, d'un gris roussâtre, avec une ligne dorsale brune interrompue, une autre latérale d'un blanc jaunâtre et quelquefois une autre entre les deux, plus claire que le fond. Tête rousse, ponctuée de noir; pattes roussâtres. Vit en mai sur les graminées. Chrysalide non suspendue, courte, d'un jaune d'ocre, avec l'enveloppe des ailes plus claire et marquée de traits noirs.	Il est fort commun dans tous les bois des environs de Paris et de Chartres, et cependant nous ne l'avons jamais vu voler auprès de Châteaudun, quoique les terrains et la végétation n'expliquent en aucune manière cette disparition subite. On rencontre parfois des individus opposés à la variété suivante, c'est-à-dire dont les yeux sont très-grands et oblongs.

ARETE. Mull. Bork. Schn. *Hyperanthus.* variété God. Bdv. Hub. 173. *Le Tristan.* Engr. 52 F.	N'en diffère qu'en ce que les yeux sont remplacés par autant de petits points d'un blanc jaunâtre.		
DEJANIRA. Lin. Fab. Ochs. Bdv. Hub. 170-171. God. pl. 8. fig. 1. *La Bacchante.* Engr.	Envergure, 52 mill. — Ailes d'un gris-brun-jaunâtre clair, avec une double ligne anté-terminale plus foncée, et la frange jaunâtre. Supérieures avec une série de cinq points noirs *contigus*, cerclés de jaune clair, précédés par une éclaircie à la côte, et dont les inférieurs plus gros. Inférieures avec quatre à cinq points semblables. Dessous plus clair, avec *un trait jaune dans la cellule* et *une large bande anté-terminale*, d'un jaune clair aux supérieures, blanche aux inférieures, et sur laquelle sont les yeux. Ligne anté-terminale *triple*. ♀ Semblable.	Dans toute l'Europe. En juin. Chenille d'un vert clair, avec trois lignes dorsales et deux latérales plus foncées; celles-ci bordées inférieurement d'une ligne blanchâtre. Tête et pattes écailleuses, jaunâtres, membraneuses, vertes. Vit en avril sur l'ivraie (*Lolium perenne*). Chrysalide non suspendue, semblable à celle d'*Hyperanthus.*	Il n'est pas très-commun. Il habite de préférence les allées ombragées des bois bas et humides et les prés qui les avoisinent. Son vol est saccadé et sautillant, et il se pose volontiers sur les feuilles et sur les troncs d'arbres.

(131) *Chenille..... — Toutes les nervures sans renflement brusque à leur base; la costale un peu dilatée, mais faiblement et longuement; la médiane à peine plus forte que les autres. — Antennes à massue grossissant insensiblement, peu distincte de la tige et courbée à l'extrémité. — Taille moyenne.*

Genre CHIONOBAS. Bdv. — Les *Arcticoles*. Dup.

AELLO. Ochs. God. Dup. *Suppl.* pl. 31. fig. 1-3. Bdv. *Icon.* pl. 36. fig. 1-3. Hub. 519-521 et *Norna* 141-142.	Envergure, 45 mill.—Ailes *d'un gris-jaunâtre clair*, avec la frange blanche entrecoupée de noir et une bande anté-terminale d'un jaune d'ocre pâle, maculaire aux supérieures et marquée d'un ou deux yeux noirs écartés, et aux inférieures d'un œil près de l'angle anal, *accompagné intérieurement d'un autre plus petit ;* supérieures ayant en outre un épi oblique, velu et plus foncé sur le disque. Dessous des supérieures d'un jaune d'ocre, plus obscur à la base, strié de blanc et de brun à l'extrémité, avec les yeux du dessus. Dessous des inférieures d'un blanc jaunâtre, très-strié de brun, avec *les nervures blanches*, les trois lignes *à peine visibles*, et un œil à l'angle anal; massue des antennes d'un roux clair. ♀ Plus grande, plus claire et plus jaunâtre en dessus, sans épi discoïdal aux supérieures, qui sont plus arrondies. Yeux des mêmes ailes plus grands et plus nombreux.	Alpes de la Suisse, du Tyrol et de la Savoie. En juillet.	C'est l'espèce de cette section la plus répandue dans les collections. Elle ne se rencontre que sur les montagnes élevées et au-dessus de la région des forêts, et aime à se poser à terre ou contre les parois des rochers. Le nombre des yeux est très-variable, surtout dans les femelles. Le *Norna* d'Hubner, 141-142, se rapporte ici sans nul doute.
NORNA. Ochs. God. Hub. 763-766. Bdv. *Icon* pl. 36. fig. 4-6. Dup. *Suppl.* pl. 31. fig. 4-5.	Envergure, 45 mill.—Ailes *d'un brun-cendré jaunâtre*, avec la frange grise entrecoupée de noir, et une bande anté-terminale d'un fauve jaunâtre, marquée aux supérieures de deux yeux écartés, aux inférieures *d'un seul* à l'angle anal et qui manque quelquefois. Dessous des supérieures analogue à celui d'*Aello.* Dessous des inférieures d'un fauve pâle très-strié de brun, avec les *nervures concolores* et les lignes basilaire et médiane, bien distinctes, laissant entre elles une *large bande brune*, plus foncée sur ses	Laponie, Livonie, Scandinavie. En juillet.	Il est rare dans les collections, mais moins cependant que les suivants. D'après Hubner et M. Boisduval, il aurait le même ton en dessus qu'*Aello*, preuve qu'il varie par le fond de la couleur, car tous les individus que nous avons vus étaient plus rembrunis que cette espèce. Dalman dit qu'il

	bords *et éclairée de blanchâtre des deux côtés.* ♀ Plus grande, plus pâle, à ailes supérieures plus arrondies et marquées d'un petit point noir entre les deux yeux.		varie aussi pour le nombre des points ocellés.
CÆLENO. Hub. 152-153.	Le fond de la couleur est très-rembruni, les yeux sont plus petits de part et d'autre, et la bande du dessous des inférieures forme dans son milieu un angle plus saillant que dans les individus ordinaires.	*Idem.*	C'est à peine une variété, et on retrouve tous ses passages avec *Norna.*
JUTTA. Hub. 614-615. Bdv. *Icon.* pl. 38. fig. 1-4. Dup. *Suppl.* pl. 40. fig. 3-5.	Envergure, 50 mill. — Ailes *d'un brun roux un peu violâtre*, avec la frange grise, entrecoupée de noir, et une bande anté-marginale *très-maculaire*, d'un fauve jaunâtre. Supérieures très-aiguës au sommet, ayant un large épi brun et velu sur le disque, et la bande chargée de trois points noirs rarement pupillés. Inférieures avec cette bande *également maculaire* et marquée de deux points noirs près de l'angle anal. Dessous des supérieures d'un gris jaunâtre, avec la bande plus claire et l'angle apical strié de gris. Dessous des inférieures *d'un gris cendré légèrement violâtre*, finement strié de brun, avec les lignes basilaire et médiane sensibles, *mais peu marquées* et éclairées de gris violâtre plus clair que le fond. Massue des antennes d'un roux foncé en dessous. ♀ Plus grande, plus arrondie, ayant les points plus gros, plus souvent ocellés et parfois au nombre de quatre aux supérieures, qui n'ont point d'épi discoïdal. Dessous des inférieures un peu moins violâtre et à lignes *oblitérées et indiquées seulement par trois ou quatre taches plus claires que le fond.*	Laponie, environs de Torneo et de Lyckscle. En juillet.	Il est encore extrêmement rare dans les collections. Nous en avons vu quatre individus.
BALDER. Bdv. *Icon.* pl. 39. fig. 1-3. Dup. *Suppl.* pl. 49. fig. 4-5.	Beaucoup plus petit (40 mill.).—Supérieures dépourvues de l'épi discoïdal noirâtre. Dessous des inférieures ayant la bande un peu moins sinueuse, fortement dentée du côté externe et peu sensible du côté interne. Ligne anté-terminale plus prononcée.	Cap-Nord.	M. Duponchel pense qu'il n'est qu'une variété plus petite de *Jutta*, et M. Boisduval le regarde comme espèce séparée. Pour nous, qui ne l'avons pas vu en nature, nous ne pouvons nous prononcer à cet égard. Il est très-rare, et se trouve aussi au Groënland et en Islande.
TARPEIA. Esp. Ochs. Hub. 779-782. *Tarpeius.* Fab. God. Dup. *Suppl.* pl. 31. fig. 6-7.	Envergure, 45 mill. — Ailes d'un fauve sale, avec les nervures plus foncées et la frange entrecoupée de noirâtre. Supérieures aiguës au sommet, avec la base un peu obscure et une bordure d'un brun roussâtre, précédée d'une série de cinq points noirs, aveugles. Inférieures ayant la base légèrement brunâtre jusqu'à la ligne médiane, et une bordure comme les supérieures, précédée de quatre points noirs. Dessous des	Russie méridionale entre le Volga et les monts Ourals.	Il n'existe pas en France. Notre description est faite sur une figure fort exacte que M. Lefebvre a fait faire à Vienne, lors de son voyage en Autriche. Cette figure représente une femelle, c'est pourquoi nous avons mieux aimé la décrire seule

	supérieures fauve, strié de brun, avec le sommet jaunâtre, et une ligne brunâtre formant un angle aigu au bout de la cellule. Dessous des inférieures avec les nervures blanchâtres, la ligne médiane bien marquée, éclairée de jaune clair, et la ligne basilaire un peu indiquée par une éclaircie de la même couleur, qui se voit en transparence en dessus. Points pareillement aveugles; antennes d'un roux clair. ♀.		que de donner la description du mâle d'après les auteurs, ce qui ne serait qu'une répétition inutile. La figure qu'en a donnée M. Duponchel a été également copiée sur ce dessin, mais l'enluminure a rendu le fauve trop vif et le brun trop tranché.
BOOTES. Bdv. *Icon.* pl. 37. fig. 4-6. Dup. *Suppl.* pl. 32. fig. 3-5. Treits. *Suppl.*	Envergure, 45 mill. — Ailes minces, d'un gris-brun jaunâtre; les supérieures *très-aiguës au sommet;* les inférieures légèrement dentées, avec le disque et la bordure plus foncés; cette dernière surmontée d'un rang de taches incertaines, mais bien sensibles, d'un jaune d'ocre. Dessous des supérieures plus jaunâtre que le dessus, avec le sommet blanchâtre, strié de brun et marqué presque toujours *d'un point blanc.* Cellule fermée par un trait noirâtre, renfermant quelquefois une ligne et suivie d'une autre ligne semblable, formant un *angle aigu très-prolongé* sur la quatrième nervure. Dessous des inférieures gris, strié de brun, avec les nervures blanchâtres et les lignes basilaire et médiane *nettement coupées,* laissant entre elles *une bande d'un brun noir, éclairée de blanc des deux côtés;* ligne anté-terminale formée d'une suite de traits interrompus. ♀ Plus grande, plus arrondie, plus jaunâtre, avec les bandes du dessous visibles en dessus, même aux supérieures.	Cap-Nord.	Il est très-rare. On le trouve également au Groënland et au Labrador. On rema. que quelquefois sous les inférieures, au-dessus de la ligne anté-terminale, une série de petits points blancs. Il doit présenter du reste plusieurs variétés, mais les espèces hyperboréennes sont si rares dans les collections, qu'on ne peut les étudier que sur un petit nombre d'individus. Nous n'en avons vu qu'une paire de cette espèce.
BORE. Ochs. Hub. 134-136. 756? Bdv. *Icon.* pl. 37. fig. 1-3. Dup. *Suppl.* pl. 32. fig. 1-2. *Fortunatus.* Fab. God.	Envergure, 45 mill. — Ailes très-minces, d'un gris jaunâtre pâle, avec une partie du bord marginal un peu plus claire, surtout aux inférieures. Dessous des supérieures très-strié de brun et blanchâtre au sommet. Dessous des inférieures également strié de brun, avec les nervures blanchâtres et la ligne médiane plus foncée, denticulée et éclairée de blanchâtre; ligne basilaire quelquefois également marquée et éclairée, mais moins distinctement; pattes et antennes d'un jaune roussâtre. ♀ Plus grande, plus arrondie, un peu striée en dessus.	Alpes de la Laponie. En juillet.	N'ayant eu à notre disposition qu'un seul individu de cette espèce, nous n'avons pu bien juger des différences qu'il présente avec les espèces si voisines qu'on a décrites dans ces derniers temps. Nous pensons que cet individu est le *Fortunatus* de Godart et Fab., ou *Bore* de Dalman, etc., etc.; mais nous n'oserions assurer qu'il soit celui de M. Boisduval, lequel nous semble différer du *Bore* des auteurs.
ŒNO *. Bdv. pl. 39. fig. 4-6. Dup. *Suppl.* pl. 49. fig. 1-3.	La couleur du fond est plus foncée et les supérieures portent quelquefois une série de taches jaunâtres anté-marginales à peine sensibles. La frange est plus distinctement entrecoupée. Le dessous	Laponie.	Nous n'avons vu que deux femelles parfaitement conservées de ce Satyre, et il nous est impossible de nous pro-

* M. Boisduval décrit sous le nom d'*Also* le mâle d'un Satyre très-voisin de ceux-ci; mais, comme il n'a encore été pris que dans la Siberie et aux États-Unis d'Amérique, nous ne pensons pas qu'il doive être considéré comme européen.

	des inférieures est plus strié ; la bande transverse y est moins sensible que dans *Bore*. Les antennes sont brunes en dessus, d'un ferrugineux foncé en dessous (cependant M. Lefebvre a vu un individu qui les avait tout-à-fait semblables à celles de *Bore*). Le corps est garni de poils très-noirs.		noncer sur sa validité sans en avoir comparé un certain nombre des deux sexes avec *Bore*. Nous devons dire seulement que ces deux femelles présentent la plus grande analogie avec ce dernier.

(132) *Chenille glabre et luisante.—Les trois nervures des supérieures très-renflées à leur origine, au moins dans les mâles.—Massue des antennes distincte de la tige.—Taille petite.* . . . . (133)

(133) Les deux premières nervures seulement renflées à leur base dans la femelle.—Massue des antennes globuleuse et en bouton.—Nervures du dessous des quatre ailes plus claires que le fond. . . . . (134)
Les trois nervures des supérieures renflées à leur base dans les deux sexes.—Massue des antennes allongée et fusiforme.—Dessous des ailes ayant les nervures concolores. . . . . (135)

(134) *Les deux premières nervures seulement renflées à leur base dans la femelle.—Massue des antennes globuleuse et en bouton.—Nervures du dessous des quatre ailes plus claires que le fond.*

PHRYNE. Ochs. Hub. 200-201. 708-709. Bdv. *Icon.* pl. 45. fig. 4-6. *Phryneus.* Fab. God. Dup. *Suppl.* pl. 33. fig. 1-4. *Le Phryné.* Engr.	Envergure, 36 mill. — Ailes *un peu oblongues*, d'un brun de terre d'ombre, avec la frange, la côte et l'extrémité des nervures plus claires. Dessous d'un brun clair, avec *les nervures blanches* et une série anté-marginale d'yeux noirs placés sur des taches plus claires que le fond. Inférieures ayant en outre la partie supérieure de la cellule éclairée de jaunâtre, et un *petit trait blanc* dans son milieu. ♀ *Plus petite*, d'un *blanc* un peu jaunâtre, avec le dessous plus clair.	Russie méridionale, bords du Volga, Crimée. En juin.	Il est très-rare dans les collections ; nous n'en avons vu qu'une seule paire, mais il semble varier fort peu. Il se rapproche d'*Afra* par le dessous des inférieures et surtout par le trait de la cellule, mais il s'en éloigne sous tous les autres rapports.

(135) *Les trois nervures des supérieures renflées à leur base dans les deux sexes.—Massue des antennes allongée et fusiforme.—Dessous des ailes ayant les nervures concolores.*

(Les *Dumicoles*. Dup. —*Petits Satyres* vulgairement.)

ŒDIPUS. Fab. Ochs. Treits. God. pl. 19 s. fig. 5-6. *Œdipus.* Bdv. Dup. *Pylarge.* Hub. 245-246. 702-703. *Miris.* Fab.	Envergure, 37 mill.—Ailes entières, arrondies, *d'un brun noirâtre uni*. Dessous d'un brun jaunâtre clair, avec une ligne anté-terminale couleur de plomb, brillante. Supérieures ayant cette ligne précédée, *près du bord interne*, d'un ou deux yeux noirs à iris jaune. Inférieures en ayant une série de six plus grands, dont celui de la côte *isolé*; ces yeux souvent précédés d'une bande courte et ondulée d'un jaune clair ou d'un gris argenté. ♀ Ayant deux des yeux apparents aux inférieures en dessus, et un troisième aux supérieures en dessous.	Autriche, Piémont, Hongrie, centre de la France. Dans les bois. A la fin de juin.	Il est commun aux environs de Beaugency (Loiret), mais ses localités sont assez restreintes en France. Nous pensons avec Godart que le *S. Miris* de Fabricius n'est autre que la femelle de cette espèce.
HERO. Lin. Ochs. Bdv. Hub. 252-253. Var. accid. 849-850. God. pl. 8 *sec.* fig. 2. *Sabæus.* Fab. *Le Mælibée.* Engr.	Envergure, 34 mill. — Ailes d'un brun noirâtre ; les supérieures entières, avec un très-petit point noir apical cerclé de fauve ; les inférieures très-légèrement polygonées, avec trois à quatre points semblables, *dont deux beaucoup plus gros*, et un trait fauve à l'angle anal. Dessous d'un brun plus clair, avec une	Nord et centre de la France et de l'Europe. En mai et juin.	Il n'est pas rare dans certaines localités des environs de Paris, mais à mesure qu'on approche du midi il devient moins abondant. Nous ne l'avons trouvé qu'une seule fois aux

	ligne anté-terminale couleur de plomb. Inférieures marquées au-dessus de six *yeux noirs à iris d'un fauve rouge*, précédés d'une bande blanchâtre. Bord terminal longé par une ligne également *d'un rouge fauve*. ♀ Ayant les yeux mieux marqués, et ordinairement aux supérieures un point fauve assez distant de l'œil apical, qui est précédé en dessous d'une ligne blanchâtre.		environs de Châteaudun, bien que nous l'y ayons souvent cherché.
LEANDER. Fab. Ochs. God. Dup. *Suppl.* pl. 23. fig. 5-7. Bdv. *Icon.* pl. 45. fig. 7-8. *Clite.* Hub. 526-527. 747-748.	Envergure, 38 mill.—Ailes entières; les supérieures un peu aiguës au sommet, fauves, avec une large bordure, le bord interne et l'extrémité des nervures d'un brun noirâtre, et marquées d'un point noir apical. Inférieures d'un brun noirâtre, avec *une tache* fauve à l'angle anal, et une *série de points noirs anté-terminaux*. Dessous d'un fauve mêlé de gris, avec une ligne anté-terminale plombée; inférieures ayant au-dessus une bande d'un fauve plus vif, surmontée d'une série d'yeux noirs, *petits*, *égaux*, *bien alignés* et légèrement cerclés de jaune clair. ♀ Plus grande, plus arrondie, ayant les ailes supérieures entièrement fauves, avec une bordure noire étroite, et aux inférieures une bande anté-terminale fauve, divisée par les nervures et sur laquelle ressortent bien les points noirs. Yeux du dessous des inférieures plus largement cerclés de jaune.	Russie, Hongrie. En juin.	Le point apical est souvent accompagné d'un second, surtout en dessous. Ce Satyre est rare, et la plupart des collections ne le possédaient pas; mais depuis quelques années les marchands allemands l'ont un peu plus répandu.
ARCANIUS. Lin. Fab. Bdv. God. pl. 8. fig. 3. *Arcania.* Ochs. Hub. 240-242. *Le Céphale.* Engr.	Envergure, 36 mill. — Ailes *d'un brun noirâtre*. Supérieures ayant le disque fauve, inférieures ayant un trait fauve à l'angle anal. Dessous des supérieures fauve, avec une ligne anté-terminale plombée et un œil apical noir à iris jaune et précédé d'un trait de cette couleur. Dessous des inférieures d'un gris jaunâtre jusqu'à la ligne médiane, qui est *nettement coupée et largement éclairée de blanc jaunâtre*, puis ayant le bord anté-terminal *d'un fauve foncé*, traversé par une ligne plombée et surmonté de trois à six yeux noirs, dont trois plus grands, surtout celui de la côte, qui est très-rentrant en dedans et presque perdu dans la partie grise. ♀ *Semblable*, mais ayant souvent un petit point noir cerclé de fauve près de l'angle apical des supérieures.	Dans une grande partie de l'Europe. En juin et juillet. Chenille verte, avec une ligne dorsale noirâtre, liserée de jaune des deux côtés, puis une autre ligne semblable, liserée aussi de jaunâtre inférieurement, puis une ligne latérale jaune au-dessus des pattes, parfois surmontée d'une ligne pareille à la seconde, mais plus fine et peu visible. Stigmates roussâtres; tête et pattes vertes. Vit en mai sur les graminées. Chrysalide suspendue, courte, d'un vert jaunâtre, quelquefois marquée d'une ou deux lignes noires.	Il est commun dans nos bois. En dessus le mâle se rapproche de celui de *Leander*. Il varie comme tous ses congénères pour le nombre et surtout pour la taille des taches oculées.
AMARILLIS. Herbst. Eversmann.	Envergure, 38 mill. — Ailes fauves, avec une ligne fine anté-marginale interrompue et précédée *d'une série de points noirs inégaux et peu marqués*. Dessous des supérieures fauve, avec une ligne anté-marginale plombée, surmontée de *quatre ou cinq yeux noirs* à	Monts Ourals. En juillet.	Il n'existe pas en France, et nous l'avons décrit sur la figure et la description que M. Eversmann en donne dans les Mémoires de la Société des naturalis-

	iris jaune, précédés eux-mêmes d'un trait jaune. Dessous des inférieures d'un gris jaunâtre, avec une ligne plombée surmontée d'une bande fauve, sur laquelle sont cinq yeux noirs cerclés de jaune, précédés eux-mêmes d'une ligne d'un blanc argenté, au bout de laquelle est un sixième œil, près de la côte, perdu dans la partie grise et mal aligné avec les autres.		tes de Moscow. Il n'y est point question du sexe, et nous ignorons si c'est un mâle ou une femelle ; mais il est évident que ce Satyre ne se rapporte point à *Leander*, comme on l'a cru jusqu'ici. La ligne argentée qui surmonte les yeux du dessous des inférieures manque quelquefois.
CORINNA. Ochs. Bdv. Hub. 536-537. *Corinnus*. God. pl. 22 T. fig. 7-8.	Envergure, 29 mill.—Ailes *d'un fauve vif;* supérieures avec *une bordure* et un *grand œil apical* d'un brun noir; inférieures *largement lavées de cette couleur à la côte* et marquées d'une série antéterminale de points noirs parfois ocellés. Dessous fauve, avec une ligne antéterminale plombée; supérieures ayant l'œil apical cerclé de jaune clair; inférieures avec la ligne médiane sinuée, éclairée de jaune clair, et une série de cinq à six yeux, dont le costal plus grand et à iris d'un jaune clair. ♀ Un peu plus grande, plus arrondie, plus pâle, avec les supérieures moins marquées de noir.	Corse, Sardaigne, Sicile. En juin et août. Chenille verte, avec une ligne plus foncée et liserée de vert pâle sur le vaisseau dorsal, puis une ligne pâle, bordée d'une autre plus foncée, puis au-dessus des pattes une ligne jaunâtre sinuée. Tête d'un vert obscur; pattes écailleuses roussâtres, membraneuses vertes. Vit en avril, mai, juillet et août sur le *Carex gynomane* et le *Triticum cespitosum*. Chrysalide suspendue, courte, d'un gris roussâtre, variée de noir et de blanchâtre.	Souvent les nervures du dessous des inférieures sont plus claires que le fond ; quelquefois même on remarque à la base une tache d'un jaune clair. Ce Satyre, le plus petit du genre, varie beaucoup. Comme ses analogues, il préfère les endroits remplis d'herbes sèches, et sa chenille même, d'après les observations de M. Rambur, dédaigne les graminées qui croissent dans les lieux frais et humides. Le papillon est commun en Corse et en Sardaigne, mais il est encore assez peu répandu dans les collections.
DORUS. Ochs. Bdv. God. pl. 20 T. fig. 5-6. *Dorion*. Hub. 247-248. *Le Palémon*. Engr.	Envergure, 32 mill. — Ailes supérieures un peu aiguës au sommet, *d'un brun clair*, avec un gros point apical cerclé de fauve. Inférieures fauves, avec la côte *largement lavée de brun* et une série de points noirs arqués et *dont la convexité tournée vers la base*. Dessous d'un jaune d'ocre grisâtre, avec une ligne plombée, supérieures avec l'œil apical placé sur un espace plus clair, coupé intérieurement par une ligne plus foncée. Dessous des inférieures d'un cendré jaunâtre jusqu'à la ligne médiane, puis d'un jaune clair, avec la ligne plombée *festonnée* et surmontée de six yeux disposés *très-irrégulièrement*. ♀ Ayant les supérieures fauves en dessus, avec une bordure brune.	Espagne, Portugal, midi de la France. En juillet.	Il est très-commun et varie assez, principalement pour la grandeur des yeux, qui sont quelquefois réduits à de très-petits points.
PHILEA. Hub. 254-255. Bdv. God. pl. 20 T. fig. 1-2. *Satyrion*. Ochs.	Envergure, 32 mill. — Ailes entières, arrondies, *d'un brun clair*. Supérieures ayant le disque largement teinté de fauve, *sans œil apical;* inférieures ayant un trait fauve à l'angle anal. Dessous des supérieures d'un fauve terne, avec le sommet et le bord marginal d'un gris-verdâtre clair. Dessous des inférieures de cette dernière couleur *jusqu'à la ligne médiane*, qui est *bien détachée* et éclairée	Alpes de la Suisse, du Tyrol, etc., etc. En juillet.	Il est moins commun que le précédent et le suivant. Il varie un peu comme ce dernier pour la teinte du dessus.

	d'une bande d'un blanc jaunâtre, *continue*, *large* et marquée de six yeux *bien alignés*. Bord terminal entièrement *d'un fauve roussâtre*, traversé par une ligne plombée. ♀ Ayant les supérieures fauves, légèrement ombrées de gris-brun clair près du bord terminal, et les inférieures d'un gris-brun, avec une petite ligne antéterminale fauve.		
IPHIS. Ochs. Bdv. Hub. 249-251. God. pl. 20 T. fig. 3-4. *Le Procris*. var. Engr. 50 C. D.	Envergure, 32 mill.—Ailes entières, arrondies, *d'un brun clair*. Supérieures ayant le disque largement teinté de fauve, *sans œil apical*. Inférieures ayant ordinairement un trait fauve à l'angle anal. Dessous des supérieures d'un fauve terne, avec le sommet et le bord marginal d'un gris-verdâtre clair. Dessous des inférieures *entièrement* de cette dernière couleur, ayant la ligne médiane *non visible* et seulement indiquée par deux *taches* irrégulières blanchâtres, suivies d'une série de quatre à cinq *petits* yeux *cerclés de gris blanc* et dont le costal plus gros et *rejeté en dedans*. ♀ Différant du ♂ par les mêmes caractères que celle de *Philea*.	Suisse, Allemagne, Suède, Est de la France, etc. En juin. Chenille verte, pointillée de jaunâtre sur le dos, avec une ligne dorsale noirâtre ou d'un vert foncé. Tête et pattes vertes. Stigmates roux. Vit sur les graminées en avril et mai. Chrysalide suspendue, verte, avec un double rang de tubercules blanchâtres sur le dos.	On voit souvent sous les ailes inférieures, surtout chez les individus pris en Suisse, une petite ligne fauve à l'angle anal dans les mâles, et les femelles présentent parfois quelques points fauves au-dessus de cette ligne en dessus. L'*Iphis* est commun; pour l'avoir frais il faut le chasser en juin, et non en juillet comme l'indiquent quelques auteurs.
DAVUS. Lin. Fab. Ochs. Bdv. God. pl. 21 U. fig. 1-2. *Tullia*. Hub. 243-244. *Le Daphnis*. Engr.	*Envergure 35 mill.* Ailes d'un jaune fauve. Supérieures plus claires sur le disque, avec un très-petit point brunâtre cerclé de fauve. Inférieures plus sombres, *avec un ou deux points pareils* près de l'angle anal. Dessous des supérieures fauve, avec le sommet gris et *deux ou trois* petits yeux précédés d'une ligne plus claire. Dessous des inférieures d'un gris jaunâtre, avec la ligne médiane indiquée seulement par deux ou trois *taches* blanchâtres, suivies d'une série d'yeux noirs cerclés de jaune. ♀ Semblable.	Nord et Est de l'Europe. En juin.	Très-souvent les taches blanchâtres du dessous des inférieures sont marquées en clair en dessus, surtout chez les femelles. Il aime les prairies humides des montagnes.
PAMPHILUS. Lin. Fab. Ochs. Bdv. God. pl. 8 *sec.* fig. 3. *Nephele*. Hub. 237-239. *Le Procris*. Engr.	*Envergure 29 mill.*—Ailes d'un jaune fauve, avec une bande terminale brunâtre, ordinairement peu prononcée. Supérieures ayant en outre à l'angle apical un point brunâtre, ordinairement petit et quelquefois tout-à-fait effacé. Dessous d'un gris verdâtre, avec le disque des supérieures fauve et marqué à l'angle apical *d'un point* ocellé; les inférieures un peu plus foncées jusqu'à la ligne médiane, *qui est visible dans toute sa longueur*, et qui forme au bout de la cellule une saillie éclairée de blanc jaunâtre. Ligne anté-terminale à peine sensible, brune et surmontée de petites taches *légèrement ocellées et souvent presque insensibles, de la même couleur*. ♀ Semblable.	Dans toute l'Europe. Endroits secs et herbus. En mai et juillet. Chenille d'un vert pomme, avec une ligne dorsale d'un vert foncé liserée de blanchâtre des deux côtés, et une ligne latérale semblable, mais plus étroite et liserée seulement inférieurement. Tête et pattes d'un vert jaunâtre; pointes anales roussâtres. Vit en avril, mai, août et septembre, sur les graminées. Chrysalide suspendue, d'un vert-pâle uni ou varié de quelques lignes noires sur l'enveloppe des ailes.	Il est très-commun et varie assez, surtout pour l'intensité du fauve et du brun en dessus, et pour le plus ou le moins de netteté des points du dessous des inférieures. On le trouve pendant presque toute la belle saison.

LYLLUS. Ochs. God. pl. 20 T. fig. 9-10. *Pamphila.* Hub. 557-558.	Bande terminale des quatre ailes brune et bien arrêtée; point apical gros et et bien marqué; une série de petits points bruns anté-marginaux aux inférieures. Dessous d'un *gris blanchâtre carné*, avec la ligne médiane des inférieures bien marquée, sinueuse, mais sans saillie principale, et éclairée dans toute sa longueur; points ocellés plus nombreux. ♀ Semblable.	France méridionale, Espagne, Portugal, Sicile, etc. En mai, juillet et août.	Certains exemplaires de ce Satyre paraissent d'abord très-distincts de *Pamphilus*; mais ce dernier varie tellement suivant les localités, qu'on ne saurait faire une espèce de *Lyllus* avant la découverte de sa chenille. Il est très-commun. La femelle offre quelquefois une ligne plombée sous les ailes supérieures, et ses ailes inférieures sont légèrement dentées.

(136) *Jambes postérieures ayant deux paires d'épines.— Ailes non parallèles verticalement dans le repos.* . . . . (137)

Tribu III. HESPERIDI (HESPÉRIDES).

(Latr. *Heteropterus.* Duméril. — *Involuti* (tribu des). Bdv.)

Caractères principaux. — *Chenilles tortriciformes *, minces et délicates, vivant à l'abri du contact de l'air, soit dans des feuilles repliées, soit dans l'intérieur des tiges. — Chrysalides enveloppées dans des feuilles roulées. — Six pattes ambulatoires, les posterieures munies de deux paires d'épines ou ergots. — Cellule des ailes inférieures ouverte.*

Caractères secondaires. — *Corselet robuste. — Tête aussi grosse que lui. — Abdomen des mâles pourvu de poils à son extrémité. — Ailes presque toujours musculeuses et opérant un vol vif et rapide, quelquefois à l'ardeur du soleil, plus souvent vers l'après-midi.* . . . . (137)

(137) Genre *Syrichtus.* . . . . . (138)
Steropes. . . . . . (146)
Hesperia. . . . . . (147)

(138) Genre XVIII. SYRICHTUS (SYRICHTE).

(Nobis. *Syrichtus* et *Thanaos.* Bdv. — *Syrichtus, Thanaos* et *Spilothyrus.* Dup.)

Caractères principaux. — *Chenilles à tête grosse et saillante et à premier anneau très-étranglé. — Chrysalide conique, sans aucune pointe que celle de l'extrémité postérieure. — Les quatre ailes à peu près horizontales dans le repos. — Palpes écartés, velus, leur dernier article nu et très-visible. — Corps robuste. — Ailes supérieures ayant le plus souvent un repli ** à la côte dans les mâles.*

Caractères secondaires. — *Vol vif et rapide. — Ailes à fond brun, avec de petites taches blanches ou vitrées. — Taille petite.* . . . . (139)

(139) Ailes brunes, avec de petites taches blanches en dessus. — Frange fortement entrecoupée de brun et de blanc. — Antennes ayant la massue terminée en pointe mousse, sans crochet à l'extrémité et courbée intérieurement. . . . . (140)
Ailes brunes, avec de petites taches vitrées; les inférieures dentées ou déchiquetées. — Massue des antennes droite, souvent un peu recourbée en crochet à l'extrémité. — Un repli à la côte des ailes supérieures dans les mâles. . . . (144)
Ailes brunes, avec de petites taches ondées grisâtres. — Frange entière et nullement entrecoupée. — Antennes comme dans la division 140. — Un repli à la côte des ailes supérieures dans les mâles. . . . . (145)

* Ce mot, employe par Dalman, caractérise fort bien ces chenilles, dont la peau fine et transparente comme celle de la plupart des Tortricides, souffrirait de l'influence de l'air.

** Ce repli, qui semble n'avoir pas encore été bien observé, est analogue à celui que présentent les ailes inférieures de quelques *Papilio* exotiques. Quand on le relève, l'intérieur en paraît canaliculé et jaunâtre, tandis que la partie relevée saillit notablement sur la côte. Il n'est pas plus facile d'en deviner l'usage que de ceux des *Papilio* que nous venons de citer, ou de la poche qu'on voit aux ailes inférieures dans certaines espèces du genre *Danaïs*. Ces différents organes semblent être le partage exclusif des mâles.

(140) *Ailes brunes, avec de petites taches blanches en dessus.—Frange fortement entrecoupée de brun et de blanc.—Antennes ayant la massue terminée en pointe mousse, sans crochet à l'extrémité et courbée intérieurement.*

Genre SYRICHTUS. Bdv. Dup. . . . . (141)

(141) { Ailes supérieures des mâles ayant un repli à la côte. . . . . (142)
Ailes supérieures dépourvues de repli dans les deux sexes. . . . . (143)

(142) *Ailes supérieures des mâles ayant un repli à la côte.*

SIDÆ. Fab. Ochs. Bdv. Hub. 468. *Hesp. du Sida.* God. pl. 27 A a. fig. 5-6. *Le Chamarré.* Engr.	Envergure 33 mill. — Ailes d'un gris brun saupoudré de grisâtre, avec beaucoup de petites taches blanches formant des bandes. Dessous des supérieures d'un gris plus clair, avec les mêmes taches. Dessous des inférieures blanchâtre, avec *deux bandes transverses d'un jaune un peu orangé, bordées de noir.* ♀ Semblable.	Italie, Hongrie, Turquie, Russie méridionale. En juin.	Une description très-longue de cette espèce serait inutile; les bandes jaunes du dessous la feront toujours sûrement distinguer de ses congénères. Quelquefois la bande interne se ramifie, de manière à en former une troisième très-courte à la base de l'aile. Cette espèce est rare et peu répandue dans les collections.
CARTHAMI. Ochs. Hub. 720-723. *Tesselum.* God. *Encycl.* *Hesp. Plain-Chant.* God. pl. 12. fig. 4-5. *Le Bigarré.* Engr.	Envergure 30 mill. — Ailes d'un gris brunâtre *très-saupoudré de blanchâtre.* Supérieures avec beaucoup de taches blanches assez grandes, dont une dans la cellule, et neuf autres composant une série transverse et très-sinuée, bien nettement coupées, les autres incertaines et plus ou moins marquées, celles de la série anté-terminale *toujours distinctes.* Inférieures *très-développées,* entières ou à peine sinuées près de l'angle anal, avec deux séries de taches blanches plus ou moins marquées et quelquefois un point blanc à la base. Dessous des supérieures ayant à l'angle apical, qui est blanchâtre, deux petites taches grises *en anneau allongé* et *longitudinales.* Dessous des inférieures d'un *gris clair,* tirant parfois sur le verdâtre ou le roussâtre, avec le bord marginal blanchâtre et trois séries de taches blanches *cerclées de gris foncé,* dont celles de la série postérieure fondues dans le bord terminal, et étant, savoir, la deuxième à partir de la côte bifide intérieurement, et celles qui avoisinent l'angle anal, lunulées et marquées à la base chacune d'un point de la couleur du fond. Antennes ayant le côté interne de la massue *d'un ferrugineux foncé ou brun.* ♀ Tantôt semblable, tantôt plus foncée, et alors saupoudrée de jaune verdâtre au lieu de blanc, avec la série anté-terminale de taches aux supérieures, et toutes celles des inférieures peu marquées et jaunâtres; dessous des inférieures à dessins plus marqués et plus verdâtres.	Dans presque toute l'Europe. En mai et août.	Il est commun aux environs de Paris. Nous l'avons décrit longuement parce que beaucoup d'amateurs le possèdent sous le nom de *Tesselum,* et qu'une description bien précise peut seule le faire nettement distinguer. Il varie beaucoup, quoique moins que *Fritillum,* et certaines de ses variétés ne sont pas moins difficiles à étudier que celles de ce dernier. Le genre *Syrichtus,* au reste, sera long-temps le désespoir des entomologistes qui ne se fient pas au premier coup d'œil pour nommer une espèce. NOTA. Hubner figure sous le nom de *Tartarus,* 716-717, un *Syrichtus* exotique et dont la patrie est le Brésil.
TESSELLUM. Ochs. Treits. Hub. 469-470.	Plus grand (35 mill.). Ailes d'une teinte plus foncée, avec les poils et les atomes moins nombreux et plus jaunâtres, et conséquemment les taches plus	France méridionale.	Jusqu'à ce qu'on ait trouvé la chenille de ce *Syrichtus,* nous ne saurions le regarder comme

	nettes et frappant davantage au premier coup-d'œil. Supérieures ayant la tache du bout de la cellule plus longue, dentée intérieurement et surmontée des trois traits blancs bien marqués. Taches de la série transverse presque toutes lunulées en dehors; les deux du bord interne presque réunies. Ailes inférieures peut-être un peu moins larges et semblant moins sinuées à l'angle anal; dessous avec le dessin plus prononcé. Bandes des inférieures verdâtres, très-nettement bordées, avec les taches blanches plus grandes. Antennes, corps, palpes, etc., comme dans *Carthami.*		distinct de *Carthami*, dont il diffère très-peu, si ce n'est par la taille; encore avons nous vu des variétés de *Carthami* qui atteignaient presque celle de *Tesselum.* L'Hespéric figurée par M. Duponchel dans son supplément sous le nom de *Carthami* et décrite sous celui d'*Alveus*, ne nous semble pas se rapporter, comme il le présume, à cette variété, qui est fort rare, et dont nous n'avons pu voir qu'un seul individu.
FRITILLUM. Ochs. Dalm. God. pl. 28 B b. fig. 1-2. *Alveus.* Hub. 461-463. *Fritillum.* Fab.? *Malvæ.* Lin.?	*Envergure 27 mill. au moins.* — Ailes d'un brun assez foncé. Supérieures ayant la base largement saupoudrée de *jaune verdâtre* et parsemées de taches blanches, petites et isolées, celles de la série anté-terminale *non visibles et remplacées par de larges espaces saupoudrés de jaune verdâtre.* Inférieures avec un point à la base et deux séries de taches d'un blanc sali de jaune verdâtre; celle du bout de la cellule plus large et bifide extérieurement. Dessous des supérieures ayant au bout de la cellule une tache en anneau bien prononcée. Dessous des inférieures d'un jaune-verdâtre obscur, avec trois séries de taches blanches, la basilaire composée de trois taches *dont la supérieure plus grande;* la médiane formant une bande à peine interrompue et plus large jusqu'à moitié à partir de la côte. Antennes à massue, d'un roux clair intérieurement. ♀ Semblable, mais ayant souvent les taches du dessus des inférieures un peu plus marquées.	Environs de Paris, Laponie, Hongrie, etc. Bois secs et montueux. En mai et août.	Il varie prodigieusement, même pour la taille. La figure de Godart est très-bonne et représente parfaitement les individus de nos environs; mais nous l'avons reçu de Hongrie sous le nom d'*Alveus*, et complétement semblable à la figure d'Hubner que nous citons; enfin, nous en avons pris un aux environs de Châteaudun qui se rapproche beaucoup d'*Alveus* Ochs., et qui dépasse à peine la taille de l'*Alveolus*. Quoique nous ayons trouvé le *Fritillum* plusieurs fois dans nos environs, on ne saurait dire qu'il y est commun, comme Godart le prétend; mais M. Boisduval nous semble faire une erreur en supposant que Godart l'a confondu avec *Carthami*. Les descriptions et figures de Godart sont au contraire très-précises, comme nous l'avons dit plus haut.
ALVEUS. Ochs. Hub. 506. Bdv. *Icon.* pl. 46. fig. 1-3.	Ne diffère sensiblement de *Fritillum* qu'en ce que les taches des supérieures sont très-petites et que les inférieures de la série transverse n'existent pas, non plus que celle du bord interne. Le dessous des inférieures offre le même dessin que *Fritillum*, mais les taches sont plus incertaines et plusieurs d'entre elles sont oblitérées. Le dessus de ces mêmes ailes n'offre aucune tache, parfois cependant quelques vestiges, surtout dans la ♀.	Montagnes de la Suisse, du Tyrol et de la Norwège.	Nous avons vu plusieurs individus de cette prétendue espèce, et nous demeurons convaincus avec M. Treitschke qu'elle n'est qu'une variété de *Fritillum*, modifiée par la différence des localités. Nous avons vu, comme l'entomologiste que nous venons de citer, des individus formant passage d'*Alveus* à *Fritillum.*

ALVEOLUS. Ochs. Bdv. Hub. 466-467. Var. accid. 847-848. *Hesp. du Chardon.* God. pl. 12 *sec.* fig. 3. *Malvæ.* Dalm. Lin.? *Le Plant-Chant.* Engr. 97 E. F.	*Envergure*, 25 *mill. et souvent moins.* — Ailes d'un brun noirâtre, plus ou moins saupoudrées *de blanchâtre;* supérieures avec beaucoup de taches blanches *grandes et bien marquées;* celles qui sont au-dessus de la tache intracellulaire au nombre de deux ou trois et toujours très-visibles; celles de la rangée antémarginale bien marquées aussi, quoique un peu plus incertaines que les autres; enfin la sous-cellulaire, auprès de la base, toujours bien visible et souvent géminée; inférieures à peine sinuées près de l'angle anal, avec deux rangs de taches semblables, dont l'anté-marginal toujours prononcé, et un point à la base. Frange nettement et fortement entrecoupée. Dessous des inférieures d'un gris olivâtre, avec les nervures plus claires, le bord abdominal *entièrement d'un gris obscur* et des taches blanches; la supérieure des trois qui sont à la base *plus petite* ou du moins ne dépassant jamais les autres; l'intermédiaire presque toujours *plus grande;* celles du milieu de l'aile formant jusqu'à moitié une bande continue, puis *un ou deux petits points arrondis,* et celles de la rangée anté-terminale punctiformes, mais variant de taille et souvent oblitérées en partie. Massue des antennes d'un ferrugineux foncé ou brun. ♀ Semblable.	Dans toute l'Europe. En mai. Chenille pubescente, d'un brun grisâtre ou jaunâtre, avec une ligne dorsale plus foncée ou ferrugineuse et deux lignes latérales d'un jaune clair, ombrées de roussâtre de chaque côté du corps. Tête noire avec des poils isolés. Vit en avril sur le fraisier (*Fragaria vesca*). Chrysalide brune, tachetée et rayée de bleuâtre et ponctuée de noir.	Il est commun dans les endroits un peu humides des bois, mais on le rencontre aussi dans les lieux secs. Il varie beaucoup. La question de savoir si c'est à cette espèce ou au *Fritillum* que doit être rapporté le *P. Malvæ* de Linné, est très-controversée. Dalman assure positivement (pag. 202) qu'aucune espèce voisine n'habite la Suède, et en conclut que l'*Alveolus* est très-certainement l'espèce que Linné a décrite sous le nom de *Malvæ.* M. Boisduval a adopté l'avis de Dalman. D'un autre côté Godart (*Encycl.* 784) donne en faveur de l'opinion contraire des raisons qui semblent fort plausibles et qui sont appuyées par M. Zincken-Sommer. Enfin M. Treitschke ne se prononce point et reste dans le doute. Cette question est donc encore et sera long-temps indécise.
LAVATERÆ. Fab. *Altheæ.* Bork. *Alveolus.* Hub. 597. *Le Plain-Chant.* var. Engr. 97 C. H.	Les taches blanches du milieu des ailes supérieures sont confluentes, et forment ainsi une large bande blanche transverse. En outre, celles de la série flexueuse sont allongées et terminées en coin intérieurement. Aux ailes inférieures la rangée anté-terminale est toujours bien marquée, mais la précédente est ordinairement réduite à un trait blanc, et on voit à la côte un gros point de même couleur. Le dessous se ressent plus ou moins de ces modifications.	Mêmes localités.	Nous avons pris plusieurs fois dans nos environs cette variété, qui est plus ou moins prononcée. Il paraît qu'elle se trouve fort souvent, car presque tous les auteurs en ont parlé.
MELOTIS. Dup. *Suppl.* pl. 42. fig. 1-2. *Hesp. de Milo.* id.	Plus grand (28 mill.). — Les taches blanches sont grandes et aussi prononcées que dans les *Alveolus* les mieux marqués. Aux ailes supérieures elles sont pour la plupart un peu arrondies; la sous-cellulaire est géminée. Aux inférieures la rangée médiane est très-marquée, et les deux taches qui suivent celles du bout de la cellule sont bien visibles et rectangulaires. Le dessous des supérieures ne diffère point de celui d'*Alveolus*, les taches y redeviennent quadrangulaires. Quant au dessous des inférieures, les dessins y sont presque complétement oblitérés et remplacés par une nuance blanchâtre, la tache du bout de la cellule est réunie avec celle marginale qui est vis-à-vis et la basilaire, de	Ile de Milo. En mai.	Nous avons sous les yeux l'unique individu de ce *Syrichtus*, qui a servi à M. Duponchel pour sa figure et sa description. Il est tellement endommagé que nous n'osons affirmer qu'il se rapporte bien à *Alveolus;* mais il présente d'une manière évidente les caractères d'une variété *accidentelle*, et nous ne pensons pas qu'il doive constituer une espèce. Le dessous des inférieures est loin d'être aussi marqué que dans

	sorte qu'elles figurent une bande transverse blanchâtre qui se prolonge jusqu'à la base.		la figure, et d'ailleurs il est en si mauvais état qu'on n'y remarque rien de bien distinct. Cependant cet individu nous semble se rapprocher davantage d'*Alveolus* (qui comme on sait varie beaucoup pour la taille) que d'aucune autre espèce.
FRITILLUM. Hub. 464-465. *Alveolus*. var. Ochs. God.	Beaucoup plus grand qu'*Alveolus* (30 mill.). — Ailes peu saupoudrées de blanchâtre; supérieures ayant les taches du bout de la cellule, de la rangée transverse et la sous-cellulaire, très-apparentes, la rangée anté-terminale nulle ou indiquée seulement par deux ou trois espaces d'atomes blanchâtres, légers, au bord interne; inférieures avec la tache seule du bout de la cellule bien sensible, la rangée anté-terminale peu marquée. Dessous des supérieures assez semblable à *Alveolus*. Dessous des inférieures avec les mêmes dessins, mais ayant le fond d'un rouge de brique clair, aussi prononcé que dans les individus clairs de *Sao*. ♀ Semblable.		Bien que nous ayons sous les yeux une belle paire de ce *Syrichtus*, parfaitement semblables à la figure d'Hubner, nous hésiterions à le rapporter à *Alveolus*, sans l'autorité d'Ochsenheimer, Treitschke et Godart. Il a quelques rapports avec les *Fritillum* de Hongrie, et, s'il est constant dans ses caractères, on aura créé bien des espèces qui sont moins tranchées que cette variété.
PROTO. Ochs. God Bdv. Hub. 918-921. Bdv. *Icon*. pl. 46. fig. 4-5. Dup. *Suppl*. pl. 42. fig. 7-8.	Envergure, 30 mill. — Ailes un peu dentées, d'un brun clair saupoudré de jaune verdâtre à la base, avec la frange *d'un blanc jaunâtre* entrecoupé; supérieures avec deux taches au bout de la cellule, une rangée sinueuse de taches bien marquées et une série anté-marginale de points peu apparents, *d'un blanc jaunâtre;* inférieures avec un ou deux points à la base, une série de taches au milieu et une rangée anté-terminale de traits *lunulés* de la même couleur. Dessous des inférieures *d'un roux jaunâtre*, avec les nervures bien marquées et trois bandes maculaires d'un blanc jaunâtre, dont la médiane assez large, étranglée au milieu, et l'anté-terminale *lunulée*. ♀ Semblable, mais plus grande et ayant les taches plus prononcées.	Espagne, Portugal, environs de Montpellier, Hongrie? Fin de juin et courant de juillet. Chenille pubescente, d'un gris jaunâtre, à premier anneau étranglé, marqué de deux taches d'un brun roux, et ayant sur le dos une ligne et des atomes de cette couleur. Poils blancs, tête noire, pattes jaunâtres, stigmates cerclés de brun. Vit en mai sur le *Phlomis lychnitis*, dont elle lie les feuilles avec de la soie. Chrysalide allongée, rougeâtre, couverte d'une poussière blanche.	Cette espèce, jusqu'ici très-rare, a été trouvée assez abondamment dans les garigues aux environs de Montpellier, et s'est répandue dans les collections. Tous les auteurs s'accordent à dire qu'elle se trouve en Hongrie: cependant nous ne la voyons point figurer dans les divers catalogues que nous possédons de pays.

(143) *Ailes supérieures dépourvues de repli dans les deux sexes**.

ORBIFER. Treits. Hub. 803-806. Bdv. *Icon*. pl. 47. fig. 1-2. Dup. *Suppl*. pl. 42. fig. 5 6. *Orbifera*. God. *Encycl*.	Envergure, 29 mill. — Ailes entières, d'un gris-brun foncé à reflet rougeâtre, avec la frange blanche entrecoupée de noir et des taches blanches disposées comme dans *Sao*. Dessous des inférieures *d'un brun verdâtre ou jaunâtre*, avec trois séries de taches blanches, *arrondies*,	Hongrie, Morée, Dalmatie, Italie. En mai et juillet.	Elle est maintenant assez répandue dans les collections.

* Outre ce caractère, cette petite race se distinguera encore de la première (142) en ce que les ailes inférieures sont généralement plus arrondies, un peu moins sinuées et prolongées à l'angle anal. Les espèces qui la composent ont ordinairement un reflet rougeâtre, et la série anté-terminale de points blancs est bien distincte sur les quatre ailes, au lieu d'être incertaine et formée d'atomes blanchâtres comme dans les autres *Syrichtus*.

	dont les plus grosses à la côte et au bout de la cellule. Troisième entrecoupé de la frange des ailes supérieures égal aux autres. Collier et extrémité de l'anus d'un gris verdâtre. ♀ Plus arrondie, plus pâle et sans reflet.		
EUCRATE *. Ochs. God. Dup. *Suppl.* pl. 41. fig. 7-8. *Orbifer.* var. Treits. 10ᵉ vol. p. 96.	Plus petite (24 mill.), quelques taches grisâtres à la base des inférieures. Dessous des inférieures d'un rougeâtre pâle, avec les taches disposées de même que dans *Orbifer* et également arrondies. Dessous de l'abdomen blanc, avec les bords et l'extrémité un peu rougeâtres.	Portugal.	Dans les individus décrits par Ochsenheimer, le dessous des inférieures est d'un jaune brunâtre; mais on sait combien cette teinte varie dans *Sao, Orbifer* et même *Alveolus.*
SAO. Hub. 471-472. Bdv. God. pl. 28 B. fig. 3-4. *Sertorius.* Ochs. *Le Tacheté.* Engr.	Envergure, 24 mill.— Ailes entières, d'un brun noir *à reflet rougeâtre,* avec la frange blanche entrecoupée de noir et des taches blanches; supérieures ayant la série anté-terminale composée de taches *petites, arrondies,* mais bien visibles; inférieures avec un trait discoïdal allongé, souvent maculaire, et une série anté-terminale comme aux supérieures. Dessous de celles-ci semblable au dessus, mais plus clair et avec les taches plus grandes. Dessous des inférieures *d'un rouge brique* plus ou moins vif, avec trois rangées de taches blanches, dont l'intermédiaire composée de taches plus grandes et *irrégulières.* Troisième entrecoupé blanc de la frange des supérieures *beaucoup plus large que les autres.* Collier et extrémité de l'anus *rougeâtres.* ♀ Semblable, mais à ailes plus arrondies.	Dans une partie de l'Europe, lieux secs et arides. En mai et juillet.	Elle n'est nulle part très-commune. On rencontre de temps en temps une variété chez laquelle le rouge du dessous des inférieures est remplacé par du gris verdâtre. Nous avons pris la *Sao* aux environs de Paris, sur les bords du canal de l'Ourcq, en 1822, et nous l'avons apportée vivante à Godart, qui regardait cette espèce comme méridionale, et qui, en conséquence, rectifia son *habitat* dans son tableau méthodique.
THERAPNE. Rambur. Bdv. *Icon.* pl. 46. fig. 6-7. Dup. *Suppl.* pl. 42. fig. 9-10.	Diffère de *Sao*, d'après M. Rambur, par la série anté-marginale de taches blanches qui est moins flexueuse et plus rapprochée du bord, par les taches discoïdales des inférieures qui sont beaucoup plus larges, et enfin par la massue des antennes, qui a la face interne d'un rouge foncé, tandis qu'elle est (dit-il) noire dans *Sao.*	Corse, midi de l'Espagne.	N'ayant point vu ce *Syrichtus* en nature, nous ne saurions nous prononcer à son égard; nous devons seulement dire que son caractère principal (la massue des antennes ferrugineuse) n'est pas décisif, puisque nous possédons un *Sao* qui l'offre d'une manière très-prononcée. Nous avons aussi un *Orbifer* qui est dans le même cas.

** Nous n'avons vu qu'un seul individu de cette espèce que M. le colonel Feisthamel a bien voulu nous communiquer. Il semble au premier coup d'œil tout-à-fait intermédiaire entre *Orbifer* et *Sao,* mais en l'examinant attentivement on voit qu'il partage tous les caractères du premier. Nous sommes donc entièrement de l'avis de M. Treitschke, qui, après avoir comparé trois ou quatre exemplaires de l'*Eucrate* avec *Orbifer,* pense que ce dernier est l'espèce typique, dont *Eucrate* ne serait qu'une variété modifiée par le climat; opinion dont la probabilité se trouve encore augmentée par l'observation faite par le même auteur, que *Sao* est beaucoup plus petit dans les pays chauds que dans les contrées humides et tempérées. On distinguera toujours facilement *Eucrate* de *Sao* par les entrecoupés égaux de la frange des supérieures, les taches arrondies du dessous des inférieures, etc. Quant aux antennes, elles manquent dans l'individu qui nous a été communiqué, mais nous montrons (note de *Therapne*) le peu de fixité de ce caractère dans ces espèces. La seule figure que nous possédions de cette espèce étant celle qu'en a donnée M. Duponchel, nous devons dire que l'enluminure en a beaucoup exagéré les couleurs, surtout pour le dessous des inférieures; les taches y sont aussi beaucoup moins arrondies et généralement moins grandes que dans la nature.

(144) *Ailes brunes, avec de petites taches vitrées; les inférieures dentées ou déchiquetées.* — *Massue des antennes droite, souvent un peu recourbée en crochet à l'extrémité.* — *Un repli à la côte des ailes supérieures dans les mâles.*

Genre SPILOTHYRUS. Dup.

MALVÆ. Fab. (non Lin.). Bdv. God. pl. 12 *sec.* fig. 5. Hub. 450-451. *Malvarum.* Ochs. *Le P. Grisette.* Engr.	Envergure, 29 mill. — Ailes d'un gris brun légèrement rougeâtre; supérieures légèrement dentées, avec deux bandes plus foncées ; la première près de la base, coudée sous la cellule, nettement coupée extérieurement, fondue intérieurement; la seconde flexueuse, incertaine, interrompue, et éclairée extérieurement d'une bande d'un gris verdâtre; les mêmes ailes ayant en outre six *petites* taches vitrées, dont trois réunies près de l'angle apical et les trois autres groupées à l'extrémité de la cellule; inférieures très-fortement dentées, avec un point à la base, une série médiane, puis une anté-terminale, de taches *grisâtres :* le tout assez confus. Dessous plus clair que le dessus, plus uni, avec les taches des inférieures blanchâtres et plus apparentes, quoique plus rétrécies. Massue des antennes étant intérieurement d'un ferrugineux obscur et un peu courbée en crochet à l'extrémité. ♀ Plus grande, mais semblable.	Dans une grande partie de l'Europe. En mai et juillet. Chenille pubescente, couverte d'aspérités et comme chagrinée, d'un gris cendré, avec deux lignes longitudinales d'un gris plus clair de chaque côté, et un collier d'un jaune vif marqué de deux taches noires. Tête noire et rugueuse. Vit en juin et septembre sur différentes espèces de *Mauves*, enfermée dans une feuille qu'elle roule en cornet. Chrysalide renfermée dans cette feuille, d'un brun rougeâtre saupoudré de bleuâtre.	Il est très-commun, principalement dans les jardins et les lieux cultivés. Il varie un peu pour les couleurs et même pour la grandeur des taches vitrées, mais elles n'atteignent jamais la taille et affectent bien rarement la forme de celles de l'espèce suivante. Si cette espèce se trouve en Suède, ce qui est douteux, elle y est extrêmement rare et n'habite que les parties méridionales. Il est donc certain que le *P. Malvæ* de Linné ne se rapporte point ici. Pour qu'il n'y eût pas de confusion, Ochsenheimer et quelques auteurs ont appelé celui-ci *Malvarum*, mais, comme on n'est point d'accord sur la véritable *Malvæ*, nous avons cru pouvoir laisser à celui-ci ce nom de Fabricius, sous lequel il est universellement connu en France.
ALTHEÆ. Hub. 452-453. God. pl. 28 B b. fig. 5-6. *Hesp. de la Guimauve.*	Envergure, 32 mill. — Il ressemble beaucoup à *Malvæ*, et nous le ferons mieux connaître en l'y comparant. Il est plus foncé; tout ce qui est d'un gris rougeâtre chez *Malvæ* est ici *d'un gris verdâtre;* la première bande noirâtre est moins coudée, plus arrondie ; les taches vitrées sont plus grandes; celles du disque sont droites intérieurement, lunulées extérieurement, les ailes inférieures sont presque noires, marquées au bout de la cellule de deux à trois taches *blanchâtres;* en dessous elles ont au bord terminal de petits traits blancs longitudinaux qui s'avancent jusqu'au tiers de l'aile; enfin les supérieures ont en dessous, au bord interne, près de la base, *un bouquet de poils* d'un gris jaunâtre ou verdâtre *fortement prononcé.* La massue des antennes est droite, obtuse et non en crochet à l'extrémité, d'un noir profond, avec un point apical brun, visible seulement à la loupe. ♀ Plus grande et un peu plus claire.	Centre de la France. En mai.	MM. Treitschke et Boisduval rapportent cette espèce à la précédente comme variété. Notre intention était d'abord de suivre leur exemple, mais un examen approfondi de ses caractères nous en a empêchés. En effet, indépendamment de ce que tous les individus que nous avons vus sont parfaitement semblables entre eux, et des différences constantes de couleur et de dessins qu'ils présentent, la forme des antennes et surtout le bouquet de poils dont nous parlons sont des différences d'organisation qui doivent sûrement en amener d'équivalentes dans la chenille. Sa découverte, que nous n'avons pu faire, car l'espèce est rare, prouvera si nous avons

			eu tort ou raison. Nous avons pris l'insecte parfait à La Rochelle en certaine quantité, et depuis, mais plus rarement, à Chartres, à Châteaudun, et même une fois à Paris, dans le bois de Boulogne.
LAVATERÆ. Ochs. Bdv. Hub. 454-455. God. pl. 28 B b. fig. 7-8. *Alceæ*. Fab. Engr. 98 E. D.	Envergure, 34 mill. — Ailes d'un *blanc jaunâtre ;* supérieures avec les mêmes dessins que le précédent, mais d'un brun verdâtre, et les mêmes taches vitrées; inférieures dentées, avec deux bandes d'un brun verdâtre, dessinant à la base un point, au milieu une bande *continue*, et près du bord une série de taches lunulées, aiguës, de la couleur du fond. Dessous des inférieures *d'un blanc jaunâtre, sans taches*, et seulement avec la transparence de celles du dessus. ♀ Plus grande et parfois plus obscure.	Autriche, Suisse, Styrie, Alpes, Pyrénées, France méridionale, etc., etc. En mai, juillet et août.	Il est commun, et nous l'avons pris plusieurs fois aux environs d'Ax (Ariége) et à Montpellier. Il aime à voler dans les endroits très-exposés au soleil, et se pose volontiers sur les fleurs de mauve.

(145) *Ailes brunes, avec de petites taches ondées grisâtres. — Frange entière et nullement entrecoupée. — Antennes comme dans la division 140. — Un repli à la côte des ailes supérieures dans les mâles.*

Genre THANAOS. Bdv.

TAGES. Lin. Fab. Ochs. Bdv. God. Hub. 456-457. *Hesp. Grisette*. God. pl. 12 *sec.* fig. 4. *Le Point de Hongrie*. Engr.	Envergure, 27 mill. — Ailes très-entières, d'un brun clair, avec *une série terminale de très-petits points blancs ;* supérieures avec deux bandes plus foncées, éclairées de petites ondes blanchâtres, et dont l'interne maculaire et interrompue, l'externe continue, denticulée des deux côtés et marquée de trois points blancs au sommet; inférieures ayant, outre la série terminale, un point discoïdal et une rangée anté-terminale de points grisâtres. Dessous plus clair, avec la série terminale *bien apparente ;* inférieures ayant la série anté-terminale et le point central également visibles.	Dans une partie de l'Europe. En avril, mai et juin. Chenille glabre, d'un vert pistache, avec deux lignes latérales jaunes, surmontées de petits points noirs dont un sur chaque anneau. Tête brune. Vit en mai et septembre sur l'*Eryngium campestre* et le *Lotus corniculatus*. Chrysalide verte, avec les anneaux de l'abdomen teintés de roussâtre.	Cette espèce est commune. Dans les individus bien frais, l'extrémité apicale de la frange des supérieures offre une petite tache d'un gris blanc. Elle a sans doute un *facies* particulier, mais avec un peu d'attention on y retrouve presque tous les caractères des *Syrichtus* proprement dits, et ses mœurs sont les mêmes. Les légères différences qu'elle présente ne nous semblent donc pas suffisantes pour constituer un genre séparé.
MARLOYI. Bdv. *Icon.* pl. 47. fig. 6-7.	Envergure, 29 mill. — Ailes très-entières, d'un noir brun; supérieures mélangées, surtout vers l'extrémité, de poils d'un gris blanchâtre, et traversées par deux bandes noires dont l'interne un peu maculaire et atteignant la côte et le bord interne, et l'externe *géminée*, dentée extérieurement et terminée à l'angle apical par un empâtement noirâtre et par deux ou trois points blancs; inférieures *sans aucune tache*. Dessous plus clair, avec un rang de cinq ou six points correspondants à la bande géminée du dessus et s'arrêtant au milieu de l'aile, et le sommet lavé de gris violâtre; inférieures *sans taches*. Antennes noires, annelées de gris.	Morée.	Il n'existe de cette espèce qu'un seul individu pris en Morée par M. le docteur Marloy. D'après la figure et la description de M. Boisduval, il semble différer beaucoup de *Tages*, principalement par l'absence des points blancs marginaux; et M. Duponchel, qui l'a vu en nature, assure, de son côté, qu'il constitue une espèce séparée; nous avons donc suivi ces deux autorités. No-

			tre description est faite sur l'*Icones* de M. Boisduval.

(146) Genre XIX. STEROPES (STÉROPE).

(Bdv. *Icon. des Chenilles.* — *Heteropterus.* Dup.)

Caractères principaux. — *Chenille à tête saillante et à cou étranglé. — Chrysalide longue, mince, munie d'une pointe assez longue à la partie antérieure. — Ailes non parallèles dans le repos; les inférieures presque horizontales; les supérieures verticales ou obliques. — Massue des antennes courte, renflée, presque droite et sans crochet à l'extrémité. — Abdomen plus long que les ailes inférieures. — Corps grêle ou peu robuste. — Point de repli à la côte des supérieures dans les deux sexes.*

Caractères secondaires. — *Ailes entières, à frange peu ou point entrecoupée; les inférieures un peu prolongées, mais non sinuées à l'angle anal; fond des ailes d'un brun noir, avec des dessins jaunes.*

ARACYNTHUS. Fab. Bdv. God. pl. 12 *sec.* et 12 *tert.* fig. 1. *Steropes.* Ochs. Hub. 473-474. *Le Miroir.* Engr.	Envergure, 33 mill. — Ailes d'un brun noir; les supérieures avec deux ou trois taches jaunes près du sommet, et dont la plus grande est divisée en trois par les nervures et part de la côte; les inférieures larges, *sans taches.* Dessous des supérieures brun, avec les taches du dessus et une ligne terminale courte, dentée intérieurement, d'un jaune vif. Dessous des inférieures du même jaune, avec le bord abdominal brun et *douze larges taches ovales, d'un blanc jaunâtre,* cerclées de brun et contiguës. ♀ Ayant la frange un peu entrecoupée, plus de taches jaunes sur les supérieures et une série de taches grisâtres très-peu apparentes sur les inférieures.	Centre de la France et de l'Europe, dans les bois. Fin de juin et commencement de juillet. Chenille légèrement pubescente, d'un blanc verdâtre, avec une ligne obscure sur le vaisseau dorsal et deux autres lignes latérales d'un blanc jaunâtre très-pâle. Stigmates roussâtres. Tête chagrinée, d'un brun roux, avec une tache rousse sur le devant. Pattes écailleuses roussâtres, membraneuses de la couleur du fond. Vit en mai et juin sur les graminées. Chrysalide allongée, d'un vert pâle, avec la tête saillante et terminée par une pointe lavée de roussâtre.	Cette espèce, si différente des autres Hespérides de nos contrées, n'est pas très-répandue. Nous l'avons prise dans les clairières humides de la forêt d'Hallate, près de Pont-Sainte-Maxence (Oise); on la trouve aussi communément dans quelques localités des environs de Paris et de Versailles. La femelle est plus rare, son vol est lourd, et on est obligé de frapper les buissons pour la faire sortir.
PANISCUS. Fab. Ochs. Bdv. God. pl. 12. fig. 1-2. *Brontes.* Hub. 475-476. *L'Échiquier.* Engr.	Envergure, 28 mill. — Ailes très-entières, d'un brun noirâtre, avec des taches d'un jaune fauve; celles des supérieures irrégulières et dont la série anté-terminale peu sensible; celles des inférieures arrondies et disposées, savoir: une près de la base, puis deux autres, dont la supérieure plus grande, puis une série anté-terminale de six à sept autres plus petites. Dessous des supérieures jaune, avec des taches noires. Dessous des inférieures d'un jaune saupoudré de brun, avec les taches du dessus d'un brun plus clair et cerclées de noir. ♀ Un peu plus pâle.	Nord et centre de l'Europe. Première quinzaine de mai. Chenille rugueuse, légèrement pubescente, d'un brun noir, avec le dos plus foncé et deux lignes latérales jaunes. Collier orangé, tête noire. Vit en avril sur le plantain (*Plantago major*).	Elle n'est pas non plus très-répandue dans les bois du centre de la France. La forêt de Bondy est la seule des environs de Paris où nous l'ayons trouvée, mais elle y est commune. La femelle vole plus tard que le mâle, et ce n'est que vers quatre heures du soir qu'on peut s'en procurer une certaine quantité. La chenille, que nous décrivons sur la figure d'Hubner, est peu connue, et cet iconographe ne donne point la chrysalide.
SYLVIUS. Ochs. Hub. 477-478. 641-644.	Ailes plus arrondies; supérieures entièrement jaunes, ayant trois points allongés à la base, un plus gros au bout de	Allemagne, forêt d'Elm, duché de Brunswick, Livonie, Russie	Cette variété est bien constante et devra peut-être former une espèce;

God. pl. 27 A a. fig. 1-2. *Le Jonquille.* Engr.	la cellule, et une série anté-terminale de points dont les intermédiaires plus petits et plus marginaux, bruns; les inférieures sont semblables à celles de *Paniscus*, mais le brun est saupoudré de jaune et les taches sont plus grandes. Dessous des supérieures semblable au dessus. Dessous des inférieures ayant la tache basilaire plus allongée. Antennes moins annelées et entièrement d'un jaune d'ocre en dessous. ♀ Plus rapprochée de *Paniscus* et n'en différant qu'en ce que les taches jaunes des ailes supérieures sont confluentes en dessus.	méridionale, bords de l'Oural. En mai.	mais on y retrouve si clairement tous les dessins de *Paniscus*, qu'on ne saurait se dispenser d'attendre pour cela la découverte de la chenille. Le *Sylvius* est très-rare, et peu de collections le possèdent. Nous n'avons vu que le mâle.

(147) Genre XX. HESPERIA (HESPÉRIE).

(Latr. Ochs. God. Dalm. etc.)

Caractères principaux. — *Chenille à tête grosse et à premier anneau un peu étranglé. — Chrysalide allongée, mince, terminée antérieurement par une pointe assez courte, et ayant une gaîne ventrale prolongée en un filet saillant. — Ailes supérieures relevées dans le repos; inférieures horizontales ou obliques. — Antennes courtes, terminées en massue presque ovoïde, droite et soutent munie d'un petit crochet à l'extrémité. — Abdomen aussi long ou plus long que les ailes inférieures. — Corps robuste. — Point de repli à la côte des supérieures dans les deux sexes.*

Caractères secondaires. — *Frange non entrecoupée. — Ailes ordinairement jaunes; supérieures ayant le plus souvent un trait noir discoïdal, oblique, dans les mâles; inférieures sinuées près de l'angle anal. — Vol rapide à l'ardeur du soleil.*

NOSTRADAMUS. Fab. God. Bdv. *Icon.* pl. 47. fig. 3. Dup. *Suppl.* pl. 41. fig. 4-6. *Pumilio.* Ochs. *Pygmæus.* Hub. 458-460.	Envergure 30 mill. — Ailes d'un *brun obscur;* supérieures ayant la côte et le disque plus foncés; les inférieures velues sur le disque, frange concolore. Dessous d'un cendré brunâtre; supérieures ayant un peu de noir à la base et une série de taches jaunâtres peu sensibles; inférieures unicolores. ♀ Plus claire, ayant le disque des supérieures marqué d'une série de petites taches d'un blanc jaunâtre, la frange d'un gris clair et quelquefois le disque des inférieures jaunâtre.	Sicile, Calabre, Toscane, Dalmatie. En août.	Elle n'est pas très-répandue dans les collections; quelquefois les taches des inférieures du mâle paraissent en dessus. M. Boisduval parle d'une tache noire discoïdale sur les ailes supérieures du mâle, elle n'existait pas chez ceux que nous avons observés.
COMMA. Lin. Fab. Ochs. Bdv. God. pl. 12 *tert.* fig. 4. Hub. 479-481. *La Bande noire.* Engr. pl. 45. fig. 95 A. B. C. D. C. H.	Envergure 28 mill. — Ailes d'un jaune fauve, avec une *large* bordure brune et une série flexueuse anté-terminale de taches carrées, d'un jaune plus clair que le fond; supérieures très-aiguës au sommet, et ayant sur le disque un trait noir oblique, *séparé dans son milieu par une ligne grise, brillante.* Dessous des inférieures verdâtre, avec deux séries de taches carrées, *blanchâtres et bordées de noir extérieurement.* Antennes à massue très-*globuleuse,* avec un *très-petit* crochet à l'extrémité. ♀ Ayant les supérieures moins aiguës au sommet et sans trait discoïdal.	Dans toute l'Europe. En août. Chenille glabre, d'un vert-obscur mélangé de ferrugineux, avec les stigmates noirs, le collier blanc et deux points de cette couleur au bas des neuvième et dixième anneaux. Tête brune. Pattes de la couleur du corps. Vit en juillet sur la *Coronilla varia.* Chrysalide brune.	Cette jolie espèce, quoique fort répandue, ne se trouve jamais en très-grande quantité dans nos environs. Les bois secs et herbus, les chemins verts et les allées des parcs sont les endroits qu'elle fréquente de préférence. La figure d'Engramelle, quoique fort grossière, nous semble se rapporter ici plutôt qu'à *Sylvanus.*
SYLVANUS. Fab. Ochs. Bdv. God. pl. 12 *sec.* fig. 2 et 12 *tert.* fig. 3. Hub. 482-484.	Envergure 31 mill. — Ailes d'un *fauve vif,* avec une *large* bordure obscure et une série anté-terminale de taches carrées de la couleur du fond; supérieures assez aiguës au sommet, et ayant sur le disque un gros trait noir, aigu aux deux extrémités. Dessous des inférieures d'un jaune verdâtre, avec une série de taches	Dans toute l'Europe, clairières des bois. En mai et juin.	Elle est commune. On la rencontre surtout dans les endroits des bois un peu couverts et elle se pose de préférence sur les feuilles; différant en cela de la précédente, qu préfère les lieux ari-

	unicolores, plus claires et *peu marquées*. Antennes à massue *un peu allongée* et munie à l'extrémité d'un crochet *très-saillant*. ♀ Plus grande, plus rembrunie, à taches plus distinctes, avec les ailes supérieures plus arrondies et dépourvues de trait discoïdal.		des et qui se pose surtout par terre ou sur les graminées.
ACTÆON. Ochs. Bdv. Hub. 488-490. God. pl. 27 A a. fig. 3-4.	Envergure 25 mill. — Ailes *d'un brun-fauve clair;* supérieures ayant *la cellule fauve*, suivie *d'une série* courte et flexueuse *de petites taches de la même couleur* et soulignée d'un trait noir linéaire; inférieures sans taches. Dessous d'un gris jaunâtre, teinté de fauve à la côte des supérieures. ♀ Dépourvue de trait noir discoïdal et ayant parfois sur les inférieures quelques taches jaunâtres effacées.	Italie, Dalmatie, Hongrie, Autriche, France, etc., etc. En juin et août.	Elle n'est pas commune en France. Nous l'avons prise quelquefois aux environs de Chartres et de Châteaudun; elle est moins rare dans le midi, et très-commune, dit-on, en Italie et en Dalmatie. Ses mœurs sont celles de la *Comma*.
LINEA. Fab. Ochs. Bdv. Hub. 485-487. *Hesp. Bande noire.* God. pl. 12 *tert.* fig. 2. *La Bande noire.* var. 95 E. F. Engr.	Envergure 25 mill. — Ailes fauves, avec une bordure *très-étroite* et l'extrémité des nervures *noire;* supérieures ayant sous la cellule un trait noir linéaire, *continu, un peu courbe et assez long*. Dessous des supérieures fauve, avec le sommet d'un gris jaunâtre. Dessous des inférieures du même gris, avec le bord terminal fauve; ces nuances *bien tranchées* dans les individus frais. Massue des antennes *rousse en dessous*. ♀ Un peu plus grande et sans trait noir sur les supérieures.	Dans toute l'Europe. En juillet, août et septembre. Chenille glabre, d'un vert tendre, avec une ligne dorsale plus foncée, divisée par un filet plus clair, puis deux lignes latérales d'un blanc jaunâtre. Tête et pattes vertes. Stigmates invisibles à l'œil nu. Vit en juin sur les graminées. Chrysalide d'un vert blanchâtre, avec la tête saillante et terminée par une pointe courte.	Elle est très-commune; mais sa chenille est assez difficile à trouver. Elle vit dans les feuilles engaînantes de la tige, et, pour mieux dire, dans la tige même des graminées, dans les endroits un peu couverts des bois ou le long des murs des jardins. Elle est délicate à élever. L'insecte parfait vole dans les lieux secs, et, dans nos contrées, il fréquente de préférence les champs de céréales, qui servent peut-être aussi de nourriture à sa chenille.
VENULA. Hub. 666-669.	N'en diffère qu'en ce que le trait discoïdal noir manque, même chez le mâle.		A part le trait noir, la figure d'Hubner présente bien tous les caractères de *Linea;* nous croyons donc que c'est ici, et non à *Lineola*, que cette variété doit se rapporter.
LINEOLA. Ochs. God. Dup. *Suppl.* pl. 41. fig. 1-3. Bdv. *Icon.* pl. 47. fig. 4-5. *Virgula*. Hub. 660-663.	Comme elle se rapproche extrêmement de *Linea*, et que tout le monde possède cette dernière, notre description sera comparative. — La bordure noire du dessus des ailes est plus large, plus fondue intérieurement; la frange est plus claire; les supérieures sont moins aiguës au sommet, et leur trait noir est *court, droit, souvent interrompu et peu sensible*. Le dessous des supérieures est d'un fauve presque uniforme, avec le sommet légèrement grisâtre; celui des inférieures est d'un jaune un peu grisâtre, avec le bord abdominal un peu plus jaune et plus clair; mais jamais ces nuances ne sont tranchées comme dans *Linea*. Les antennes ont la massue *noire* de part et d'autre.	Allemagne, France. En juillet. Chenille d'un vert-jaunâtre pâle, avec le vaisseau dorsal marqué d'une ligne d'un blanc jaunâtre, et se prolongeant jusqu'à la tête, qu'elle divise en deux; puis deux autres lignes latérales de la même couleur, dont l'antérieure en partie effacée sur les deux premiers anneaux, et la postérieure bordant les pattes, plus pâle et à peine marquée. Tête roussâ-	On a jusqu'ici trop confondu cette espèce avec *Linea*, pour qu'on puisse bien préciser son *habitat*. On l'a d'abord crue propre aux régions montueuses du midi; mais nous l'avons prise plusieurs fois auprès de Châteaudun, en plaine; et M. Maillard, qui en a découvert la chenille, l'a rencontrée près de Paris. Nous pensons donc qu'en cherchant attentivement cette espèce on la trouvera dans la plupart des localités

♀ Plus pâle, avec les teintes grises du dessous presque blanches.	tre. Vit en juin sur les graminées. Chrysalide de même forme que *Linea*, avec le dos d'un vert-jaune marqué de trois lignes longitudinales vertes.	qu'habite *Linea*. Il arrive souvent que le trait noir des supérieures manque, ce qui produit une variété analogue à celle de l'espèce précédente.

SUPPLÉMENT AU PREMIER VOLUME.

PREMIÈRE PARTIE.

Espèces découvertes depuis la publication de nos premières livraisons ; additions, rectifications, descriptions de chenilles è visu*, *etc., etc.*

PAGE 1, LIGNE 6.

Aux caractères secondaires des Diurnes ajoutez celui-ci : — *Ailes vivement et diversement colorées en dessous.*

Nota. Ce caractère n'est pas tout-à-fait exclusif, il s'observe également chez quelques Nocturnes des tribus des *Chélonides*, *Catocalides* et même chez quelques *Botys*; mais, sauf ces rares exceptions (dans lesquelles même il est peu prononcé), tous les Nocturnes, même les plus brillants, ont le dessous des ailes de couleurs sans éclat et unies, ou marquées de dessins rares et insignifiants.

PAGE 1, LIGNE 21.

Le dernier caractère de la tribu des Hespérides est exprimé d'une manière trop exclusive, le genre *Syrichtus* portant, dans le repos, les quatre ailes presque horizontalement. Voyez, pour les véritables caractères des Hespérides, la page 214.

Genre PAPILIO.

PODALIRIUS. Pag. 2.
FEISTHAMELII. Pag. 3.

Nous avons donné, à l'article de ces deux Lépidoptères, une description succincte de leurs chenilles; mais, une discussion s'étant élevée dans ces derniers temps sur la validité du second, considéré comme espèce, nous croyons faire plaisir à nos souscripteurs en leur donnant une description plus étendue des deux chenilles, afin de les mettre à portée de juger par eux-mêmes ce point d'histoire naturelle.

Nous avons sous les yeux deux chenilles de *Podalirius*, l'une jeune, l'autre adulte; mais elle change tellement de livrée à ses différents âges, qu'elle est fort difficile à décrire. Voici d'abord les caractères qu'elle offre constamment et dans tous les périodes de son existence.

Elle est très-renflée antérieurement, atténuée postérieurement, complétement rase, mais d'un aspect velouté, d'un vert d'herbe gai qui jaunit à mesure qu'elle avance en âge. Sur le vaisseau dorsal règne une ligne fine d'un jaune clair, et au-dessus des pattes on en voit une semblable un peu en relief qui fait le tour du cou, mais qui s'arrête à la paire de pattes anale. Entre ces deux lignes on aperçoit une série de traits obliques du même jaune, mais moins prononcés, et qui sont plus ou moins nombreux et distincts, suivant l'âge de la chenille. Enfin sur chaque anneau sont quatre points vésiculeux et disposés transversalement, jaunes dans le jeune âge, orangés dans l'âge adulte, et qui pâlissent en approchant des derniers anneaux. Les pattes, vraies et fausses, et tout le dessous du corps, sont d'un vert blanchâtre très-pâle. Les stigmates sont très-visibles dans le jeune âge, invisibles à l'œil nu dans l'âge adulte, d'un blanc jaunâtre, cerclés finement de noir. La tête est verte et cachée en partie sous le premier anneau, comme dans tous les *Papilio*. Le tentacule en Y est jaunâtre et transparent.

Indépendamment de ces caractères, qui, comme nous l'avons dit, ne varient pas, il existe sur cette chenille des taches d'un brun ferrugineux dont le nombre et l'intensité varient suivant l'âge. Dans la jeunesse on n'en voit aucune trace, mais dans l'âge adulte elles se dessinent peu à peu. Nous prendrons pour les décrire un individu ayant subi sa dernière mue et huit à dix jours avant sa transformation.

Les points ferrugineux sont disposés de chaque côté de la ligne dorsale ainsi qu'il suit : sur le premier anneau 1, peu marqué, sur le second 2, sur le troisième 3, plus marqués et rangés obliquement, sur le quatrième 2, mais beaucoup plus gros, surtout l'externe, rapprochés, vaguement cernés de jaune et disposés en triangle avec le dernier point de l'anneau précédent. Chacun des segments suivants est marqué d'un point faisant suite au plus gros du quatrième, mais ils sont petits et diminuent de grosseur jusqu'au dixième anneau, où ils deviennent très-grands et vaguement cernés de jaune, après quoi ils s'arrêtent complétement. En outre les cinquième et sixième anneaux ont, *au-dessus* de la ligne latérale, chacun un point semblable oblong et géminé, et le quatrième en a aussi un, mais arrondi et situé *au-dessous* de cette ligne, *qu'il interrompt sur cet anneau*. Indépendamment de ces points, on en voit encore d'autres, mais peu apparents et d'un vert foncé ou brunâtre; ils ne deviennent bien sensibles que

* En terminant ce volume, nous répéterons une observation que nous avons déjà faite dans la préface. Malgré l'importance que nous attachons à la connaissance des chenilles et les recherches auxquelles nous nous livrons chaque jour pour les trouver, nous n'avons pu en observer par nous-mêmes dans les Diurnes qu'une quantité peu considérable, à cause de leur rareté, qui est bien connue. Nous avons donc dû recourir, pour décrire les autres, aux ouvrages les plus estimés. Malheureusement leurs auteurs (qui du reste se sont trouvés dans le même embarras que nous) ont laissé des descriptions souvent fautives et presque toujours incomplètes; les auteurs allemands surtout, qui ont découvert dans ces derniers temps une certaine quantité de chenilles, les décrivent trop brièvement et omettent souvent des parties essentielles; enfin les iconographes eux-mêmes présentent entre eux une foule de contradictions, dues en partie à la prodigieuse variété qu'on observe dans les premiers états, variété qui surpasse souvent celle des insectes parfaits; d'ailleurs, à l'époque où beaucoup d'entre eux ont donné leurs figures, les arts de la gravure et de l'enluminure étaient trop peu avancés pour qu'on puisse asseoir avec certitude une description exacte sur leurs ouvrages.

Nous ne chercherons donc pas à dissimuler à nos lecteurs que la science a beaucoup à faire sur ce point si important, et que plusieurs des descriptions que nous avons données des chenilles laissent nécessairement à désirer. Nous ferons tous nos efforts pour remédier aux défauts de cette partie de notre ouvrage, et à cet effet chacun des volumes suivants présentera dans un petit supplément des rectifications successives. Déjà nous en donnons quelques-unes dans celui-ci. Quant aux Nocturnes, leurs chenilles sont beaucoup mieux connues, généralement moins difficiles à obtenir, et sous ce rapport nos volumes suivants laisseront beaucoup moins à desirer.

trois ou quatre jours avant la transformation, et on en voit entre autres une série au-dessous de la ligne latérale. A cette époque la couleur de la chenille a passé tout-à-fait au jaune sale.

Cette chenille est lourde, paresseuse, marche peu et imprime à son corps de temps à autre un bizarre mouvement d'oscillation. Nous avons décrit page 2 sa chrysalide, qui est figurée dans notre planche (fig. 19).

La chenille de *Feisthamelii*, d'après les dessins et les observations de M. Duponchel, est presque complétement semblable. Seulement les points orangés saillants n'existent pas; la ligne jaune latérale n'est point interrompue sur le quatrième anneau, où le point ferrugineux latéral manque. Enfin les points dorsaux du dixième anneau ne sont pas plus gros que les autres. Les chrysalides se ressemblent parfaitement.

Quelque minutieuses que soient ces différences, elles nous paraîtraient sans doute suffisantes pour constituer une espèce si elles étaient constantes, celles que présente l'insecte parfait étant invariables sur tous les individus observés; mais ce point important n'est rien moins que prouvé. M. Duponchel n'a vu que deux chenilles du *Feisthamelii;* encore lui ont-elles été envoyées mortes et conservées dans l'esprit de vin, qui a dû altérer leurs dessins et les rendre peu apparents, surtout les points orangés, qui sont fort petits et dont la couleur est très-fugace; enfin, comme nous le disons plus haut, la chenille de *Podalirius* change considérablement à ses différents âges, et elle offre peut-être d'ailleurs des variétés. Il est donc absolument indispensable, selon nous, avant de considérer ces deux *Papilio* comme distincts, qu'un bon observateur élève concurremment plusieurs chenilles des deux et les examine scrupuleusement aux différentes époques de leur développement; ce qui n'est point difficile à réaliser, les deux papillons se trouvant, dit-on, en Espagne. En attendant nous devons laisser *Feisthamelii* parmi les espèces douteuses; puisque, à l'absence près des points orangés qui nous semble s'expliquer naturellement, les autres différences nous semblent du nombre de celles qui peuvent s'observer d'un individu à l'autre.

SPHYRUS. Pag. 4.

Aux caractères que nous avons donnés de cette variété il faut ajouter celui d'avoir les bandes noires des nervures et celle transverse anté-terminale des premières ailes plus épaisses et plus marquées en noir que dans les *Machaon* ordinaires. Ce caractère, du reste, est très-peu sensible sur la figure d'Hubner, qui a créé cette prétendue espèce; mais il se trouve plus ou moins marqué dans les individus que les amateurs sont convenus d'appeler *Sphyrus*, et qu'on reçoit le plus souvent du midi de l'Europe. C'est une variété très-peu remarquable et que nous ne décrivons que parce qu'elle a reçu un nom séparé.

Genre THAIS.

HYPSIPYLE. CASSANDRA. Pag. 4 et 5.

Les descriptions que nous avons données des chenilles de ces deux *Thaïs* ont été faites, ainsi que nous l'avons dit, sur les figures d'Hubner, et nous n'avons séparé ces deux Lépidoptères si voisins que d'après l'assertion de M. Boisduval, que leurs chenilles différaient constamment. Depuis, cet entomologiste lui-même nous a confirmé ce fait; mais la figure de la chenille de *Cassandra* qu'il vient de publier diffère beaucoup de celle qu'a donnée Hubner. D'un autre côté, M. Treitschke insère dans son dixième volume un long article sur ces chenilles; il élève, dit-il, celle d'*Hypsipyle* tous les ans par centaines, et elle lui a offert une foule de variétés qui semblent analogues à celle qu'Hubner a figurée sous le nom de *Cassandra*, et même à celle que M. Boisduval vient de figurer sous le même nom. De plus, il a vu éclore chez Dahl une quantité de chrysalides de *Cassandra* que ce marchand avait rapportées d'Italie, et il assure avoir trouvé parmi elles l'*Hypsipyle* ordinaire.

Ces épreuves trancheraient complétement la question s'il était bien démontré que les *Cassandra* ainsi obtenues sont identiques avec nos individus de France, et que les variétés de chenilles élevées par M. Treitschke offrent bien tous les caractères de celles de nos pays. Mais cette assertion suffit toujours, quant à présent, pour que nous donnions connaissance à nos lecteurs de cette divergence d'opinion entre deux entomologistes également recommandables. Il faut donc attendre de nouveaux renseignements avant d'adopter un avis définitif, d'autant plus qu'il n'est pas certain que la *Cassandra* de M. Boisduval (qui est également la nôtre) soit bien la même que celle de Dahl, puisque cette dernière se trouve en Italie, pays que M. Boisduval assigne pour patrie à l'*Hypsipyle* ordinaire. Nous engageons les amateurs à qui leur position le permet à comparer entre elles un grand nombre de chenilles de ces deux espèces et à s'assurer qu'elles diffèrent constamment l'une de l'autre ainsi que leurs variétés. Ce ne sera qu'alors que la question sera définitivement résolue.

NOTA. La Thaïs que M. Duponchel a figurée dans son supplément sous le nom de *Cassandra* est une variété de cette espèce dans laquelle la couleur jaune est bien plus foncée et les taches rouges plus larges que dans les individus ordinaires.

MEDESICASTE. Pag. 5.

Nous avons trouvé abondamment la chenille de cette espèce dans un voyage que nous avons fait cette année (1835) à Montpellier. Voici la description que nous en avons faite *ex visu* et qui est un peu différente de celle que nous avons donnée d'après M. Duponchel.

« Chenille jaunâtre, avec quatre lignes noires interrompues, dont deux dorsales et deux latérales. Epines » fauves, ciliées de noir et plus foncées sur les premiers anneaux. Tête fauve, couverte de poils. Pattes écailleuses » brunes, membraneuses jaunes; elle varie un peu pour la teinte du fond. Elle reste quelquefois deux ans en » chrysalide et est très-sujette à être piquée par les Ichneumons. »

Genre DORITIS. Fab. Bdv.

Plusieurs entomologistes nous ont exprimé le désir de nous voir adopter ce genre créé par Fabricius et restreint par M. Boisduval à l'*Apollinus* des auteurs. Déjà nous nous étions aperçus, en l'étudiant sur un individu en très-mauvais état, que ce savant entomologiste n'avait pas manqué de raisons pour l'isoler; mais notre répugnance à multiplier les genres nous avait empêchés de l'adopter, par la raison que les palpes diffèrent bien peu à l'œil nu de ceux des *Parnassius* (au moins de ceux de *Mnemosyne*), et que son *facies* le rapproche tout-à-fait de ce dernier genre; la tête, l'abdomen n'en diffèrent pas non plus bien sensiblement. Restent donc l'absence de la poche cornée et la forme des antennes qui le rapprochent des *Thaïs*, parmi lesquelles plusieurs auteurs l'ont placé, mais dont il diffère complétement par les palpes et l'*habitus* général. Ayant eu depuis à notre disposition des individus mieux conservés, nous nous sommes convaincus de la stabilité de ces caractères, et nous pensons maintenant avec MM. Boisduval et Duponchel, qu'ils sont suffisants pour constituer un genre séparé, vu la difficulté de rapporter l'*Apollinus* d'une manière bien satisfaisante à l'un ou à l'autre des genres voisins. Espérons, d'ailleurs, que la découverte de la chenille, que nous avions cru prudent d'attendre, viendra confirmer les différences que présente l'insecte parfait.

Voici donc les caractères des deux genres *Doritis* et *Parnassius*, caractères qu'il faudra substituer à ceux que nous avons donnés et adopter dans l'ordre suivant.

Genre III. DORITIS (DORITIS).

(Fab. Ochs. Bdv. Dup. (Tab. Méth.). — *Thaïs*. Latr. God.)

Caractères principaux. — *Chenille .... — Antennes terminées par une massue allongée et sinuée. — Palpes très-velus, ne dépassant pas la touffe de poils qui garnit le front, à articles indistincts. — Point de poche cornée sous l'abdomen des femelles.*

Caractères secondaires. — *Taille moyenne; les quatre ailes entières, peu couvertes d'écailles, gauffrées et ridées transversalement; les inférieures non dentées au bord terminal, mais non arrondies et coupées un peu carrément; dessous luisant.*

Observation. Il n'est pas encore bien prouvé que ce genre se reproduise en Europe. Nous avions dit qu'il se trouvait en Morée, mais c'est d'après M. Duponchel, qui avait été mal renseigné. La véritable patrie de l'*Apollinus* est l'Asie mineure, d'où proviennent presque tous ceux qui sont dans les collections. Cependant on dit qu'il habite aussi la Calabre et l'île de Naxos.

Genre III bis. PARNASSIUS (PARNASSIEN).

(Latr. God. Bdv. Dup. — *Doritis*. Fab. Ochs.)

Caractères principaux. — *Chenille pubescente. — Chrysalide arrondie, saupoudrée d'une poussière bleuâtre, attachée comme toutes celles des Papillonides, mais renfermée dans un léger réseau. — Antennes courtes, terminées par une massue droite, grosse et presque ovoïde. — Palpes courts, très-velus, dépassant à peine le toupet frontal, à articles assez distincts. — Abdomen très-velu dans les mâles, et pourvu dans les femelles d'une poche cornée à son extrémité.*

Caractères secondaires. — *Taille grande ou au-dessous de la moyenne. — Les quatre ailes entières, arrondies; les supérieures dépourvues d'écailles au bord marginal; dessous luisant mais uni.*

Nota. Supprimer la division et commencer à *Apollo*.

Il arrive souvent que les espèces de ce genre sont presque entièrement saupoudrées de noir. On observe fréquemment cette variété chez *Apollo* et *Phœbus*, mais plus rarement chez *Mnemosyne*.

Genre PIERIS.

ERGANE. Pag. 9. NARCÆA. Freyer. Treits.	Il paraît que cette Piéride est connue depuis long-temps sous le nom de *Narcæa* dans le Musée impérial de Vienne, et que Dahl, qui l'a prise en abondance en Dalmatie, l'a envoyée sous le même nom. Enfin M. Freyer l'a figurée avec cette dénomination. On ignore ce qui a engagé Hubner à la changer. Cette Piéride, qui constitue peut-être une espèce distincte, vole en mai et juin en Dalmatie, auprès de Raguse, et en Italie, près de Florence.
DAPLIDICE, Pag. 11.	Cette espèce forme avec *Callidice*, *Chloridice* et quelques espèces exotiques, un petit groupe très-naturel et bien distinct par le *facies* des autres Piérides marbrées de vert en dessous. Cependant ces caractères sont trop légers pour pouvoir fonder un genre séparé.
BELLIDICE. Pag. 11.	Cette jolie Piéride, d'ailleurs bien constante dans ses caractères, n'est bien certainement qu'une variété de *Daplicide*, et, ce qui le prouve jusqu'à l'évidence, c'est qu'elles ont été élevées de la même chenille. Nous l'avons reçue de Hongrie, où elle paraît commune. On nous l'a également envoyée de Suisse, mais plus grande que nos individus et ceux de Hongrie. M. Marchand possède une belle variété de *Daplidice* qui est entièrement d'un beau jaune-serin en dessus.

Genre ANTHOCHARIS. Bdv.

M. Boisduval (dans son *Iconographie des Chenilles*, et dans l'*Histoire naturelle des Lépidoptères du nord de la France* de M. Cantener) donne pour caractère à ce genre « une tache aurore au sommet des ailes supérieures dans les mâles, et les anneaux abdominaux de la chrysalide immobiles et à peine visibles ». Ces caractères nous ont paru trop légers pour adopter ce genre, et d'ailleurs il nous semblait difficile de le distinguer de la Pier. *Tagis*, qui présente le second caractère sans offrir le premier. Depuis, nous avons trouvé les chenilles des Pier. *Belia* et *Ausonia*, et leurs chrysalides nous ont également offert la même particularité. Il est même vraisemblable qu'elle existe aussi dans les autres Piérides de cette division (*Glauce, Belemia*, etc.). Sur l'observation que nous en fîmes à M. Boisduval, il nous répondit que « toutes ces espèces devraient alors faire partie de son genre *Anthocharis* ». Ce genre nous paraît, d'après cela, mieux limité; mais les personnes qui voudront l'adopter devront alors retrancher le caractère que présentait l'insecte parfait, et cela avec d'autant plus de nécessité qu'une espèce nouvellement découverte (Pier. *Pyrothoe* Eversm.) semble faire la transition des espèces à sommet orangé (*Cardamines*, etc.) aux espèces à ailes supérieures à sommet aigu et sans tache orangée (*Belia, Ausonia*, etc.).

Pour nous, ce genre, même avec cette extension, ne nous paraît pas d'une absolue nécessité, les chenilles et leur nourriture ne différant point sensiblement de celles des autres Piérides, et les mœurs de toutes ces espèces étant en général les mêmes. Nous nous contenterons donc de changer les divisions de notre genre *Pieris*, à partir de *Callidice*, ainsi qu'il suit :

Nous conservons la division (23).

(24) { Chrysalides de la même forme que celles de la division 22 bis. — Ailes inférieures des femelles plus ou moins marquées de noir à leur bord terminal. . . . . (25)
Chrysalides allongées, terminées par une pointe effilée et souvent courbe, à articulations abdominales à peine visibles et immobiles. — Ailes inférieures dépourvues de taches noires dans les deux sexes. . . . . (25 bis)

(25) *Chrysalides de la même forme que celles de la division 22 bis. — Ailes inférieures des femelles plus ou moins marquées de noir à leur bord terminal.*

CALLIDICE, DAPLIDICE, BELLIDICE, CHLORIDICE.

(25 bis) *Chrysalides allongées, à articulations abdominales à peine visibles et immobiles. — Ailes inférieures dépourvues de taches noires dans les deux sexes.*

Genre ANTHOCHARIS. Bdv. (26)

(26) { Point de tache aurore au sommet des supérieures dans les mâles. . . . . (26 bis)
Une tache aurore au sommet des ailes supérieures dans les mâles. . . . . (26 ter)

Point de tache aurore au sommet des supérieures dans les mâles.

BELEMIA, GLAUCE, BELIA, TAGIS, AUSONIA, MARCHANDÆ.

Une tache aurore au sommet des ailes supérieures dans les mâles.

Genre ANTHOCHARIS. Dup. Cant.

PYROTHOE, CARDAMINES, EUPHEME, EUPHENO.

BELIA. Pag. 12.

Nous avons trouvé sa chenille cette année aux environs de Montpellier. Voici sa description : chenille d'un vert jaunâtre, couverte de petits tubercules pilifères noirs, avec trois lignes longitudinales d'un bleu violâtre, dont une dorsale et les deux autres latérales, ces dernières suivies d'une ligne blanchâtre. Pattes vertes. Tête verte, couverte de petits tubercules comme le corps, mais plus courts.

Elle vit en mai sur la *Biscutella Didyma*. Chrysalide d'un blanc-jaunâtre carné, avec la pointe antérieure très-longue, légèrement arquée en dedans, d'un gris obscur; une ligne dorsale de la même couleur, accompagnée de chaque côté de très-petits points, et un trait pareil sur le bord de l'enveloppe des ailes; celle-ci peu saillante, striée de gris clair, avec un point médian et une série anté-terminale d'autres plus petits, noirs.

NOTA. Le papillon que nous a produit cette chenille se rapproche un peu de notre Var. A. par la forme de ses taches nacrées, et tous les *Belia* que nous avons pris pendant les mois de mai et de juin partagent plus ou moins ce caractère, mais la tache costale est semblable à celle des *Belia* ordinaires. Cependant, d'après le témoignage des naturalistes du midi, la véritable *Belia* vole en mars, et nous avons vu chez M. Adrien Devilliers un dessin de sa chenille qui diffère de celle que nous avons élevée en ce que la ligne dorsale est jaune. Aurait-on confondu deux espèces sous le nom de *Belia*, ou bien cette Piéride aurait-elle deux générations, l'une qui subirait toutes ses métamorphoses dans le courant de mai et de juin, l'autre qui passerait l'hiver en chrysalide pour éclore au mois de mars? Nous appelons sur ce point l'attention des entomologistes du midi de la France.

AUSONIA. Pag. 13.

Voici une description de la chenille qui nous a été communiquée par M. Germain, de Montpellier.

Chenille d'un jaune-verdâtre, ayant une ligne dorsale violette, puis une ligne jaune, puis au-dessous une autre d'un vert-clair, enfin au-dessus des pattes un filet blanc bordé de jaune. Cette chenille est parsemée de tubercules pilifères violâtres. Elle vit en mai sur la *Biscutella Didyma*.

{ SIMPLONIA. MARCHANDÆ. Pag. 13.

Il serait peut-être plus juste de restituer à cette Piéride le nom de *Marchandæ* qu'Hubner lui avait imposé avant tous les autres auteurs.

PYROTHOE. Eversm.	Envergure, 35 mill. — Ailes blanches; supérieures avec la tache costale lunulée et une tache apicale d'un rouge orangé *entouré de noir et découpant des taches marginales blanches.* Dessous des mêmes ailes avec une ligne blanche dans la tache costale, et toute la partie apicale noire du dessus colorée en vert, sans tache orangée; inférieures *du même vert* avec beaucoup de taches blanches, dont trois oblongues et plus grandes. *Antennes entièrement jaunâtres.*	Russie méridionale. Bords de l'Oural intérieur. En avril.	Nous n'avons pas vu cette espèce remarquable en nature, et notre description est faite sur le texte et les figures d'un mémoire inséré dans le recueil de la Société des Naturalistes de Moscow. Il n'y est point fait mention des sexes. Nota. Comme dans toutes les espèces voisines, la couleur du dessous des ailes se montre en transparence en dessus. Il en est de même de l'espèce suivante. — On placera celle-ci immédiatement avant *Cardamines.*
EUPHEME. Esp. *Erothoe.* Eversm.	Envergure, 45 mill. — Ailes *d'un blanc jaunâtre;* supérieures avec la tache costale lunulée et une tache apicale transverse, *étroite,* d'un rouge orangé, saupoudrée à l'entour de noir et terminée à la côte par un espace de la couleur du fond. Dessous des mêmes ailes ayant le sommet jaune lavé extérieurement de blanc. Dessous des inférienres *d'un jaune vif* strié de noir à la côte, avec des taches blanches de diverses grandeurs et très-irrégulières. Antennes blanches, cuisses roses. ♀ Ayant la lunule costale des supérieures plus grande et le sommet des mêmes ailes dépourvu de tache orangée et à peine teinté de cette couleur.	Russie méridionale. Bords du Volga. En mai.	Même observation que pour la précédente. Cette espèce semble se rapprocher un peu d'*Eupheno.* M. Eversmann lui-même l'a reconnue dans l'*Eupheme* d'Esper, dont la figure, dit-il, est très-mauvaise; mais, ainsi que l'observe fort justement M. Duponchel, ce n'était pas une raison pour lui donner un nouveau nom; nous lui avons donc conservé le premier. Il faudra retrancher de notre article *Eupheno* tout ce qui est relatif à l'*Eupheme* d'Esper. Cette espèce se placera entre *Cardamines* et *Eupheno.*

Genre COLIAS.

Chrysotheme.
Pag. 17.

On nous a reproché de ne regarder cette Coliade que comme une *variété.* C'est donc ici le cas de répéter ce que nous avons dit dans la préface : que les Lépidoptères renfermés dans une accolade avec d'autres et en plus petits caractères ne sont pas pour nous des *variétés,* mais seulement des *espèces douteuses.* Avant d'affirmer positivement qu'un Lépidoptère est variété d'un autre, il faut l'avoir obtenu de la même chenille, de même qu'il faut avoir obtenu deux lépidoptères de chenilles différentes avant d'affirmer qu'ils constituent deux espèces. Or, dans l'ignorance où on est des premiers états de la plupart des Diurnes, ce qu'il y a de plus sage, suivant nous, est de rester dans le doute toutes les fois qu'une espèce se rapproche assez d'une autre pour le faire naître. Nous n'avions donc pas d'autre manière d'exprimer ce doute que de réunir *provisoirement* dans la même accolade les espèces qui ne nous semblaient pas bien authentiques; et d'ailleurs, ainsi que nous le disons à l'article *Chrysothème,* il est bien plus facile d'apercevoir les caractères qui séparent deux papillons par une description *différenciée* que par deux descriptions complètes, quoique la première espèce soit bien plus difficile et prête beaucoup plus à la critique que la seconde. Nous espérons donc que nos lecteurs nous sauront gré de cette marche, qui leur évitera des longueurs inutiles et qui d'ailleurs laisse dans son entier la question, que chacun peut alors décider suivant sa manière de voir.

Genre POLYOMMATUS.

DORYLAS.
Pag. 21.

M. Treitschke, dans son dixième volume, donne d'après un de ses correspondants la description de la chenille de ce Polyommate; malheureusement elle est trop peu circonstanciée pour qu'on distingue facilement, en la lisant, cette chenille de celle des Poly. *Adonis*, *Corydon*, etc. Quoi qu'il en soit, en voici la substance :

Chenille finement velue, à partie antérieurement très-relevée, d'un vert foncé, un peu mélangé de brunâtre, avec une ligne latérale jaune et un filet dorsal d'un vert plus obscur, bordé de chaque côté d'une série de taches du même jaune. Tête assez grosse, d'un noir luisant ainsi que les stigmates.

Vit en mai sur les fleurs du *Trifolium melilotus* (*Melilotus officinalis*).

ARGUS.
Pag. 23.

La variété figurée dans l'*Icones* de M. Boisduval, pl. 15, fig. 4-5. et dont nous avons déjà parlé, est l'*Acreon* de Fab. ou *Argyrognomon* de Bork. On trouve, ainsi que nous l'avons dit, des individus d'*Argus* ordinaires qui offrent l'un ou l'autre de ses caractères.

PYLAON. Fisch.	Ne semble différer des femelles d'*Argus* ou d'*Ægon* qu'en ce que la bande fauve est continue et atteint les deux bords aux quatre ailes, tant en dessus qu'en dessous. La figure représente aussi les points noirs sur lesquels cette bande fauve est appuyée comme largement bordés de blanc en arrière, mais le texte n'en parle pas.	Russie méridionale, environs de Sarepta.	Nous n'avons point vu ce Polyommate en nature, et il n'est point fait mention des sexes dans la description; nous présumons cependant qu'il s'agit d'une femelle. Si les deux sexes étaient bruns, ce serait probablement une espèce distincte.	

ÆGON.
Pag. 23.

Nous trouvons dans le dixième volume de M. Treitschke une description de la chenille de cette espèce qui ne s'accorde aucunement avec celle que nous en avons donnée d'après M. Duponchel. Voici la substance de cette description :

« Chenille allongée, verte, un peu mêlée de brun rougeâtre vers la partie postérieure, avec une légère ligne ondulée brunâtre sur les côtés, une ligne dorsale d'un brun rouge liseré de blanc et une ligne latérale blanche. Tête et pattes écailleuses d'un noir luisant. — Chrysalide d'un vert clair, avec la partie postérieure mêlée de jaunâtre, une ligne latérale d'un rouge brun et les stigmates d'un jaune brunâtre. »

OPTILETE.
Hub.
Pag. 24.

Nous avons vu en nature cette variété. Elle ne diffère réellement de notre *Optilete* typique ou *Cyparissus* Hub. que par les caractères suivants :

Le mâle est plus grand, le ton du bleu est un peu moins foncé; en dessous, la lunule centrale est plus grande et plus marquée, ainsi que le double rang de taches qui longent le bord terminal. — La femelle est également plus grande que celle de *Cyparissus*. Elle est plus marquée de bleu à la base des quatre ailes; ses ailes inférieures manquent de la petite ligne blanche anté-marginale et sont le plus souvent marquées d'une tache fauve près de l'angle anal.

Il ne nous paraît pas pouvoir former une espèce séparée.

BAVIUS. Eversm.	Envergure, 32 mill. — Ailes d'un noir brun, saupoudrées de bleu à la base, avec la frange entrecoupée; supérieures avec une lunule discoïdale noire; inférieures avec *une série anté-terminale de taches fauves*, continues, appuyées sur des points noirs. Dessous blanchâtre, avec trois points à la base, une lunule discoïdale et deux séries anté-terminales de points noirs *presque carrés*; inférieures avec des points comme dans les espèces voisines, mais *anguleux et irréguliers*, et la bande fauve du dessus chargée en arrière de points noirs oblongs.	Russie méridionale. En été.	Même observation pour cette espèce que pour la Pier. *Pyrothoe*. Il n'est point non plus question des sexes dans la description. Ce Polyommate se placerait immédiatement avant *Battus*.	
RHYMNUS. Eversm.	Envergure, 26 mill. — Ailes entières, d'un brun noir sans aucune tache en dessus. Dessous d'un brun jaunâtre, avec une lunule discoïdale et *trois séries de taches blanches irrégulières*, dont l'extérieure *marginale* est peu apparente, et la précédente accolée à des points noirs aux ailes antérieures, et à des points noirs	Russie méridionale. En juin.	Mêmes observations que pour le précédent. Il paraît présenter un *facies* tout particulier, et n'a aucun rapport avec les autres espèces européennes.	

et jaunâtres aux ailes postérieures. Antennes annelées, avec l'extrémité de la massue fauve.

BOETICUS.
Pag. 37.

La description que nous avons donnée de la chenille de ce Polyommate est incomplète. En voici une plus circonstanciée, faite d'après plusieurs individus adultes.

Elle est d'un vert plus ou moins terne, ou d'un rouge brun foncé. Sur le vaisseau dorsal se voit une ligne plus foncée, et au-dessus des pattes une bande d'un vert sale ou d'un jaune brunâtre, mais, dans tous les cas, plus pâle que le fond. Au-dessus se voit une série de traits obliques, doubles, de la même couleur, séparés par un petit espace de la couleur du fond. Enfin, au-dessous sont les stigmates, qui sont gros, bien visibles et blanchâtres. Le dernier anneau est marqué de quelques points de cette dernière couleur. Le dessous du corps est de la couleur de la bande latérale. La tête est petite, noire ou d'un roux clair.

La chrysalide est d'un gris roussâtre plus ou moins obscur, pointillée de noir, avec deux rangées dorsales de points noirs et les jointures des anneaux plus claires.

Elle vit, comme nous l'avons dit, dans les siliques du Baguenaudier, où on la trouve souvent en abondance. Pour se mettre en chrysalide elle perce la silique, mais celles qu'on élève en captivité se métamorphosent quelquefois sans en sortir. On reconnaît facilement sa présence en mettant la silique entre l'œil et la lumière. On aperçoit alors facilement dans le bas une masse noire produite par l'accumulation de ses excréments. Si la gousse est percée d'un trou non fermé avec de la soie, on peut être certain que la chenille l'a abandonnée.

ÆSCULI.
Pag. 40.

Nous avons reçu plusieurs individus de ce Polyommate, et nous l'avons pris nous-même de nouveau cette année (1835). Les caractères qui le séparent du *Lynceus* sont bien constants, et de plus, les femelles n'ont point ordinairement de taches fauves sur les supérieures. Il est donc très-vraisemblable que l'*Æsculi* doit former une espèce distincte. Nous espérons que nos correspondants du midi de la France nous procureront bientôt sa chenille, ce qui nous mettra en état de décider la question.

EVIPPUS.
Pag. 36.

Voici une description de sa chenille qui nous a été communiquée par M. Germain, de Montpellier :

« Chenille très-déprimée dans sa partie postérieure, d'un brun sombre, avec une raie dorsale noire bordée de chaque côté par des nuances inégales de couleur jaune, peu apparentes. »

Nous regrettons que cette description soit si courte et si peu circonstanciée, surtout à cause de la forme particulière de l'insecte parfait, qui en amène peut-être une correspondante dans la chenille. Nous engageons les amateurs du midi de la France à l'élever de nouveau et à en donner une bonne figure et une description exacte, ainsi que de la chrysalide, ce qui n'a pas été fait jusqu'ici.

BETULÆ.
Pag. 41.

Il arrive souvent que la chenille est dépourvue des points jaunes qui entrecoupent les traits obliques latéraux.

Genre VANESSA.

TRIANGULUM.
Pag. 54.

M. Germain, de Montpellier, nous a également communiqué la description suivante de la chenille :

Elle est d'un bleu clair rayé transversalement de jaune, surtout sur les quatre premiers anneaux. Chaque anneau est garni de sept épines velues, jaunes à la base, brunâtres à l'extrémité ; celles du dos sont moins longues que les autres, et à côté se trouvent deux points d'un noir bleu luisant, visibles seulement à partir du quatrième anneau, et entre lesquels la couleur du fond est d'un brun clair. La tête est d'un rouge fauve, surmontée de deux épines courtes et aiguës.

Elle vit en mai sur la pariétaire (*Parietaria officinalis*).

Genre ARGYNNIS.

CHARICLEA.
Pag. 62.

Nous avons dit à l'article de cette *Argynne* que nous présumions qu'elle n'était autre que celle dont on a voulu faire une espèce dans ces derniers temps sous le nom de *Boisduvalii* *. Depuis, nous avons été confirmés dans notre opinion par M. Boisduval lui-même, qui ne considère maintenant l'Argynne qui porte son nom que comme une légère variété de la *Chariclea* typique. Quant à la *Chariclea* de M. Duponchel, nous persistons à ne la regarder que comme variété de *Pales*, jusqu'à ce que la découverte de la chenille soit venue l'ériger en une espèce séparée, qui alors devrait recevoir un nouveau nom.

La *Chariclea* est toujours très-rare dans les collections.

Genre MELITÆA.

MEROPE.
Pag. 73.

M. Auderreg, de Gamsen, vient de découvrir la chenille de cette petite Mélitée si semblable à l'*Artemis*. Il a envoyé cette chenille à M. Boisduval, qui a été à même de se convaincre qu'elle est *complétement* différente de celle d'*Artemis*, puisqu'elle présente de larges taches jaunes sur un fond noir, tandis que la dernière est, comme nous l'avons dit, entièrement noire, avec des séries d'atomes blancs. La conjecture de notre correspondant se trouve

* Il s'est glissé dans cet article, page 63, ligne 1re, une faute typographique assez grave ; au lieu de : touchant la question, il faut lire : *tranchant* la question.

donc vérifiée, et l'on devra désormais considérer, avec MM. Treitschke et de Prunner, la *Melitæa Merope* comme une espèce bien distincte.

Genre SATYRUS.

PHILEA
Pag. 112.

Nous avons reçu de Suisse une variété de ce Satyre chez les deux sexes de laquelle le disque est d'un fauve qui tranche fortement sur la bordure, ce qui lui donne la plus grande ressemblance en dessus avec *Arcanius*, dont elle ne se distingue absolument que par la taille. Mais on la reconnaîtra facilement par le dessous des inférieures, où les yeux sont plus petits, mieux alignés, et la ligne médiane plus régulièrement dentée, sans anfractuosité plus forte au bout de la cellule, enfin par ses antennes, dont la massue est noirâtre en dessus et blanchâtre en dessous, au lieu d'être rousse intérieurement comme chez *Arcanius*. Cette variété est assez remarquable et diffère beaucoup de nos *Philea* de France.

NOTA. Chez la femelle de *Philea* le petit œil apical reparaît quelquefois en dessous; il en est de même chez cette variété.

Genre SYRICHTUS.

FRITILLUM.
Pag. 216.

Nous avons pris cette année plusieurs individus d'une variété chez laquelle le jaune verdâtre est remplacé par du blanc légèrement jaunâtre comme chez *Carthami*, mais qui présente tous les autres caractères de *Fritillum*.

SUPPLÉMENT.

SECONDE PARTIE.

*Espèces étrangères (suivant nous) à l'Europe, mais qui ont été données comme européennes par plusieurs auteurs**.

Genre PAPILIO.

AJAX. Smith-Abboth. Bdv. Lépid. de l'Amérique. pl. 1. fig. 1-4. Ochs. Dup. *Suppl.* p. 11 et 314.	Envergure, 75 mill.—Ailes d'un brun noir, avec des bandes d'un jaune clair, dont la médiane bifurquée par en haut, l'anté-terminale ondulée; inférieures avec deux lunules bleues anté-terminales et une tache anale noire, marquée d'un trait bleu et surmontées de deux grosses taches d'un rouge vif. Dessous des inférieures avec une ligne médiane rouge accolée à une ligne blanche. ♀ Semblable.	Géorgie américaine, Virginie. En mars, mai et juin. Chenille verte, avec deux lignes latérales d'un blanc verdâtre et une bande transverse sur le quatrième anneau, composée de trois couleurs, bleu foncé, bleu clair et jaune vif; tentacules de cette dernière couleur; stigmates roussâtres; tête et pattes vertes. Vit en avril et septembre sur le *Porcelia Pygmæa*. Chrysalide ferrugineuse, avec des lignes plus claires.	Ochsenheimer le donna le premier comme Européen, mais avec doute. Depuis, les recherches qu'on a faites pour le trouver en Europe ayant été sans résultat, MM. Treitschke, Duponchel, Boisduval, etc., etc., l'ont rejeté avec raison du catalogue de nos Lépidoptères, dont il diffère complétement par son *facies*. (Il formerait le n° 1 du genre *Papilio*.)
XUTHUS. Lin. Fab. Cram. God. Bdv. *Icon.* pl. 1. fig. 1-2.	Envergure, 95 mill. — Ailes noires avec des taches et des raies d'un jaune soufré; supérieures en ayant deux au bout de la cellule en forme de croissant et figurant une sorte d'œil; inférieures ayant une série anté-terminale de taches lunulées surmontées chacune d'un groupe d'atomes d'un gris jaunâtre, angle anal marqué d'un œil jaune pupillé de noir et surmonté d'une tache bleue. ♀ Semblable, mais plus grande.	Chine, Perse, Thibet, Sibérie, Russie asiatique.	Cette espèce n'a encore été donnée comme européenne que par M. Boisduval, qui considère les insectes de la Sibérie comme indigènes. Nous ne saurions partager cet avis, quelque estime que nous professions pour cet entomologiste; et quand même le Pap. *Xuthus* ne s'éloignerait pas par son *facies* des espèces de nos contrées, nous attendrions pour l'admettre parmi elles qu'il ait été pris plusieurs fois et qu'il soit prouvé qu'il se reproduit en deçà des limites que les géographes assignent à l'Europe. (Il se placerait après *Ajax*.)

* Indépendamment des espèces qui vont suivre, il en est d'autres sur la patrie desquelles on n'a pas encore toute la certitude desirable, et qu'un *facies* équivoque pourrait faire présumer étrangères à l'Europe, où le hasard seul les a peut-être amenées. Tels sont les Th. *Cerisyi*, Dor. *Apollinus*, Col. *Aurora*, Sat. *Anthelea*, etc., etc. Mais ces espèces étant depuis long-temps répandues dans les collections, nous n'avons pas osé les supprimer; toutefois nous faisons des vœux pour que les observateurs à qui leur position le permet élèvent leurs chenilles et s'assurent qu'ils se reproduisent annuellement dans les contrées européennes.

Genre PARNASSIUS.

HARDWICKII. *Tab. Synopt.* Pag. 7.	Il n'est pas bien certain que la variété femelle de *Phœbus*, que nous avons décrite sous ce nom et qu'on nous a communiquée comme venant de Suisse, soit le véritable Parn. *Hardwickii* de M. Hope. Comme nous n'avons point vu en nature les individus sur lesquels cet entomologiste a établi cette espèce et qui n'habitent point l'Europe, il est possible qu'ils offrent des différences sensibles d'avec celui que nous avons décrit. Nos souscripteurs devront donc attendre cette comparaison avant de ranger définitivement ce Parnassien au nombre des Lépidoptères européens.

Genre PIERIS.

CHEIRANTHI. God. Hub. 647-648.	Un peu plus grande que la P. *Brassicæ*, avec laquelle elle a les plus grands rapports. Fond des ailes d'une teinte plus jaunâtre, au moins dans les femelles; taches noires beaucoup plus dilatées et envahissant une partie des ailes supérieures; celle du bord interne se joignant fréquemment à la liture du même bord. Dessous plus vif en couleur.	Ténériffe.	Peut-être n'est-elle qu'une modification locale de notre Pier. *Brassicæ*. (Elle se placerait immédiatement avant elle).
RAPHANI. Fab. God. Ochs. Dup. *Suppl.* pl. 5. fig. 1-2. Esp.? *Hellica*. Hub. Lép. exot.	Envergure, 48 mill.—Ailes blanches; les supérieures un peu aiguës au sommet, où elles sont marquées d'une large tache noire divisée par de gros points blancs, les mêmes ailes marquées à la côte d'une grosse tache noire; inférieures avec quelques points noirs à l'extrémité des nervures. Dessous de celle-ci blanc, avec les nervures légèrement dessinées en gris noirâtre, découpant des lunules marginales blanches, et saupoudré çà et là, mais surtout à la base et au milieu, de jaune d'ocre. ♀ Ayant une tache noire au bord interne des supérieures, et le bord marginal des inférieures noir et divisé par des taches blanches comme chez *Daplidice*.	Cap de Bonne-Espérance.	Elle fait partie du même groupe que *Daplidice* et *Callidice*, mais elle est certainement étrangère à l'Europe. (Elle se placerait immédiatement avant *Callidice*).

(80) Genre DANAÏS (DANAÏDE). Pag. 43.

(Latr. God. Bdv. Dup.—*Euplœa*. Fab. Ochs.)

Caractères principaux. — *Chenille rase, munie de prolongements charnus ou épines molles et filiformes. — Chrysalide grosse, courte, non anguleuse et marquée de taches métalliques. — Antennes longues, à massue grossissant insensiblement. — Palpes très-écartés, dépassant peu la tête, leur second article à peine une fois plus long que le précédent. — Cellule discoïdale des secondes ailes fermée.*

Caractères secondaires. — *Abdomen grêle, assez long. — Ailes larges, sinuées; les inférieures ayant, dans les mâles, une petite poche sous la cellule discoïdale. Des points blancs sur la tête, le corselet, la poitrine et la bordure des ailes.*

CHRYSIPPUS. Lin. Fab. Ochs. Hub. 678-679. Bdv. *Icon.* pl. 18. fig. 3. *Chrysippe*. God. *Encycl.* Dup. *Suppl.* pl. 17. fig. 1-2.	Envergure, 75 mill.—Ailes d'un fauve roux, avec une bordure brune marquée de points blancs; supérieures sinuées au bord terminal, avec le fauve plus foncé le long de la côte, et la bordure très-élargie à l'angle apical, où elle est marquée, outre les points anté-marginaux, d'une bande blanche divisée en taches par les nervures, et de quelques points blancs; inférieures d'un fauve uniforme, avec la bordure étroite, trois points noirâtres suivant la cellule, et la	Indes orientales, Syrie, Egypte. Chenille d'un blanc violâtre, avec les incisions noires et des anneaux de la même couleur, marqués de jaune dans leur milieu; épines au nombre de six, deux sur le cou, deux sur le cinquième anneau et deux sur le on-	Elle est commune dans les contrées que nous citons. Le hasard ayant amené quelques individus sur les côtes d'Italie, l'espèce s'y est propagée pendant deux années (1806 et 1807), mais en 1808 elle a disparu complétement et ne s'y est pas montrée depuis.

	poche de la même couleur. Dessous presque semblable, mais ayant le sommet des supérieures fauve. ♀ Semblable, mais dépourvue de la poche des ailes inférieures.	zième. Tête de la couleur du corps et rayée de noir. Vit sur les *asclepias*. Chrysalide d'un vert clair, avec une ligne noire sur l'abdomen et des points argentés.	
ALCIPPUS. Fab Ochs. Bdv. *Icon.* pl. 18. fig. 4. *Alcippe.* God *Encycl.* Dup. *Suppl.* pl. 17 fig. 3.	Elle est un peu plus petite que la précédente, dont elle ne diffère du reste que par les ailes inférieures, qui sont blanches de part et d'autre, avec un peu de fauve sur les bords.	Même localités.	Nous ne connaissons point sa chenille, mais M. Boisduval dit qu'elle diffère constamment de celle de la précédente.

Genre SATYRUS.

DARCETI. Lefebv. *Ann. de la Soc. Entom.* Dup. *Suppl.* pl. 26. fig. 5-6. *Titea.* Klug. Emprich et Ehrenb. *Symb. Phys.* déc. 3ᵉ. pl. 29. fig. 15-18.	Envergure, 48 mill. — Ailes un peu arrondies, blanches, avec une bordure noire divisée par des taches anté-marginales de la couleur du fond; supérieures ayant la base de la cellule *entièrement blanche*, et au-delà de son milieu un petit point grêle *se confondant presque avec la tache annulaire*, qui est très-irrégulière, non évidée au centre et saupoudrée à l'entour de grisâtre; un petit œil bleuâtre au sommet de l'aile; inférieures ombrées de noir à la base, mais *peu largement et à peine jusqu'à la ligne basilaire;* leur bordure marquée de trois à quatre yeux pupillés de bleu. Dessous des supérieures ayant la tache annulaire *très-petite* et bien évidée. Dessous des inférieures avec les lignes basilaire et médiane comme dans *Herta.* Antennes *rousses* au sommet. ♀ Ayant les yeux mieux marqués, surtout en dessous.	Syrie, mont Liban. En juin.	Malgré les rapports évidents que présente ce Satyre avec les espèces d'Europe, et quoiqu'il soit le seul exotique qu'on connaisse dans cette section (*Arge*, Boisduval). Il nous semble indispensable d'attendre, pour l'admettre parmi les européens, qu'on l'ait trouvé plusieurs fois dans les limites de cette partie du monde. (La place de ce Satyre serait entre *Herta* et *Clotho.*)
ALSO. Bdv. *Icon.* pl.	Envergure, 50 mill. — Ailes minces, un peu transparentes, d'un grisâtre sale mêlé de jaunâtre, avec quelques atomes bruns plus denses près de la frange; supérieures ayant une ombre légère sur le disque; inférieures laissant apercevoir en transparence les dessins du dessous, qui est brunâtre jusqu'à la ligne médiane, avec des atomes grisâtres, puis d'un gris blanchâtre un peu violacé et légèrement strié de noirâtre; frange grisâtre entrecoupée de noirâtre. Antennes comme dans les analogues. ♀ Inconnue.	Sibérie.	Nous ne l'avons point vu en nature, et notre description est faite d'après M. Boisduval. Son *habitat* dit assez qu'il ne saurait être admis parmi les espèces européennes. (Il se placerait après *Æno.*)

EXPLICATION

DES TERMES DONT NOUS NOUS SERVONS DANS CE VOLUME.

AVERTISSEMENT.

Au lieu de donner une simple explication de la planche qui accompagne ce premier volume, nous avons pensé qu'il serait plus utile pour les commençants de leur donner une analyse complète des parties qui composent les Lépidoptères sous leurs trois états. C'est ce que nous allons faire ci-après; mais comme cette analyse n'offrirait pas, pour les recherches précipitées, toute la commodité d'un dictionnaire, nous disposerons à la suite, par ordre alphabétique, tous les termes que nous allons expliquer par ordre de matières, avec l'indication de la page où on en trouvera l'explication. On n'aura donc qu'à se reporter à cette page où chaque terme, étant imprimé en italique, frappera facilement les yeux.

Nous devons également prévenir que tout ce que nous allons dire ci-après *ne s'applique qu'aux Diurnes.* Chacun des volumes suivants contiendra les généralités relatives aux familles qui y seront traitées.

Un *Lépidoptere* ou *Papillon* passe par quatre états bien distincts : celui d'*œuf*, celui de *chenille*, celui de *chrysalide* et celui d'*insecte parfait.* Les phénomènes du premier état lui étant communs avec une foule d'animaux des classes supérieures et ne présentant rien de particulier, nous passerons de suite à l'état de chenille.

CHAPITRE Ier.

ÉTAT DE CHENILLE (fig. 16, 17, 18).

C'est le seul, des trois états qui nous restent à examiner, où l'insecte prenne une nourriture bien substantielle et où il soit susceptible d'acquérir un développement extérieur, en un mot de grandir. Ce développement est pour ainsi dire de deux sortes : celui qu'il acquiert en assimilant les substances qui le nourrissent et qui lui est commun avec les autres animaux, et celui auquel il parvient par des *mues* ou *changements de peau* successifs. C'est dans le jeune âge et peu après la sortie de l'œuf que ces changements de peau sont les plus fréquents et les plus rapprochés.

Parvenue à l'âge adulte, la chenille présente extérieurement les parties suivantes :

La *tête* (a. fig. 16 et 17) est composée de deux calottes de consistance cornée, dont les faces latérales se nomment *joues* et sont marquées de petits points saillants, souvent noirs, dont on ignore l'usage. A sa partie inférieure se voit la *bouche*, dans la composition de laquelle entrent deux *mandibules*, deux *mâchoires* et une *lèvre* au milieu de laquelle est un bouton percé d'un petit trou qu'on nomme *filière* et qui est destiné à donner passage à un liquide qui se durcit à l'air et forme *la soie* dont la chenille se sert pour filer sa coque ou se suspendre aux branches. Chacune des mâchoires porte un *palpe*, et la lèvre elle-même en a deux.

Le *corps* (a. d. fig. 16) est composé d'une suite d'articulations au nombre de douze et qu'on nomme *segments* ou *anneaux*. La partie par laquelle ces anneaux se touchent se nomme *jointure* ou *incision*. Le corps est long, le plus souvent cylindrique, parfois aplati en dessous; d'autres fois court, convexe en dessus et atténué aux extrémités. La chenille est dite alors *onisciforme*, à cause de sa ressemblance avec les cloportes (*oniscus*). On divise le corps en trois parties, *le dos*, *les côtés* et *le ventre*.

Sur le dos court un filet longitudinal, souvent transparent et laissant apercevoir le *vaisseau dorsal*. Sur les côtés se voient des ouvertures en forme de boutonnières, bordées d'un petit bourrelet saillant et qu'on nomme *stigmates*. Ces stigmates sont au nombre de neuf seulement de chaque côté, les deuxième, troisième et douzième anneaux en étant toujours dépourvus; ils correspondent à autant de petits vaisseaux ou *trachées* par lesquels la chenille respire. A l'extrémité du dernier anneau est un autre orifice auquel aboutit le canal digestif, et qui est l'*anus*. Le dos et les côtés sont ornés de couleurs et de dessins qui varient à l'infini.

Le *ventre* est souvent aplati, couvert d'une peau plus fine que celle du dessus de l'insecte, jamais velu ni épineux. Il est rare qu'on y observe des dessins, et ses couleurs sont généralement pâles et uniformes. Il est toujours garni d'appendices servant à la progression et qu'on nomme *pattes*.

Ces *pattes* sont de deux sortes : celles qui garnissent les trois premiers anneaux sont invariablement au nombre de six; elles sont de consistance cornée, se terminent en pointe et s'appellent *pattes écailleuses* ou *vraies pattes* (b. b. b. fig. 16), parce que ce sont les seules qui doivent reparaître dans l'insecte parfait. Les autres (c. c. c. c. c. fig. 16), qui doivent s'effacer complétement par la suite, ont une tout autre forme; elles sont grosses, molles, cylindriques et terminées par une suite de petits crochets disposés circulairement et formant ce qu'on appelle *la couronne*. Ces dernières pattes, qu'on nomme *membraneuses* ou *fausses pattes*, sont toujours dans les Diurnes au nombre de dix; elles sont disposées par paires sur les septième, huitième, neuvième, dixième et douzième anneaux, et la dernière paire s'appelle *anale*.

Telles sont les parties extérieures de la chenille. Son anatomie intérieure sort tout-à-fait de notre cadre, et nous ne nous en occuperons pas. Nous allons examiner maintenant les différents vêtements et appendices des chenilles, et nous dirons un mot ensuite sur leurs dessins et leurs couleurs.

Quand le corps de la chenille est complétement dépourvu de poils, il est dit *ras* ou *glabre* (Sat. *Pamphilus*, etc.); s'il est chargé de poils très-courts et serrés, on l'appelle *pubescent* (*Polyommatus*, etc.); si ces poils sont plus longs, ils est *velu*. Les poils sont disposés sur le corps de plusieurs manières; ainsi, ils sont droits ou couchés, implantés directement sur la peau ou sur des *tubercules* plus ou moins gros.

Ces tubercules s'appellent alors *pilifères* (*Pieris*, *Colias*, etc.). Souvent un tubercule porte une aigrette de poils rangés circulairement ou *verticillés* (*Hamearis*).

Outre les poils, les chenilles sont souvent chargées d'appendices de formes variées; tantôt ce sont de petites granulations fines et serrées, et alors on dit que la chenille est *chagrinée* ou *rugueuse*; tantôt les tubercules sont moins nombreux et affectent la forme de *mamelons* allongés (*Lim.*, *Camilla*, *Populi*); d'autres fois ils sont coniques et couverts de poils ou *ciliés* (*Melitæa*); souvent enfin ils constituent de véritables *épines*, qui sont elles-mêmes ciliées (*Argynnis*), ou *branchues* (*Vanessa*); plus rarement ces épines sont glabres, molles et flexibles (*Danais*). La tête elle-même porte souvent plusieurs de ces appendices. Fréquemment elle est *granulée* et *hispide* (*Van. Atalanta*), quelquefois ornée de deux épines divergentes (*Van. Prorsa*, *C. album*). Si ces épines sont fortes et allongées, elles prennent le nom de *cornes* (*Apatura*) et sont quelquefois au nombre de quatre (*Charaxes*).

La partie postérieure ou anale de la chenille est elle-même parfois accompagnée d'appendices ou terminée d'une manière particulière; plus souvent elle est arrondie (*Argynnis*, etc.), mais d'autres fois elle est échancrée (*Charaxes*); plus souvent encore elle offre deux pointes qu'on nomme *pointes caudales* (*Satyrus*).

Indépendamment des appendices que nous venons de décrire, les chenilles en présentent une foule d'autres; mais ils sont tous le partage exclusif des nocturnes, et nous n'avons pas à nous en occuper ici.

Les couleurs des chenilles sont très-variées; le vert est cependant la plus répandue. Les dessins ne subissent pas moins de modifications; les figures qui les composent (points, taches, bandes, etc.) seront expliquées au chapitre III. Nous nous bornerons donc ici à expliquer les directions qui sont spéciales aux chenilles.

Une *ligne* ou une *bande* est *dorsale*, *latérale*, *ventrale*, *anale*, suivant qu'elle est placée sur l'une ou l'autre de ces parties. Elle est dite *longitudinale* quand elle se dirige de la tête à l'anus (fig. 16 à d), *transverse* quand elle est parallèle aux incisions, *oblique* quand elle s'écarte de l'une ou de l'autre de ces directions.

Les chenilles des Diurnes vivent exclusivement de plantes, et beaucoup affectionnent chacune leur nourriture particulière. Quand elles mangent indistinctement tout ce qu'on leur donne on les appelle *Polyphages*; mais c'est le plus petit nombre. Presque toutes fuient la lumière et la chaleur, et se retirent pendant le jour sous les pierres, la mousse, les herbes, les écorces, etc., etc. Quelques-unes se rencontrent facilement, mais la majeure partie est rare, quoique souvent les insectes parfaits soient très-répandus. Les innombrables variations de forme qu'elles affectent suivant les races offrent pour la classification des caractères souvent plus sûrs que ceux de leurs papillons; aussi leur connaissance constitue-t-elle seule le véritable entomologiste. C'est d'ailleurs à ce premier état que la nature a attaché le plus d'intérêt, en variant à l'infini leurs manières de vivre, les ruses par lesquelles elles échappent à leurs nombreux ennemis, les moyens qu'elles emploient pour se soustraire à l'influence des saisons contraires et les conséquences de leur adresse et de leur admirable prévoyance. Nous devons donc recommander vivement aux jeunes amateurs l'étude de ces ingénieux animaux, seule source encore féconde d'importantes découvertes et de plaisirs sans cesse renouvelés.

CHAPITRE II.

ÉTAT DE CHRYSALIDE (fig. 19. 20. 21).

Quand la chenille a acquis tout le développement dont elle est susceptible, elle se dispose à subir sa transformation. Pour cela elle cesse de prendre de la nourriture, cherche une place commode, s'y suspend de la manière qui lui est propre, ou file sa coque quand elle doit en avoir une. Ces préliminaires terminés, ses couleurs se salissent, ses dessins s'oblitèrent, son corps se contracte et se raccourcit; enfin elle change de peau une dernière fois, et dès-lors elle est changée en chrysalide.

Sous cette forme l'insecte ne prend aucune nourriture, et son état habituel est une complète immobilité. Il vit cependant et se prépare peu à peu à subir une métamorphose plus étonnante encore que la première.

La chrysalide se compose de deux parties bien distinctes qui ont reçu les noms d'*antérieure* et de *postérieure*; la dernière ne comprend que l'étui de l'abdomen : elle est composée d'anneaux portant latéralement des stigmates comme ceux de la chenille, et se termine en une pointe conique.

La partie *antérieure* comprend les étuis de la tête, du thorax et des ailes. On y distingue facilement les enveloppes des pattes et des antennes, qui sont appliquées longitudinalement sous la poitrine, entre l'enveloppe des ailes, qui est toujours bien marquée. Enfin l'étui du thorax se voit sur le dos et se prolonge jusqu'aux anneaux de la partie postérieure.

La forme des chrysalides varie beaucoup : elles sont *anguleuses* (fig. 19) quand elles présentent, dans une partie quelconque, des angles aigus, *obtuses* quand ces angles sont émoussés (fig. 21), *arrondies* quand elles n'offrent aucune espèce d'angles (Parn. *Appollo*). Cette dernière forme est presque exclusivement le partage des Nocturnes. Les angles principaux se voient sur la tête (*Papilio*, *Pieris*) et sur le thorax (*Satyrus*, *Limenitis*); si cette partie est longitudinalement taillée en coin, elle est dite *carénée*.

Les chrysalides offrent quelquefois, comme les chenilles, des poils et des appendices, mais plus rarement; des bosses sur le thorax (*Limenitis*, *Vanessa*), des pointes à la partie antérieure (*Papilio*), des séries de boutons sur le dos (Sat. *Mæra*, *Megæra*, Melit. *Artemis*, etc.), enfin quelques petits poils courts et serrés (Polyom. *W. Album*), tels sont les principaux appendices des chrysalides dans les Diurnes européens.

Le *mode de transformation* est très-varié et fort important pour la classification. Souvent les chrysalides sont attachées par la queue et maintenues par un fil qui ceint le corps (Papillonides, fig. 19-21). La tête est alors presque toujours en haut, mais cette posture n'est pas exclusive. Ainsi quelques *Colias* et *Pieris* se suspendent presque horizontalement; le Parn. *Apollo* se place obliquement dans sa coque; les *Gonopteryx* tournent la pointe de leur tête vers la terre, etc., etc. D'autres fois la chrysalide est suspendue seulement par la queue, et la tête est alors constamment dirigée en bas (*Nymphalides*, fig. 20); enfin d'autres chrysalides sont roulées dans des feuilles (*Hesperia*), ou posées sur la terre sans aucun lien (quelques *Satyrus*). Chez les nocturnes, le mode de transformation est encore plus varié.

Quant aux couleurs et aux dessins, ils sont en général peu remarquables chez les chrysalides. Cependant plusieurs offrent des taches dorées et argentées très-brillantes (*Vanessa*, *Argynnis*, *Danais*, etc.).

Le temps que l'insecte passe à l'état de chrysalide est ordinairement, chez les diurnes, de quinze jours ou trois semaines. Aux approches de cette époque, celle ci acquiert une couleur plus foncée, puis elle devient transparente et laisse voir sur l'enveloppe des ailes une partie des dessins de l'insecte parfait; enfin celui-ci s'en dégage d'abord mou et humide; mais il se sèche et se raffermit à l'air en peu de temps, et jouit dès lors de la faculté de voler et de se reproduire. C'est sous cet état que nous allons maintenant l'étudier.

CHAPITRE III.

ÉTAT D'INSECTE PARFAIT (fig. 1 et 14).

C'est ce chapitre que nous allons traiter le plus longuement, tant à cause de son importance qu'à cause de la facilité que présente l'insecte sous cet état aux personnes à qui leur position ne permet d'étudier l'entomologie que sur des collections.

La vie du papillon est courte et dépasse rarement quelques semaines. L'accouplement est sa seule fonction importante, et il meurt aussitôt qu'il a rempli ce but de la nature.

Les Diurnes volent tous en plein jour; seulement quelques-uns attendent que le soleil ait perdu de sa force, tandis que d'autres le préfèrent dans toute son ardeur.

Nous allons examiner successivement toutes les parties du papillon.

§ Ier. *De la tête.*

La tête (fig. 2-3) est composée de plusieurs parties bien distinctes. Les *yeux* (d. fig. 2-3) sont arrondis, globuleux, très-saillants et taillés en une multitude innombrable de facettes destinées à suppléer à l'immobilité de ces organes. Ils varient pour la grosseur proportionnelle, et peuvent servir à distinguer quelques races; mais ce caractère est en général peu distinctif parce qu'il ne présente rien d'exclusif.

Au-dessus des yeux est le *front* (a. fig. 2-3), qui est toujours plus ou moins garni de poils; ces poils forment en avant ce qu'on appelle *toupet frontal*, et qui, dans la classification, sert à apprécier relativement la longueur des palpes. A sa partie supérieure sont situés *les yeux lisses* ou *stemmates;* mais ils sont très-petits, difficiles à apercevoir et ne s'observent que dans les Nocturnes.

Au-dessous des yeux sont placés *les palpes* *; ils se distinguent en *palpes supérieurs* et *palpes inférieurs;* mais les premiers sont à peine perceptibles, tandis que les seconds sont très-développés et sont d'un grand secours pour la classification; ceux-ci (b,b. fig. 2-3) sont composés de trois *articles* qui varient de longueur et se comptent plus ou moins facilement. Le premier est situé pour ainsi dire derrière l'œil et s'aperçoit à peine; le second est plus long et habituellement velu. Quant au dernier, il est tantôt très-petit et tantôt prolongé, aigu ou obtus, droit ou courbe, nu ou poilu, etc., etc. La fig. 5 représente un palpe garni de poils, et la fig. 6 en fait voir un dénudé et dans lequel on peut facilement compter les articles.

Entre les palpes est située la *spiritrompe* (c. fig. 2-3), composée de trois canaux, dont l'intermédiaire se divise par la moitié. Tout le monde connaît l'usage de cet organe.

Enfin, sur le *vertex*, ou partie supérieure du front, sont implantées les *antennes* (a. f. fig. 3), organes dont on n'a pu encore deviner l'usage : elles se composent de la *tige* (e) et de la *massue* (f), et sont formées d'un grand nombre d'articles emboîtés les uns dans les autres. La forme et la grosseur relatives de la massue sont d'un grand usage dans la classification. On dit qu'elle est *abrupte* ou *distincte de la tige* quand elle forme un bouton plus ou moins détaché (fig. 4), dans le cas contraire on dit qu'elle est *renflée insensiblement* ou *non distincte de tige* (fig. 3).

Telles sont les parties qui composent la tête. L'ensemble des palpes, de la trompe et de la partie sur laquelle cette dernière est située se nomme *la bouche.*

§ II. *Du thorax.*

Le thorax est la partie qui suit la tête et qui porte les pattes et les ailes. Il est composé de trois pièces principales, dont l'antérieure se nomme *prothorax* ou *collier*, le médiane *mésothorax*, et la postérieure *métathorax;* ces deux dernières parties sont peu distinctes dans les Lépidoptères. Elles se composent d'une foule de pièces articulées dans le détail desquelles nous n'entrerons pas; nous mentionnerons seulement ici deux des pièces du *mésothorax*, qui sont très-développées chez les Lépidoptères et qu'on nomme *ptérygodes* ou *épaulettes* (b. fig. 1).

Le dessous du thorax s'appelle la *poitrine :* elle porte des organes essentiels, c'est-à-dire les *pattes* (fig. 7); ces pattes sont toujours au nombre de six, et se composent de plusieurs pièces, savoir : la *hanche* (a. fig. 7), pièce très-courte qui attache la patte à la poitrine; la *cuisse* (b), qui est beaucoup plus longue et habituellement velue; la *jambe* (c), dont l'extrémité est armée d'une paire d'*ergots* ou d'*épines* (f) dans les hespérides, et le *tarse* (d), composé de cinq articles mobiles et terminé par un double crochet (e) servant à la préhension. Dans les nymphalides le tarse des deux pattes antérieures s'oblitère (fig. 8) et se réduit à un seul article ordinairement velu et sans crochets à l'extrémité; d'où il suit que cette paire de pattes ne peut être utile à la progression. On dit de ces insectes qu'ils n'ont que quatre p ttes *ambulatoires*; on les appelle abusivement *Tétrapodes*, tandis que les papillons chez lesquels les six pattes sont développées sont dits *Hexapodes.*

Le thorax porte encore, comme nous l'avons dit, les ailes; mais ces organes sont trop importants dans les Lépidoptères pour que nous n'en traitions pas dans un paragraphe séparé.

§ III. *De l'abdomen.*

L'abdomen (c. fig. 1) est composé d'une suite d'anneaux comme la chenille et la chrysalide. C'est la seule partie dans laquelle on retrouve des traces du premier état de l'insecte. Il est pourvu, comme celles-ci, de stigmates latéraux, et se termine par une ouverture qui donne passage aux organes sexuels. Ceux ci consistent chez les mâles en deux valves latérales et l'organe mâle proprement dit; chez les femelles en une saillie cornée, rétractile et fendue transversalement.

* A l'exemple des naturalistes modernes, nous avons banni du vocabulaire lépidoptérologique les mots *antennules*, *trompe*, *chaperon*, *corselet*, etc., etc., qui pèchent ou par redondance ou par inexactitude. L'élève qui trouverait ces expressions dans d'autres ouvrages devra, pour en avoir l'explication, recourir à nos mots *palpes*, *spiritrompe*, *front*, *thorax*, etc., etc., qui sont maintenant généralement adoptés.

L'abdomen est en général peu important pour les diagnoses spécifiques. Chez quelques genres (*Thaïs Papilio*) il est orné de bandes longitudinales et de points latéraux; dans d'autres, et c'est la plus grande partie, il est brun ou noir en-dessus, gris ou jaunâtre en dessous. Après la mort de l'insecte il se dessèche et se replie en dessous, au moins dans les mâles; car les femelles l'ont quelquefois si rempli d'œufs qu'il conserve alors sa forme primitive.

§ IV. *Des ailes.*

Les ailes des Lépidoptères sont au nombre de quatre, formées de deux membranes minces et transparentes exactement superposées, et recouvertes sur leur surface extérieure d'une infinité *d'écailles* imbriquées, adhérentes à l'aile par un pédicule, et qui, à l'œil nu, ont l'aspect d'une poussière fine. Elles sont variables de forme et très-diversement colorées et forment les dessins des ailes dont nous nous occuperons tout à l'heure.

Les membranes des ailes sont supportées par une *charpente* qui les consolide et les vivifie. Cette charpente n'est autre chose que ce qu'on appelle les *nervures :* ce sont de petits canaux creux dans lesquels circule une liqueur incolore et dont nous allons détailler la disposition. La figure 9 représente deux des ailes d'un Lépidoptère du genre *Papilio*. Tout ce que nous allons dire de ces deux ailes concerne également les deux autres, qui leur sont toujours exactement semblables pour l'organisation.

La première (A) s'appelle aile *supérieure* ou *antérieure*. Elle a presque toujours une forme subtriangulaire, et offre conséquemment trois *angles* principaux et trois côtés ou *bords*. Le premier angle (a) se nomme la *base*, c'est lui qui s'articule avec le thorax; le second (b) se nomme angle *externe* ou mieux angle *apical;* le troisième (c) angle *interne*. Le bord supérieur (a-b) a reçu le nom de bord *externe* ou *antérieur*, mais surtout de *cote ;* celui qui lui est opposé se nomme *bord interne*, *intérieur* ou *postérieur* (nous l'appelons toujours bord *interne*); enfin le troisième (b-c) s'appelle bord *extérieur*, et surtout bord *terminal* ou *marginal*.

La *surface* de l'aile a, en outre, reçu d'autres noms, mais tout-à-fait de convention puisqu'on n'y aperçoit aucunes limites. Ainsi toute la partie de l'aile qui avoisine la base s'appelle elle-même *base* et donne le nom de *basilaires* aux dessins qu'elle supporte. L'angle apical indique une autre portion qui se nomme le *sommet* de l'aile et donne le nom d'*apicaux* aux dessins qui s'y trouvent; les figures qui longent la côte se nomme *costales ;* tout le milieu de l'aile a reçu le nom impropre de *centre* ou celui plus convenable de *disque*, et communique aux dessins qu'on y aperçoit le nom de *discoïdaux* ou *centraux;* enfin le bord terminal fait appeler *terminaux* ou *marginaux* les dessins qui le touchent.

Quant aux nervures, elles sont *principales* ou *secondaires*. Les premières sont au nombre de trois (ou mieux de quatre, voyez plus bas); elles partent de la base de l'aile et se ramifient pour former les nervures secondaires ou *nervules*, dont le nombre varie un peu. Les premières seules ont reçu des noms séparés; ainsi on nomme nervure *costale* (f), celle qui longe la côte; elle est accompagnée en dessous d'une autre nervure souvent très-renflée, mais qui la suit tellement qu'on a l'habitude de les considérer comme une seule et même nervure ; elle envoie à l'extrémité de l'aile plusieurs petites nervules peu importantes; la seconde (g) s'appelle *médiane*; elle s'écarte de la première, et pousse quatre ou cinq rameaux ou *nervules*. L'espace qu'elle laisse entre elle et la costale se nomme *cellule* (j), et la position de cette cellule l'a fait appeler *discoïdale* ou *centrale*; mais cette qualification est inutile, puisqu'elle est la seule cellule proprement dite qu'on voie sur les ailes des Lépidoptères. Cette cellule est souvent *fermée* (fig. 9) par un rameau qui vient s'unir à un autre envoyé par la nervure costale, mais cela n'arrive pas toujours (fig. 10) et on a tiré parti de cette disposition pour la classification, comme on peut le voir dans le courant de l'ouvrage. Quant aux espaces qui sont entre les nervules, ce ne sont point à proprement parler des cellules, et on les appelle espaces *internervuraux*. La troisième nervure (h) n'a point reçu de nom bien précis, à cause de son peu d'importance; en effet elle ne se subdivise pas, et longe parallèlement le bord interne. On veut la nommer *radiale* ou *sous-médiane*. Indépendamment de ces nervures, on peut voir dans la figure 9 un très-petit rameau sous la dernière; mais il n'existe que dans le genre *Papilio*.

La seconde aile (B) a reçu les mêmes noms quant aux angles et aux bords, avec les différences suivantes : a-d se nomme plus généralement bord *antérieur* ou *externe* que *côte*; a-e s'appelle toujours dans notre ouvrage *bord abdominal;* d est un angle peu important et n'a pas d'autre nom que celui d'angle *supérieur;* e, au contraire, s'appelle exclusivement angle *anal*.

Quant aux nervures, leur disposition varie aussi un peu; leur direction est moins compliquée, la *costale* est moins importante et celles qui partent de la base de l'aile sont en plus grand nombre; mais elles n'ont point reçu de noms particuliers. On retrouve ici la *cellule*, et c'est elle qui fournit le meilleur caractère : le rameau qui la ferme est très-prononcé; et si elle paraît quelquefois fermée par une légère membrane, on n'en doit pas tenir compte et la considérer comme *ouverte*.

Il nous reste à parler des modifications que subissent les bords marginal et abdominal. Ces modifications pour le premier sont innombrables : tantôt il est *denté* régulièrement (*Argynnis*); tantôt, sans présenter de dents distinctes, il est coupé pour ainsi dire à facettes : c'est ce que nous appelons *polygoné*; tantôt il est composé d'angles inégaux (*Vanessa*); tantôt il est *falqué* (*Gonopteryx*; tantôt il est *entier*, et alors il peut être *droit* (*Papilio*) ou *courbe* (*Polyommatus*); ce qui fait appeler l'aile *obtuse*, *arrondie*, *coupée carrément*, etc.. etc. Aux inférieures, il est muni, dans quelques espèces, d'un long appendice en forme de queue (*Papilio*), ou d'un filet léger et fragile (Poly. *Boeticus*); enfin il est constamment garni aux quatre ailes d'une *frange* composée d'une série de petits poils ou écailles très-serrées.

Le bord abdominal de son côté offre plusieurs modifications; ainsi, il est ou *échancré* et plan, et alors il supprime une des nervures des ailes; ou *plan* sans être échancré, ou plus ou moins *concave*, et formant alors une sorte de *gouttière* qui embrasse le dessous de l'abdomen; quel qu'il soit, il n'est plus garni de frange, mais seulement de poils recourbés, et ces poils se continuent souvent sur la base même de l'aile.

Telles sont les différentes parties des ailes. Nous allons voir maintenant en quoi consistent les dessins qui les ornent; et qui, quelque variés qu'ils soient, suivent cependant des règles générales.

§ V. *Des dessins des ailes.*

Nous avons indiqué dans le paragraphe précédent les noms que les dessins tirent de leur position. Nous allons ajouter quelques spécifications à cette règle, et nous verrons ensuite quels sont les noms des dessins généraux, quelque position qu'ils occupent.

Comme nous l'avons dit, toute tache partant de la côte est nommée *costale;* si cette tache se prolonge au-delà du tiers de l'aile, elle devient une bande qu'on nommera également *costale* (c. fig. 1); mais si elle se prolonge plus avant, elle se nomme simplement bande *transverse*.

On donne, par extension, le nom de *costale* à cette petite tache noire que les *Pieris* portent au bout de la cellule (a. fig. 12), bien que chez la plupart d'entre elles cette tache n'atteigne pas la côte. Par la même fiction, on nomme apicale une tache qui est seulement dans la région apicale, sans toucher l'angle de ce nom (b. fig. 12, et g. fig. 14).

Les auteurs ont jusqu'ici nommé également dessin *terminal ou marginal* tout dessin qui s'approche seulement du bord de ce nom; mais ces dessins sont d'ordinaire si compliqués, que nous n'avons pas cru devoir employer ce terme si vaguement. Nous n'appelons donc *terminal* ou *marginal* qu'un dessin qui *touche immédiatement* le bord. Tout autre qui en approche seulement ou le longe, est pour nous *anté-terminal*.

Nous croyons inutile d'expliquer ce que nous entendons par ligne intra-cellulaire (f. fig. 14), et de répéter la note de la page 75 sur la tache annulaire (c. fig. 14) dans les satyres de la division 101; mais nous devons indiquer sur la planche les lignes du dessous des inférieures dans les *Satyrus* en général, et dont nous parlons dans la note*** de la page 74. Ainsi, sur la figure 13, la ligne e-f est la *basilaire*, c-d est la *médiane* et a-b l'*anté-terminale*.

On nomme *point* un dessin ordinairement arrondi et qui occupe peu d'espace (cependant nous donnons également ce nom à tout *œil non pupillé*). Si ce dessin augmente de grandeur, il devient une *tache*; si cette tache a une forme allongée, elle s'appelle *bande*; si au contraire la surface du dessin est très-petite relativement à sa longueur, il se nommera *ligne* s'il est très-long; *trait* s'il l'est moins; *strie* s'il est très-menu et très-court.

Une ligne ou bande est *longitudinale* si elle est parallèle aux nervures; *transverse* si elle les croise à peu près à angle droit; *oblique* dans les autres cas (ces termes ne doivent point s'entendre avec une rigueur mathématique). Nous pensons qu'il est inutile de définir les lignes *dentées*, *festonnées*, *courbes*, *arquées*, *bifides*, etc., etc., non plus que les taches *sagittées*, *cordiformes*, *pyriformes*, etc., tous ces mots portant leur étymologie avec eux.

Mais la forme oculée est si commune aux taches, que nous devons en indiquer les parties, qui sont souvent confondues par les amateurs et même par quelques écrivains.

Il suffit qu'une tache soit arrondie et porte au milieu un point de couleur différente pour recevoir le nom d'*œil*. Le point s'appelle alors *pupille* (d. fig. 15), le cercle qui l'entoure *prunelle* (c. même fig.); enfin, si la prunelle est elle-même entourée d'un cercle nouveau, celui-ci se nomme *iris* (b. fig. 15); passé ce nombre, les autres dessins entourants s'appellent simplement des *cercles* (a. fig. 15, etc.).

On entend généralement par *lunule* toute tache en forme de croissant; cependant ce terme en entomologie est un de ceux qui reçoivent le plus d'extention. Il faudra en tenir compte.

Enfin, une règle à peu près générale est celle-ci : *les dessins autres que les bandes transverses ne sont point coupés par les nervures, et occupent les espaces internervuraux*. Cette observation, très-utile pour la peinture des Lépidoptères, peut aussi être de quelque utilité pour leur étude.

VOCABULAIRE.

		Pages.
Abdomen		139
Abdominal	Bord	140
Abrupte		139
Anal	Pattes	137
—	Angle	140
—	Dessin	140
Angle		140
Anguleuse	Chrysalide	138
Anneaux	Papillon	139
—	Chenille	137
Annulaire	Tache	141
Antennes		139
Antérieur	Ailes	140
—	Bord	140
—	Partie (chrysal.)	138
Anté-terminal		141
Apical	Angle	140
—	Dessin	140
Arrondie	Chrysalide	138
—	Aile	140
Article	Des palpes	139
Bande	Chenille	138
—	Papillon	141
Base		140
Basilaire		140
Bord		140
Bouche	Chenille	137
—	Papillon	139
Branchues	Epines	138
Caréné		138
Caudales	Pointes	138
Cellule		140
Central	Dessin	140
—	Cellule	140
Centre		140
Cercles		141
Chagriné		138
Changements de peau		137
Chenille		137
Chrysalide		138
Cilié		138
Collier		139
Corne		138
Corps		137
Costal	Dessin	140
—	Nervure	140
Côte		140
Côtés	Chenille	137
Cuisse		139
Dentées	Ailes	140
Discoïdal	Dessin	140
—	Cellule	140
Disque		140
Distincte de la tige	Massue	139
Dos		137
Ecailles		140
Ecailleuses	Pattes	137
Epaulettes		139
Epines		138
Ergot		139
Externe	Bord	140
Falqué		140
Fermée	Cellule	140
Filière		137
Frange		140
Front		139
Frontal	Toupet	139
Glabre		137
Granulé		138
Hanche		139
Hispide		138
Incision		137
Inférieures	Ailes	140
Insecte parfait		139
Intérieur	Bord	140
Interne	*Id.*	140
Internervural	Espace	140
Intra-cellulaire		141
Iris		141
Joues		137
Latérale	Ligne	138
Lèvre		137
Lignes	Chenille	138
—	Papillon	140
Longitudinale ligne	Chenille	138
— —	Papillon	141
Lunule		141
Mâchoires		137
Mandibules		137
Marginal	Bord	140
Massue	Des antennes	139
Médiane	Nervure	140
Membraneuses	Pattes	137
Mésothorax		139
Métathorax		139
Mue		137
Nervule		140
Nervure		140
Oblique ligne	Chenille	138
— —	Papillon	140
Obtuse	Chrysalide	138
Œil		141
Onisciforme		137
Œuf		137
Ouverte	Cellule	140
Palpes	Chenille	137
Palpes	Papillon	139
Pattes	Chenille	137
—	Papillon	139
— vraies		137
— fausses		137
Pilifère	Tubercule	138
Point		141
Poitrine		139
Polygonées	Ailes	140
Polyphage		138
Postérieur	Bord	140
Principales	Nervures	140
Prothorax		139
Prunelle		141
Ptérygodes		139
Pubescent		137
Pupille		141
Ras		137
Renflée insensiblement	Massue	139
Rugueux		138
Secondaires	Nervures	140
Segments		137
Sommet		140
Spiritrompe		139
Stemmates		139
Stigmates		137
Strie		140
Supérieures	Ailes	140
—	Bord	140
Tache		141
Tarse		139
Terminal	Bord	140
Tête	Chenille	137
—	Papillon	139
Tétrapode		139
Thorax	Papillon	139
—	Chrysalide	138
Tige des antennes		139
Toupet frontal		139
Trachée		137
Trait		141
Transverse ligne	Chenille	138
— —	Papillon	140
Tubercule		138
Velu		137
Ventre		137
Vertex		139
Verticillé		138
Yeux	Papillon	139
—	Chenille	137
Yeux lisses		139

TABLE

ALPHABÉTIQUE ET SYNONYMIQUE

DU PREMIER VOLUME.

Nota. Les noms des tribus sont en grandes majuscules, ceux des genres en petites majuscules, ceux des espèces adoptés dans cet ouvrage en caractères ordinaires, ceux de la synonymie en italique.

A.

Acacia (de l'). 39
Acaciæ. 39
Aceris. 48
Acis. 28
Acis. Fab. Hub. 29
Acreon.
Actæa. 94
Actæon.
Actéon (l'). 94
Adippe. 56
Admetus. 27
Adonis. 20
Adrasta. 104
Adrasta. Ochs. 103
Adyte 91
Ægeria. 105
Ægon. 23
Aello. 107
Æmilia. 56
Æsculi. 40 et
Ætheric. 68
Æthiops. 85
Afer. 91
Afra. 91
Agathon. 22
Agave (l') Argyn. 66
— *Satyr.* 100
Agestis. 20
Agestor. 22
Aglaia. 55
Aglais (genre). 49
Aglaupe. 57
Agreste (l'). 99
— *(le petit).* 99
Ajax.
Alcippus.
Alcon. 31
— God. 31
Alcyone. 97
Alcyone. God. 100
Alecto. 84
Alecto. God. 84
Alexanor. 3
Alexis. 21
Allionia. 95
Alpicoles. 79
Also.
Alsus. 29
Altheæ. 120
Altheæ. Bork. 117
Alveolus. 117
Alveus. 116
Alveus. Hub. 116
Amandus. 22
Amarillis. 111
Amarillis (l'). Engr. 101
Amaryssus (genre). 2
Amathusia. 61
Amphitrite. 78
Amyntas. 38
Anthe. 96
Anthelea. 98
Anthocharis (genre) 13 et
Antiopa. 50
APATURA. 44
Aphæa. 70
Aphirape. 65
Aphirape Hub. 65
Apollinus. 6 et
Apollo. 6
Apollo Delius. 7
Apollon (l'). 6
— *le semi.* 7
— *le petit.* 6
Aquilo. 25
Arachne. 84
Arachne (l'). 95
Aracynthus.
Arcanius. 111
Arcticoles. 107
Arete. 88
Arete Mull. 107
Arethusa. 99
Arge. 77
Arge God. 77
Arge (genre). 75
Argiolus. 29
Argiolus Fab. Hub. 28
Argus (genre). 19
Argus. 23 et
Argus (l') *bleu.* 20, 21, 23
— *nacré.* 19
— *céleste.* 20
— *violet.* 21. 25
— *turquin.* 24
— *pâle.* 26
— *découpé.* 28
— *à bandes brunes.* 29. 30. 31. 32.
— *bronzé (le grand)* 33
— *brun.* 24
— *capucin.* 27
— *le demi.* 28. 29
— *myope.* 33
— — *violet.* 32
— *satiné.* 34. 35
— — *changeant.* 34
— *satiné à taches noires.* 34
— *vert.* 39
ARGYNNIS. 55
Arion. 32
Aristœus. 100
Arsilache. 63
Artaxerces. 20
Artemis. 73
Atalanta. 51
Athalia. 69
Athalia Hub. 69
— valdensis. 57
Athulia. 67
Atropos. 77
Atys. 30
Aubépine (Piér. de l'). 8
Aurora. 16
Aurore (l'). 13
— *de Provence.* 14
Aurotis. 36
Ausonia. 13 et
Ausonia Hub. 13
Autonoe. 95
Azuré (l'). 21
Azurins (les). 19

B.

Balder. 108
Ballus. 36
Bande noire.
Bathseba. 102
Battus. 24
Bavius.
Belia. 12 et
Belia Hub. 13
Belemida. 11
Belemia. 11
Belle-dame (la). 51
Belledice. 12
Bellezina. 12
Bellidice. 11 et
Beroe. 46
Betulæ. 51 et
Bigarré (le). 11
Blandina. 85
Bœticus. 37 et
Boisduvalii. 62 et
Bonellii. 90
Bootes. 109
Bore. 109
Bouleau (Poly du). 41
Brassicæ. 9
Briseis. 96
Brontes.
Bronzé (le). 35
Bronzé (les). 32
Bryce. 93
Bryoniæ. 10
Bubastis. 81

C.

C. Album. 55
C. blanc. 55
Callidice. 10
Calliopis. 23
Camilla. 47
Candide (le). 17
Cardamines. 13
Cardinal (le). 58
Cardui. 51
Carte géog. brune. 49
— — *fauve.* 49
— — *rouge.* 49
Carthami. 115
Cassandra. 5 et
Cassioides. 88
Cassiope. 79
Celtis. 43
Cephale (le). 11
Ceronus. 21
Cerri. 40
Cerysyi. 4
Ceto. 82
Chamarré (le). 115
CHARAXES. 44
Chariclea. 62 et
Chardon (Hesp. du). 117
— *(l'an du).* 51
Charlotta. 56
Chêne (Poly. du). 37
Cheranthi.
Chiffre (le). 56
Chionobas (genre). 107
Chloridice. 11
Chlorodippe. 56
Chou (le grand Pap. du). 9
— *(le petit —).* 9
Chryseis. 34
Chrysippus.
Chrysothème. 17 et
Cinnothoe. 70
Cinnus. 28
Cinxia. 67
Cinxia Hub. 66
Circe Sat. 97
Circe Poly. 33
Citron (le). 15
— *de Provence.* 15
Cleanthe. 77
Cleo. 87
Cleodoxa. 56
Cleopatra. 15
Clite. 111
Clotho. 77
Clymene. 103
Clytie. 45
Cœcilia. 81
Cœcodromus. 87
Cœleno. 108
COLIAS. 16
Collier argenté (le). 64
— *le petit.* 65
Comma.
Cordula 93
Corinna. 112
Coronis (le). 95
Corydon. 19
Corythalia. 71
Cratœgi. 8
Cyaniris. 19
Cyllarus. 30
Cynara. 58
Cynthia. 71
Cyparissus. 24 et

D.

Dalmata. 91
Damiers (les). 66
Damier (le). 67. 68. 69. 71.
— *grand.* 68
— *à taches blanches.* 71
— *à taches fauves.* 72
— *petit.* 73
Damœtas. 30
Damon. 26
Danaïde.
DANAÏS.
Daphne. 59
Daphnis Poly. 28
Daphnis (le) Sat. 113
Daplidice. 11 et
Darceti.
Davus. 113
Deione. 69
Dejaniura. 107
Delia. 68
Delius Och. 7
Demi-deuil (le). 75
— *aux yeux bleus.* 78
Demnosia. 5
Desfontainesi. 73
Desfontainii. 73
Dia. 62
Diana. 61
Diane (la). 5
Dictynna. 70
Didyma. 66
Dioxippe. 92
Dispar. 33
DIURNI. 1
Dolus. 27
Donzelii. 26
Dorion. 112
DORITIS. 6 et
Dorus. 112
Dorylas. 21 et
Dromus. 87
Dumicoles. 110
Dyctinna Hub. 59

E.

Echancré (l'). 43
Echiquier (l').
Edusa. 16 et
Egerie. 105
Embla. 92
Embla Och. Dup. 92
Epiphron. 80
Epistygne. 90
Erable Lim. de l'). 48
Erebia (Dalm. genre). 74
Erebia (Bdv. genre). 79
Erebus. 31
Ergane. 9 et
Ericicoles. 93
Eris. 57
Eros. 22
Erothoe.
Erynnis. 89
Erysimi. 14
Erythia. 99
Escheri. 22
Esculi Hub. 40
Ethus. 92
Eucrate. 119
Eudora. 100
Eumedon. 26
Eumenis. 82
Eupheme. 14 et
Euphemus. 32
Euphemus God. 31
Eupheno. 14
Euphrosyne. 64
Europome. 18
Euryale. 91
Eurybia. 34
Eurydice. 34
Evias. 90

F.

F. Album. 54
Fascelis. 67
Fauna. 95
Faune (le).
Fauve à taches blanches (le). 42
Feisthamelii. 3 et
Ferula. 93
Fidia. 96
Flambé (le). 2
Fortunatus. 109
Franconien (le). 82
Freija. 61
Freya. 60
Frigga. 61
Fritillum. 116 et
Fritillum Hub. 118

G.

Galathea. 75
Galaxœra. 76
Galene. 76

Gamma (le). 55
Gazé (le). 8
Gesse (de la) 15
Glacialis. 84
Glauce. 12
Goante. 89
Golgus. 21
GONOPTERYX. 15
Gordius. 33
Gorge. 88
Gorgone. 89
Graminicoles (les). 75
Grand porte-queue (le). 3
Griela. 92
Grisette. 120
Guimauve (Syr. de la). 120

H.

HAMEARIS. 42
Hardwickii. 7 et
Hecaerge (genre). 43
Hecate. 66
Helice. 17
Helle. 32
Heodes (genre). 32
Hermione. 97
Hermite (l'). 96
Hero. 110
Herse. 101
Herta. 76
Hertha. 70
HESPERIA.
HESPERIDI. 114 et
Heteropterus. 114
Hiera. 104
Hiere. 34
Hipparchia (genre). 74
Hippodice. [illegible]
Hippolyte. 100
Hippomedusa. 82
Hipponoe. 34
Hippothoe. 34
Hispulla. 101
Honnoratii. 6
Hyale. 17
Hyale Hub. 16
Hylas. 25
Hyperanthus. 106
Hypsipyle. 4. 5 et

I.

Icare (l'). 95
Icarius. 22
Ichnea. 72
Ichnusa. 52
Ida. 102
Idmon. 38
Iduna. 71
Ilia. 46
Ines. 79
Ino. 59
Ino (l') Engr. 66
Involuti (tribu des). 114
Io. 50
Ioides. 50
Iolas. 28
Iolaus. 28
Iole. 46
Iphis. 113
Iris. 45
Isis. 63
Isis Dup. 64
Ixora. 79

J.

J. Album. 54
Janira. 101
Janthe. 80
Jasius. 44
Jonquille (le).
Jurtina. 101
Jutta. 108

L.

L. Album. 54
Lachesis. 75
Lampetie. 34
Laodice. 59
Larissa. 76-77
Lathyri. 13
Lathona. 57
Lathonia. 57
Lavateræ. 117
Leander. 111
Lefebvrei (Poly.). 27
Lefebvrei Satyr. 84
Leucomelaniens. 75
Leucomelas. 76
LEUCOPHASIA. 14
Levana. 49
LIBYTHEA. 43
Ligea. 92
LIMENITIS. 46. 47
Linea.
Lineola. 48
Lucilla.
Lucina. 42
Lycæna Ochs. 18
Lycæna Bdv. 37
LYCÆNIDI. 18
Lyllus. 114
Lynceus. 40
Lysimon. 31
Lyssa. 105
Lyssianassa. 77

M.

Machabée. 81
Machaon. 3
Malvarum [illegible]
Malvæ. 120
Malvæ Lin. 116. 117
Manto. 88
Marchandæ. 13 et
Marchandii. 30
Marloyi.
Marmoræ. 98
Marronnier (du). 40
Mars (le gr.) changeant. 45
— — non chang. 45
— — orangé. 45
— (le pet.) changeant. 45
— — orangé. 45
Maturna. 72
Maturna Hub. 69. 71. 72
Medea. 85
Medesicaste. 5 et
Medusa. 82
Megæra. 104
Melaniens. 79
Melanina. 68
Melanophlæas. 36
Melanops. 30
Melas. 83
Meleager. 28
Meleager Hub. 25
MELITÆA. 66
Melotis. 117
Meone. 106
Merope. 73 et
Metis. 45
Micocoulier (du). 43
Milo (Syr. de). 117
Miris. 110
Miroir.
Mirtil (le) 101
Misis (le) 100
Mnemon. 81
Mnemosyne. 7
Mnestra. 81
Mœlibée (le). 110
Mœra. 103
Mœra Och. 104
Montagnard (le). 80
Morio (le). 50
Myrmidone. 16
Mysia. 71. 72

N.

Nacrés (les). 55
Nacré (le). 54
— le grand. 56
— le petit. 57
Napi. 9
Napææ. 64
Napæa Dup. 63
Napeæ. 10
Narcæa.
Narica. 100
Nastes. 17
Navet (Piér. du). 9
Nègre (le gr. des bois). 93
— hongrois. 92
— bernois. 88
— à b. fauves. 85
— le pet. à b. fauves. 79
— hongrois. 81
Nelamus. 80
Neleus. 88
Nelo. 84
Nemeobius (genre). 42
Nemusien (le). 104
Neomiris. 98
Neoridas. 85
Nephele. 113
Neptis (genre). 48
Nerine. 86
Nerprun (du). 15
Niobe. 56
Nomion. 7
Norna. 107
Nostradamus.
NYMPHALIDI. 43

O.

Œdipus. 110
Œme. 81
Œno. 109
Optilete. 24
Optilete Hub. 24 et
Orangé (l'). 17
Orbifer. 118
Orbitulus. 25
Orpin (de l'). 24
Ortie (de l'). 52
Ossianus. 65
Ottomannus. 35

P.

Pæas. 94
Palæno. 17
Palémon (le). 112
Pales. 63
Pamphila. 114
Pamphilus. 113
Pandora. 58
Paniscus.
Panoptes. 25
Paon de jour (le). 50
Paphia (genre). 44
Paphia. 58
PAPILIO. 2
PAPILIONIDI. 2
— Proprie dicti. 2
Papillon bl. veiné de noir. 9
— marbré de vert. 11
Paramegæra. 105
Parmœnio. 88
P[illegible] 6 et
Parthenie. 69
Pasiphae. 102
Pelidne. 68
Penduli (tribu des). 43
Persephone. 96
Phœdra. 93
Pharte. 80
Phegea. 91
Pheretes. 30
Pherusa. 78
Phicomone. 17
Philea. 112 et
Philomela. 91
Philomene. 18
Phlœas. 35
Phœbe. 68
Phœbus. 7
Phryne. 110
Phryneus. 110
PIERIS. 8 et
Pilosellæ. 101
Pirata. 96
Pitho. 85
Plain-chant (le). 117
Plautilla. 48
Pluto. 84
Podalirius. 2 et
Podarce. 94
Point de Hongrie (le).
Polaris. 61
Polychloros. 53
Polymeda. 106
POLYOMMATUS. 18
Polyommatus Bdv. 32
Polyophthalmi. 19
Polysperchon. 38
Pontia (genre). 8
Populi. 46
Porima. 49
Porte-queues (les petits). 36
— le grand. 3
— bleu strié. 37
— brun à t. fauves. 40
— — bleues. 40
— — aurores. 41
— gris-brun. 46
— à bandes fauves. 41
Procida. 76
Procris (le). 115
Pronoe. 84
Prorsa. 49
Proserpina. 97
Proserpine (la). 5
Proto. 118
Provincialis. 74
Prunellier (du). 40
Pruni. 41
Psodea. 82
Psyche. 78
Pumilio.
Punctum-album. 53
Pylaon.
Pylarge. 110
Pyrene. 83
Pyronia. 70
Pyrothoe.
Pyrrha. 81
Pyrrhomelœna. 53

Q.

Quercus. 37

R.

Ramicoles. 106
Rhamni. 15
Rhea. 44
Rhodocera Bdv. (genre). 15
Rhymnus.
Rippertii. 27
Roboris. 36
Roxelana. 103
Rubi. 39
Rumicis [illegible]
Rumina Hub. 5. 6
Rupicoles. 95
Rutili 32

S.

Sabæus. 110
Safrané (le). 16
Salome. 99
Sao. 119
Saportæ Dup. 29
Saportæ Hub. 30
Satyre (le). 103. 105
Satyres blancs. 75
— nègres. 79
— petits. 110
Satyrides (tribu des). 74
Satyrion. 112
SATYRUS. 74
Scæa. 89
Scipio. 87
Sebrus. 29
Selene. 65
Semele. 99
Semi-Apollon (le). 7
Sertorius. 119
Sidæ. 115
Silène (le). 97
Simplonia. 13 et
Solitaire (le). 18
Souci (le). 16
Soufré (le). 17
Sphyrus. 4 et
Spini. 40
Spilothyrus Dup. (gen.). 120
Statilinus. 95
STEROPES.
Steropes.
Stheno. 92
Stirius. 88
Stygne. 83
Styx. 86
Succincti (tribu des). 2
Sybilla. 47
Sylvain (Hesp.) [illegible]
Sylvain (le). 47
— le petit. 48
— le grand. 47
— (le) azuré. 47
— cœnobite. 48
— à deux bandes blanches. 48
Sylvandre (le). 97
— le petit. 97
Sylvius.
SYRICHTUS. 114
Syrichtus Bdv. 115

T.

Tabac d'Espagne (le). 58
Tacheté (le). 119
Tages.
Tagis. 12
Tagis Ramb. 12
Tarpeia. 108
Tarpeius. 108
Tartarus. 115
Telephii. 24
Telicanus. 38
Tesselum.
Tesselum God, etc.
Testudo. 53
Thalia. 65
Thanaos (genre).
Thecla (genre). 39
Thelephassa. 98
Therapne. 119
Thersamon. 38
Thetis. 79
Thia. 6
Thore. 60
Tigelius. 105
Tircis (le). 106
Tiresias. 38
Tisiphone. 84
Titania. 61
Titea.
Tithonius. 101
Tithonus. 22
Titire (le). 102
Titus. 20

Tortue (la grande). 53
— *la moyenne.* 53
— *la petite.* 53
Tremulæ. 47
Triangulum. 54 et
Triclaris. 65
Tristan (le). 106
Tullia. 113
Tyndarus. 87

U.

Unedonis. 44
Urticæ. 52

V.

V. Album. 54
V. blanc. 54
Valaisien (le). 58
Valesina. 58
VANESSA. 49
Venula.
Vertumne (le). 16
Vicicoles. 103
Violette (la petite). 62
— *la grande.* 59
Virgaureæ. 33
Vulcain (le). 51

W.

W. Album. 41
W. Blanc. 41

X.

Xanthe. 33
Xanthe Hub. 33
Xanthochloros. 53
Xanthomelas. 53
Xiphia. 106
Xuthus.

Z.

Zephyrus (genre). 16

ERRATA DU TOME PREMIER.

Pag. 4, ligne 19. *Chenille chargée d'épines, charnue et velue.* Lisez : *Chenille chargée d'epines charnues et velues.*
Idem. 3ᵉ colonne, ligne dernière. Chrysalide anguleuse. Lisez : Chrysalide peu anguleuse.
Pag. 11, 4ᵉ colonne, ligne 37. *Bellidice.* Lisez : *Daplidice.*
Pag. 12, 4ᵉ colonne, ligne 53. *Belledice.* Lisez : *Bellidice.*
Pag. 38, 1ʳᵉ colonne. Relevez les mots IDMON, AMYNTAS et TIRESIAS, de sorte qu'ils se trouvent en face : le premier de la ligne 15, le second de la ligne 33, et le troisième de la ligne 46 de la seconde colonne, avec leur synonymie.
Pag. 48, 1ʳᵉ colonne, ligne 15. *Platuilla.* Lisez: *Plautilla.*
Pag. 55. Genre XIV (Argynnis). Lisez : Genre XV.
Pag. 60, 1ʳᵉ colonne, ligne 16. *Ereya.* Lisez : *Freija.*
Idem. Oc h. Lisez : Och.
Pag. 63, 4ᵉ colonne, ligne 1ʳᵉ. Touchant. Lisez : Tranchant.
Pag. 97, 4ᵉ colonne, ligne 39. *Fascelis* Fab. au pas de Suze. Lisez : *Fascelis* Fab. pris au pas de Suze.
Idem. ligne dernière. Dans les bois. Lisez : Dans tous les bois.
Pag. 72, 4ᵉ colonne, ligne 18. La dernière serie. Lisez : Quelquefois, la dernière serie.
Pag. 74. Genre XVI (Satyrus). Lisez : XVII.
Idem, ligne 32. (118). Lisez : (121).

IMPRIMERIE DE PLASSAN, RUE DE VAUGIRARD, N° 11,
PAR LES SOINS DE TERZUOLO, SON SUCCESSEUR DÉSIGNÉ

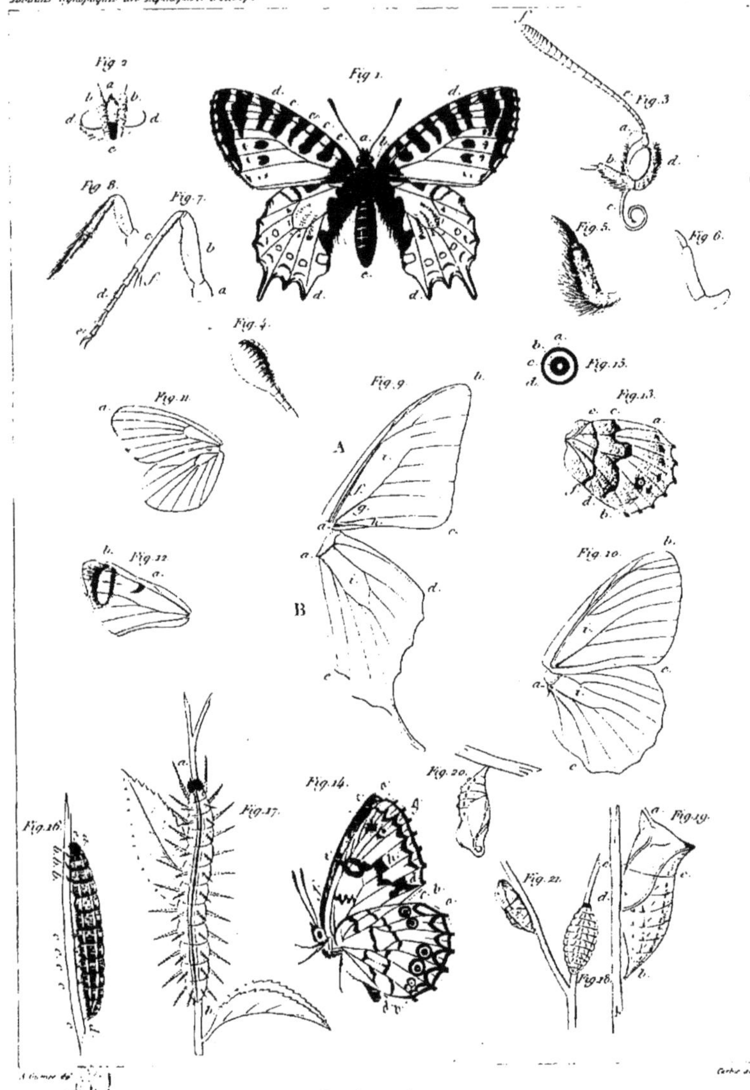

A. Guénée del. — Carbo sc.

Planche explicative

www.ingramcontent.com/pod-product-compliance
Ingram Content Group UK Ltd.
Pitfield, Milton Keynes, MK11 3LW, UK
UKHW020254250726
13967UKWH00004B/1677

9 782013 069588